固体废物循环利用技术丛书

铅锌冶炼渣处理与资源化技术

张深根　郭　斌　刘　波　编著

北　京

冶金工业出版社

2021

内 容 简 介

本书介绍了近年来铅锌冶炼过程副产物的研究现状,力图系统阐述铅锌冶炼副产物的产生、特点和资源化途径。本书共分4章,首先从铅锌性质、资源储量、产品产量出发,引出铅锌冶炼渣的种类和产出方式等特点;然后从浮选、火法冶炼和湿法冶炼三个方面详细介绍了铅锌冶炼渣中的有价金属提取技术、铅锌冶炼渣的无害化处置和建材化利用方向,包括水泥、砖和填充材料等;最后介绍了冶金除尘灰与垃圾焚烧飞灰的处置和高值化利用技术。

本书可供从事废物资源化、材料科学与工程、冶金科学与工程、环境科学与工程等研究的科技工作者和研究生阅读。

图书在版编目(CIP)数据

铅锌冶炼渣处理与资源化技术/张深根,郭斌,刘波编著.—北京:冶金工业出版社,2021.7

(固体废物循环利用技术丛书)

ISBN 978-7-5024-6960-3

Ⅰ.①铅… Ⅱ.①张… ②郭… ③刘… Ⅲ.①炼铅—固体废物处理②炼锌—固体废物处理 Ⅳ.①X756

中国版本图书馆 CIP 数据核字(2021)第 121702 号

出 版 人 苏长永
地 址 北京市东城区嵩祝院北巷39号 邮编 100009 电话 (010)64027926
网 址 www.cnmip.com.cn 电子信箱 yjcbs@cnmip.com.cn
责任编辑 俞跃春 杜婷婷 美术编辑 彭子赫 版式设计 郑小利
责任校对 范天娇 责任印制 禹 蕊
ISBN 978-7-5024-6960-3
冶金工业出版社出版发行;各地新华书店经销;三河市双峰印刷装订有限公司印刷
2021 年 7 月第 1 版,2021 年 7 月第 1 次印刷
710mm×1000mm 1/16;13.75 印张;266 千字;210 页
98.00 元
冶金工业出版社 投稿电话 (010)64027932 投稿信箱 tougao@cnmip.com.cn
冶金工业出版社营销中心 电话 (010)64044283 传真 (010)64027893
冶金工业出版社天猫旗舰店 yjgycbs.tmall.com
(本书如有印装质量问题,本社营销中心负责退换)

前　言

　　铅锌具有独特的理化性能，广泛应用于钢铁、电子电器、汽车等领域，对国民经济建设具有重要作用。我国铅锌矿产资源储量位居世界前列，铅锌相关产品的产量、消耗量位居世界首位。

　　从铅锌矿开采、选冶到铅锌材料及其循环利用的全产业链均产生废气、废水和固体废物。由于铅锌矿常伴生有铜、镉、锗、锡等重金属元素，因此铅锌冶炼渣含有多种有毒重金属，具有污染性和资源性的双重属性。铅锌冶炼渣处置和利用技术是政府、企业及各研究机构关注的重点。

　　本书凝练了编著者团队的主要科研成果，同时介绍了国内外近年来在铅锌冶炼渣处置和利用方面的发展和现状，力图系统阐述铅锌冶炼渣的种类与特点，有价元素的提取、分离、提纯，固废中无机非金属组分的建材化利用等前沿技术。本书分4章，第1章从铅锌性质、资源储量、产品产量出发，引出铅锌冶炼渣的种类和产出方式等；第2章从浮选、火法冶炼和湿法冶炼三个方面详细介绍了铅锌冶炼渣的有价金属提取技术；第3章详细介绍了铅锌冶炼渣的无害化和建材化利用技术，其中涵盖了水泥窑协同处置、制砖、制备填充材料等多个方面；第4章介绍了冶金除尘灰与垃圾焚烧飞灰的处置和高值化利用技术。书后附有附录，介绍了铅锌行业的相关政策。本书与现有的重金属冶金固废利用和处置书籍形成互补，较为系统地梳理了铅锌冶炼废渣处置、利用和有关政策。

编著者的研究成果是在国家重点研发专项课题（2019YFC1907101、2019YFC1907103、2017YFB0702304）、国家自然科学基金重点项目（U2002212）、宁夏回族自治区重点研发计划重大项目（2020BCE01001、2021BEG01003）和西江创新团队项目（2017A0109004）资助下完成的；本书在编写过程中，北京科技大学磁功能及环境材料研究室给予了大力支持。在此一并表示感谢！

由于编著者水平所限，书中不妥和疏漏之处，敬请同行专家及广大读者批评指正。

编著者

2021 年 6 月

目　　录

1　铅锌资源及其冶炼渣概论

铅锌是常用的有色金属，其年消费量在有色金属中位于铜、铝之后的第3、4位。铅是人类冶炼和使用较早的金属之一。埃及发现有公元前6000多年的金属铅。我国发现的最早铅块，距今已3500~4000年。我国古代有较高的铅冶炼技术，洛阳出土的西周铅戈含铅99.75%就可佐证。锌在古代就被人类制成黄铜做装饰品应用。我国是最早制造与使用黄铜的国家，古名瑜石，至迟唐朝时期已能炼锌，并用锌做黄铜。黄铜最早是从我国传入欧洲的。

由于铅锌矿产资源多以共生状态赋存，其冶炼产生的固体废物成分相近、性质相似，利用和处置途径的交集较多，因此，本书将铅和锌冶炼过程产生的固体废物放在一起讨论。

1.1　铅锌的基本性质与用途

1.1.1　铅的性质与用途

1.1.1.1　物理性质

铅的密度很大，固态时为11.34g/cm³。纯铅在重金属中是最柔软的，莫氏硬度为1.5。铅的展性很好，可以捶成铅箔；但是延性很小，不能拉成铅丝。铅是热和电的不良导体，热导率为35.3W/(m·K)，电阻率为20.648×10⁻⁸Ω·m。

1.1.1.2　化学性质

铅的相对原子质量为207.2。常温时铅在空气中不起化学变化，但在潮湿及含有CO_2的空气中会失去光泽而变成暗灰色，其表面覆盖着的PbO薄膜，慢慢地转变为$3PbCO_3 \cdot Pb(OH)_2$。所有氧含量比PbO多的铅化合物都不稳定，当温度高于600℃时，都会离解成PbO及O_2。CO_2对铅的氧化作用不大。铅易溶于硝酸、硼氟酸、硅氟酸、醋酸及硝酸银等，难溶于稀盐酸与硫酸。常温时盐酸与硫酸的作用仅及于铅的表面，因为生成的$PbCl_2$及PbO几乎是不溶解的，附着在铅的表面，使内部的金属不受酸的影响。

1.1.1.3　用途

铅用途广泛，是电气工业部门制造蓄电池、汽油添加剂和电缆的原材料。铅由于具有很高的抗酸、抗碱的能力，因此广泛用于化工设备和冶金工厂电解槽做内衬。铅能吸收放射性射线，用于铅锌矿生产线、原子能工业和医学中的防护屏。铅也能与许多金属形成合金被广泛应用，如铅基轴承、活字铅、焊料等。铅的化合物用于颜料、玻璃及橡胶工业部门。其中，铅蓄电池的年均耗铅量一般占统计消费总量的 60%~70%。在有色金属的消费结构中，世界铅的年消费量与生产量基本相当。

1.1.2 锌的性质与用途

1.1.2.1 物理性质

锌是银白色金属，断面具有金属光泽。其结晶属于最密堆积的六方晶格。锌的熔点为 419.73℃，熔化热 6.67kJ/mol，沸点 907℃，汽化热 114.2kJ/mol。在不同温度下锌的蒸气压见表 1-1。

表 1-1 不同温度下锌的蒸气压

温度/℃	419.5	500	700	906	950
蒸气压/Pa	18.53	169.32	7981.99	101325	166346.71

铸锌的密度为 7.13g/cm³，压延后锌的密度为 7.25g/cm³，液体锌的密度为 6.58g/cm³。在室温下锌很脆，布氏硬度为 7.5。加热到 100~150℃时锌变为很柔软，可压成 0.05mm 的薄片，或拉成细丝。锌的热导率为 116W/(m·K)，电阻率为 $5.916×10^{-8}\Omega·m$。

1.1.2.2 化学性质

锌的相对原子质量是 65.38。在室温下干燥的空气对锌没有影响；潮湿且含有 CO_2 的空气，可使锌的表面氧化生成一层 $ZnCO_3·3Zn(OH)_2$ 致密的薄膜，此薄膜可以保护金属锌的内部不再被氧化。锌易溶于盐酸、稀硫酸和碱性溶液中。锌的主要化合物为硫化锌、氧化锌、硫酸锌和氯化锌。

1.1.2.3 用途

金属锌主要用于镀锌板和精密铸造。锌片和锌板用于制造干电池和印刷工业。锌能与许多有色金属组成合金，广泛用于机械工业与国防工业，其中最重要的是铜锌合金（黄铜）。锌的氧化物多用于颜料工业和橡胶工业；氯化锌用作木材的防腐剂；硫酸锌用于制革、纺织和医药等工业。

1.2 铅锌资源

铅锌矿是我国重要的战略性矿产资源，用途极其广泛，主要用于电气、机械、军事、冶金、化工、轻工业和医药业等领域，在有色金属工业中占有重要的地位。我国是铅锌矿的生产大国和消费大国，铅锌工业总体形势较好。但近年铅锌市场的价格波动频繁而复杂，宏观经济形势、政策因素等对铅锌交易成本和市场格局变化有很大影响。另外，铅锌矿资源在勘查和开发利用过程中仍存在较多突出的问题和矛盾，需要引起有关部门和各级铅锌企业的重视。

1.2.1 铅锌储量

铅锌资源极为丰富，除南极洲未发现外，各大洲均有分布。截至2015年，世界已查明铅资源量超过20亿吨，储量8700万吨；锌资源量超过19亿吨，储量23000万吨[1]。铅锌资源主要分布在澳大利亚、中国、秘鲁、墨西哥、美国、印度等国，其中前四国铅锌储量合计占世界铅储量基础的60%以上，见表1-2。表1-3和表1-4为2013~2017年全球铅锌产耗情况，有色金属工业是污染物排放的大户，铅、锌工业又是有色金属工业中的污染物排放的主要源头之一。

表1-2　各国铅锌储量　　　　　　　　　　（万吨）

国家（地区）	铅储量	锌储量
澳大利亚	3500	6200
中国	1400	4300
秘鲁	700	2900
墨西哥	560	1600
美国	500	1000
印度	260	1100
世界总量（四舍五入）	8700	23000

数据来源：U. S. Geological Survery, 2015。

表1-3和表1-4所列为各国（地区）铅锌矿产和冶炼产品产销量。

表1-3　各国（地区）铅矿产和冶炼产品产销量　　　　（千吨）

	年份	2013	2014	2015	2016	2017
铅矿产量	欧洲	402	440	418	419	422
	墨西哥	253	250	261	241	240
	秘鲁	267	278	316	314	307
	美国	340	379	370	347	311
	中国	2697	2301	2147	2340	2318
	印度	105	106	136	147	176
	澳大利亚	711	728	654	441	343
	其他国家和地区	490	463	479	541	631
	全球总量	5265	4946	4780	4790	4749

续表 1-3

年份		2013	2014	2015	2016	2017
铅冶炼产品产量	欧洲	1865	1874	1962	1921	1973
	加拿大	280	281	269	274	287
	墨西哥	371	364	344	341	340
	美国	1264	1128	1050	1123	1011
	中国	4935	4704	4700	4665	4716
	印度	463	477	501	519	554
	日本	252	242	232	240	237
	哈萨克斯坦	91	126	120	134	149
	韩国	473	639	641	831	820
	澳大利亚	232	226	223	224	210
	其他国家和地区	998	968	931	970	1022
	全球总量	11225	11029	10972	11242	11320
铅冶炼产品消耗量	欧洲	1733	1740	1743	1892	1957
	美国	1720	1671	1535	1587	1629
	中国	4912	4709	4708	4639	4782
	印度	497	521	543	577	535
	日本	255	256	266	265	285
	韩国	487	565	575	605	642
	其他国家和地区	1614	1546	1590	1660	1654
	全球总量	11217	11007	10960	11226	11485

表 1-4　各国（地区）锌矿产和冶炼产品产销量　　　　（千吨）

年份		2013	2014	2015	2016	2017
锌矿产量	欧洲	970	989	970	1001	1033
	加拿大	419	353	292	322	341
	墨西哥	643	660	695	661	677
	秘鲁	1351	1319	1422	1337	1473
	美国	777	831	825	798	783
	中国	4607	5065	5068	5145	5192
	印度	793	706	821	636	850
	哈萨克斯坦	417	378	369	366	375
	澳大利亚	1524	1566	1578	859	747
	其他国家和地区	1539	1627	1571	1645	1758
	全球总量	13039	13493	13610	12769	13230

续表1-4

年份		2013	2014	2015	2016	2017
锌冶炼产品产量	欧洲	2330	2445	2477	2395	2396
	加拿大	652	648	683	691	609
	秘鲁	346	336	335	342	312
	中国	5280	5807	5860	6274	6220
	印度	788	724	838	628	819
	日本	587	583	567	534	522
	哈萨克斯坦	316	324	324	326	329
	韩国	886	901	935	1014	972
	澳大利亚	498	488	489	470	469
	其他国家和地区	1296	1220	1148	1066	1076
	全球总量	12979	13478	13656	13739	13724
锌冶炼产品消耗量	欧洲	2348	2342	2418	2383	2370
	美国	935	966	931	819	823
	中国	5927	6401	6190	6724	6966
	印度	655	663	632	689	692
	日本	498	504	479	470	484
	韩国	570	585	586	622	630
	其他国家和地区	2216	2294	2250	2154	2252
	全球总量	13148	13754	13486	13861	14219

我国铅锌矿产资源丰富，截至2013年，铅锌矿查明资源量仅次于澳大利亚，居世界第二位，其中铅为6737.2万吨，锌为13737.7万吨。我国铅锌矿分布广泛，目前，已有29个省（区、市）发现并勘查了铅锌资源。但从富集程度和现保有储量来看，铅锌资源主要集中在云南、内蒙古、甘肃、广东、湖南、四川、广西7个省（自治区），合计约占全国的66%；从三大经济地区分布来看，铅锌资源主要集中于中西部地区[2]；从21片国家级重点成矿区（带）来看，铅锌资源最主要集中在川滇黔成矿带、西南三江成矿带、秦岭成矿带、南岭成矿带、大兴安岭成矿带、冈底斯成矿带及内蒙古狼山-渣尔泰山地区等。

我国铅锌矿资源有如下特点：

（1）资源丰富，矿产地分布广泛，区域不均衡。截至2013年，全国铅锌查明资源储量约2亿吨，居世界第二位，主要分布在云南、内蒙古、甘肃、广东等省（自治区）。

（2）中小型矿床多，大型矿床少。中国地质科学院全国矿产资源潜力评价项目对我国铅锌矿产地进行了统计，在全国 2347 处铅锌矿产地中，超大型矿床 7 处、大型矿床 33 处、中型矿床 122 处、小型矿床 535 处[3]，超大型、大型矿床的数量仅占 1.7%，但资源储量却占总资源储量的 74%。

（3）矿石类型多样，矿物成分复杂。矿石类型主要有硫化铅矿、硫化锌矿、氧化铅矿、氧化锌矿、硫化铅锌矿、氧化铅锌矿以及混合铅锌矿等。以铅为主的矿床主要为铅锌矿床，独立铅矿床较少；以锌为主的矿床也以铅锌矿床和铜锌矿床居多。大多数铅锌矿床普遍共伴生 Cu、Fe、S、Ag、Au、Sn、Sb、Mo、W、Hg 等近 20 种元素，表现为矿床品位普遍偏低，贫矿多、富矿少。

（4）成矿条件优越，找矿潜力大。我国具有良好的铅锌矿成矿条件，既有稳定的地台和地台边缘，又有活动大陆边缘和多类型的造山带，为不同类型铅锌矿床的形成创造了条件。最近几年在东部危机矿山深部和外围找矿与西部工作程度较低的地区不断取得突破，显示了巨大的资源潜力。例如，东部南岭成矿带的广东凡口超大型铅锌矿床，累计新增铅锌金属量 85 万吨以上；贵州普定县五指山新探明一大型铅锌矿，查明铅锌矿资源量近 60 万吨。

作为我国优势矿种，铅锌矿一直是矿产资源调查评价的主攻矿种之一。在全国已划定的 109 片国家级找矿突破战略行动整装勘查区中，以铅锌矿为主攻矿种的就有 11 片，位于铜矿、铁矿、金矿之后。《找矿突破战略行动纲要（2011—2020 年）》实施 3 年后的 2014 年，铅锌累计新增查明资源储量 3785.4 万吨[4,5]。近几年铅锌资源保障能力不断提高：湖南花垣—凤凰铅锌整装勘查区实现了找矿重大突破，新增铅锌资源量逾千万吨，或成全国最大铅锌矿基地；甘肃代家庄—厂坝地区深部新增铅锌资源量近 200 万吨；云南镇康芦子园地区铅锌矿评价取得重大进展，预测铅锌资源量 1000 万吨以上。但随着近些年的大量开采，铅锌资源保有储量迅速下降，发现和开采比逐年下降，找矿勘查压力日益凸显。

2013 年，我国铅锌产量合计 978 万吨，占世界铅锌总产量的 41%[6]。铅产量 447.5 万吨，同比增长 5.0%，约占世界产量的 55.6%，连续 13 年产量居世界第一，其中再生铅产量为 119.4 万吨，占铅总产量的 26.7%。全国铅产量排名前 5 位的省份有河南、湖南、云南、湖北和江西，5 省产量占全国总产量的 83.1%。锌产量 530.2 万吨，同比增长 11.1%，占世界产量的 37%，连续 23 年位居世界第一。全国锌产量排名前 5 位的省（自治区）有湖南、云南、陕西、广西和内蒙古，5 省（自治区）产量占全国总产量的 69.1%，锌产业的相对集中度较铅低[3]。

随着社会的进步和科学技术的发展，从可持续发展的需要出发，矿产资源的再生，二次锌资源的回收利用日益受到人们重视。再生锌原料主要是钢铁厂高炉冶炼废钢时产生的含锌烟尘、热镀锌厂生产过程中产生的浮渣和锅底渣、废旧锌和锌合金零件、冶金及化工企业生产过程中产生的工艺副产品、各种含锌废旧料等。

与锌不同，由于铅主要应用领域（如铅酸蓄电池）材料使用过程的失效期相对较短和回收复用的工艺过程相对较为容易实现，因此，铅废料的二次资源化程度在有色金属中是最高的。加上环保政策的严格限制，人们对回收处理再利用含铅废弃物十分重视，尤其是工业发达国家高度重视铅金属的循环再生工作。2004 年 4 月，联合国环境组织（UNEP）与矿业金属国际委员会（ICMM）共同主持召开了专题讨论会，提出"绿色铅产品管理倡议"，希望通过此项行动进一步完善铅金属的开发-提取-应用-回收-再利用的循环全过程，减少铅对环境的影响，使铅真正成为一种绿色金属。

1.2.2 铅锌选矿

在自然界中，目前已知铅矿物有 200 种，锌矿物有 58 种，但主要铅矿物只有 40~50 种，主要锌矿物只有 13 种，其中有工业意义的铅矿物 11 种，锌矿物 7 种。这些有工业价值的铅锌矿物可分为硫化矿物和氧化矿物两大类。全世界所产的铅和锌金属绝大部分是从硫化矿中冶炼出来的，很小一部分是从氧化矿中提取的。

硫化铅矿的主要组成矿物为方铅矿，属原生矿物，分布最广。氧化铅矿的主要组成矿物是白铅矿及铅矾，均属次生矿物，是原生硫化铅矿物受风化作用及含有碳酸盐的地下水的作用而逐渐变成的。由于成因不同，氧化铅矿常产于铅矿体的上层，硫化铅矿则产于下层。

硫化锌矿中的锌多呈闪锌矿或铁闪锌矿状态存在，最多的是闪锌矿。氧化锌矿中的锌多呈菱锌矿与硅锌矿状态存在。氧化锌矿物也是由硫化锌矿物经长期风化转变形成的。按化学性质来分析，铅、锌均属亲硫元素族，它们在岩浆期后的热液作用下形成硫化矿物。由于铅、锌在成矿过程中的富集与定位机制相类似，因而常呈紧密共生，而且在热液作用过程中被其他元素相互置换，所以铅、锌硫化物矿床中往往伴生有贵金属（特别是 Ag）及其他稀散元素。

氧化铅锌矿物是由表生作用所形成的，由于铅与锌的氧化电位及溶解度各有差异，因此铅与锌元素的迁移能力不同。铅金属基本上是在氧化带原地残留下来，而锌金属则流失或渗透到下部与不同介质进行相互交代形成锌的次生氧化物。主要铅锌工业矿物及其一般特征见表 1-5。

表 1-5　主要铅锌工业矿物及其一般特征

序号	矿物类别	矿物名称	化学式	含量（质量分数）/%	形态	莫氏硬度	密度/g·cm^{-3}	颜色	其他特性
I	硫化矿	方铅矿	PbS	Pb：86.6	立方体	2.5	7.4~7.6	铅灰	弱导电性

序号	矿物类别	矿物名称	化学式	含量（质量分数）/%	形态	莫氏硬度	密度/g·cm⁻³	颜色	其他特性
2	硫化矿	硫锑铅矿	$2PbS \cdot Sb_2S_3$	58.5	针状	2.5~3	7.2~7.3	铅灰	脆
3	硫化矿	脆硫锑铅矿	$2PbS \cdot Sb_2S_3$	50.65	柱状	2.5~3	5.5~6.0	铅灰	性脆
4	毓化矿	车轮矿	$2PbS \cdot Cu_2S-Sb_2S_3$	42.4	短柱状	2~3	5.7~5.9	铅、灰-黑	
5	氧化矿	白铅矿	$PbCO_3$	77.55	板状，假六方双锥	3~3.5	4.66~6.57	白、灰	极脆，贝壳状断口
6	氧化矿	铅矾	$PbSO_4$	68.30	厚板状，粗柱状	3.0	6.2~6.35	无色迹	
7	氧化矿	铬酸铅矿	$PbCrO_4$	64.10	长柱状	2.5~3	5.9~6.1	橘红	性脆
8	氧化矿	磷酸氯铅矿	$3Pb_3(PO_4)_2 \cdot PbCl_2$	76.37	柱状	3.5~4	6.9~7.0	黄绿、鲜红	
9	氧化矿	砷酸铅矿	$2Pb_3(AsO)_2 \cdot PbCl_2$	69.61	空心柱	2.8~3	6.7~7.2	蜜黄、褐、绿	
10	氧化矿	矾酸铅矿	$3Pb_3(VO_4)_3 \cdot PbCl_2$	73.15	四方板状，双锥状，锥状	3.0	3.9~4.1	黄、褐、红	
11	氧化矿	钼铅矿	$PbMoO_4$	58.38	四面体，菱形十二面体	3.5~4	4.2	橙黄、蜡黄	断口为油脂光泽
12	硫化矿	闪锌矿	ZnS	Zn: 67.1	四面体，菱形十二面体	4.0	3.90	浅黄、棕褐、黄	
13	硫化矿	铁闪锌矿	$nZnS-mFeS$	<60.0	尖锥状	3.5~4	4.3~4.45		
14	硫化矿	纤维锌矿	ZnS	67.1	菱面体，偏三角面体	5.0	3.4~4.45	浅棕	
15	氧化矿	菱锌矿	$ZnCO_3$	ZnO: 64.0	板状	4.5~5	3.4~3.5	灰白、浅绿、浅褐	
16	氧化矿	异极矿	$Zn_2SiO_4 \cdot H_2O$	ZnO: 67.5	菱面体	5.5	3.9~4.2	白、蓝、黄	强热电性
17	氧化矿	硅锌矿	Zn_2SiO_4	ZnO: 73.0		2~2.5	3.9~4.2	白、灰、浅绿	

续表 1-5

序号	矿物类别	矿物名称	化学式	含量（质量分数）/%	形态	莫氏硬度	密度/g·cm⁻³	颜色	其他特性
18	氧化矿	水锌矿	$2Zn(OH)_2 \cdot ZnCO_3$	ZnO：75.2			16~3.8	白绿、白-浅黄	

我国铅锌矿床普遍形成于热液型阶段，尤其是中低温热液型，由此我国铅锌矿床可分为如下六种类型[7-9]：

（1）矽卡岩型铅锌矿床。矽卡岩型铅锌矿床除具有普通矽卡岩型矿床的特点之外，它还具有以下不同之处：

1）铅锌矿物的成矿时期较晚，且远晚于矽卡岩形成的时间，因此铅锌矿床与矽卡岩空间分布存在差异，甚至完全不在矽卡岩中。

2）铅锌矿体形状较为复杂，它除以凸镜状和层状结构表现外，还常形成于瘤状、筒状和巢状等形态。

3）在矿物物质组成方面，除闪锌矿和方铅矿外，它常含有黄铁矿、毒砂、辉铋矿、辉钼矿、钨、锡等其他硫化矿。

这种矿床类型所形成的铅锌矿往往品位较高，铅、锌总量可达 10%~20%，矿床规模也多为中小型，如湖南的水口山铅锌矿[10]。

（2）黄铁矿型铅锌矿床。黄铁矿型铅锌矿床与黄铁矿型铜矿床属于同一类型矿床，由于铜、铅、锌矿物常伴生于一起，因此当铅锌含量较高时也称之为铅锌矿床。其主要矿物为方铅矿、闪锌矿、黄铁矿、黄铜矿，另外还有少量的共生矿物，如黝铜矿、自然金、自然银、碲银矿等。此类型矿床的铅锌矿物含量差异大，铅品位多在 3%~20%，锌品位多在 3%~12%，且锌品位一般高于铅品位。此类型矿床主要是大中型的铅锌矿床。

（3）热液型脉状铅锌矿床。热液型脉状铅锌矿床是由热液交代充填作用而形成的，它产于各种岩石裂隙间。铅锌矿体多呈脉状形态产出，且矿物成分简单。若按矿物的共生情况，此类型矿床可细分为三类：含石英、碳酸盐的方铅矿-闪锌矿类；含锡石的方铅矿-闪锌矿-锡石类；含重晶石的方铅矿-重晶石-萤石类。这种类型的矿床中一般铅锌品位较高，铅含量高达 8%~20%，锌含量高达 12%~25%。我国铅锌矿床 50% 以上都属于此类矿床，其规模一般为中小型，个别为大型，如湖南东部的铅锌矿床都属于热液型脉状铅锌矿床[11]。

（4）碳酸盐层状铅锌矿床。碳酸盐层状铅锌矿床产于白云岩和石灰岩中，矿体形状较为简单，多为层状、脉状及不规则形状，铅锌矿物常与方解石细脉连生嵌布。矿体中矿物成分非常简单，主要有用矿物为方铅矿、闪锌矿、黄铁矿，少数伴生有黄铜矿和金、银等。铅锌含量不高，铅含量多在 2.7%~5.0%，锌含量多在 3.0%~12.0%。此类矿床金属储量大，高达数十万吨，甚至上百万吨。

世界上近25%的铅锌矿都产自此类矿床。

(5) 碳酸盐热液交代铅锌矿床。碳酸盐热液交代铅锌矿床分布于碳酸盐发育地段，产在白云岩和石灰岩中。这是铅锌矿床中一种重要的矿床类型，按照矿床成因它归属于中低温热液型矿床，矿体一般沿碳酸盐岩体的裂隙间充填交代，因而矿体形状极不规则，如筒状、凸镜状、巢状和板状等。矿床中主要金属矿物有方铅矿、闪锌矿和黄铁矿；脉石矿物主要为石英和方解石，有时候也有重晶石和萤石。矿石主要以致密块状为主，矿床规模不均，但以小型为主，且品位较高，分布较广，因此工业意义巨大，如我国甘肃秦岭地区的代家庄铅锌矿就属于此种矿床类型[12]。

(6) 风化残余矿床。由于铅盐难以溶解，因此当原生矿床风化时，铅就形成了次生矿物如白铅矿、铅矾等，这些次生矿物残留下来就形成了风化残余矿床。在矿体中铅锌矿物品位一般很高，矿床规模多为大中型，且开采便利。

以上是我国六大主要的铅锌矿床类型，由于铅锌矿床种类不一，且分布不均匀，因此我国铅锌矿物矿石性质差异较大，分选难度较大。

1.2.2.1 铅锌硫化矿浮选

铅锌硫化矿浮选理论研究主要集中于捕收剂（黄药）与铅锌硫化矿物的作用机理，自铅锌硫化矿浮选理论研究以来，多种理论和假设[13-16]曾被先后提出。其中最具代表性的机理是早期的"吸附假说""溶度积假说"和现在的"浮选电化学理论"。

Taggart等人[17]在1934年提出浮选化学理论，其核心内容就是溶度积假说理论，其原理是黄药与铅锌硫化矿物表面发生化学反应决定着铅锌矿物的浮选行为，且药剂与铅锌矿物离子发生化学反应的溶度积越小，其作用能力就越强，浮选也就越容易进行。

吸附假说理论认为吸附是药剂与铅锌硫化矿物的主要作用。Guadin等人[18]在"离子吸附假说"中认为铅锌硫化矿物表面的黄原酸根离子与药剂离子发生着离子交换吸附；Cook与Wark等人[19]则更认同"分子吸附假说"理论，他们认为黄原酸分子与离子在铅锌硫化矿物表面发生的是表面吸附。

Forssberg与Thomas等人[20-22]对铅锌硫化矿的浮选行为与特性进行了研究，认为方铅矿天然可浮性良好，一定程度上可进行无捕收剂浮选。浮选电化学理论是现代提出的一种新理论，持这种观点的人认为：

(1) 在电化学调控下，铅锌硫化矿物表面适度的阳极氧化所产生的中性硫S^0是疏水性物质，它使得铅锌矿物具有良好的可行性而上浮[23-25]。

(2) 在电化学调控下，氧化还原反应开始时，铅锌硫化矿物表面金属离子优先离开铅锌矿物晶格，并开始进入溶液中，形成多硫化物或缺金属晶格，这种物质是疏水性的物质，它最终在矿物表面生成中性疏水性物质硫S^0，从而使铅锌矿物上浮[25, 26]。

酸性条件下，反应方程式为：$PbS = Pb^{2+}+S^0+2e$

碱性条件下，反应方程式为：$PbS+H_2O = PbO+S^0+2H^++2e$

由此可见，在酸性和碱性条件下，方铅矿表面都形成了疏水性物质硫S^0，它使得方铅矿具有良好的可浮性而疏水上浮。

1.2.2.2 铅锌硫化矿选矿药剂

铅锌硫化矿选矿药剂主要包括铅锌矿物捕收剂、抑制剂和调整剂。

A 铅锌矿物捕收剂

铅锌硫化矿浮选回收时，铅锌矿物捕收剂的选择是关键。方铅矿浮选常用的捕收剂有黄药、黑药、硫氮类等，而闪锌矿的捕收剂主要是黄药类。

熊文良[27]采用乙硫氮+Z-200 作方铅矿的捕收剂、丁基黄药作闪锌矿的捕收剂对某高硫铅锌矿进行选矿试验研究，在原矿含铅 2.75%、含锌 9.18%的情况下获得了含铅 57.32%、铅回收率 76.17%，含锌 2.13%、锌分布率 0.85%的铅精矿；含锌 52.55%、锌回收率 97.04%，含铅 1.16%、铅分布率 7.28%的锌精矿，试验指标良好，铅锌矿物得到了较好的浮选回收。

毛富邦[28]采用乙硫氮+乙铵黑药作铅矿物捕收剂、Z-200+MB 作锌矿物捕收剂回收内蒙古某难选铅锌矿，得到了含铅 46.70%、铅回收率 74.84%的铅精矿，含锌 47.30%、锌回收率 78.36%的锌精矿。

李文辉等人[29]采用 LP.01 作铜矿物捕收剂、乙硫氮+苯胺黑药作方铅矿捕收剂、丁基黄药作闪锌矿捕收剂对新疆某低品位铜铅锌矿石进行选矿试验研究，实现了铜、铅、锌矿物有效的分离，且指标良好。

吕宏芝[30]采用乙硫氮+丁基黄药作铅矿物捕收剂、丁基黄药作锌矿物捕收剂对某铅锌进行试验研究，显著提高了铅、锌精矿的品位和回收率。

随着铅、锌矿物捕收剂的发展，现今也出现了许多高效的捕收剂，如 YY-B01、XYO、酯 121、JBN-100、DZ-01、EML3 等[31-36]，试验证明，它们都对铅、锌矿物具有良好的捕收能力。

B 铅锌矿物抑制剂

铅锌矿物的浮选回收通常采用铅锌混合浮选、铅锌依次优先浮选、铅锌等可浮性浮选等工艺流程。采用这些流程进行铅锌矿物的浮选回收首要问题就是铅锌分离，由于方铅矿被抑制后活化困难，通常采用抑锌浮铅的工艺流程，因此，在进行铅锌分离时，闪锌矿抑制剂的选择是关键。闪锌矿常用的抑制剂有硫酸锌和亚硫酸钠[37-39]，它是闪锌矿有效的抑制剂，能显著改善闪锌矿表面的亲水性，使闪锌矿受到强烈的抑制。

C 铅锌矿物调整剂

铅锌矿物调整剂主要包括活化剂和 pH 调整剂。一般而言，铅锌矿物最常用的活化剂是硫酸铜[40]。闪锌矿使用抑制剂后进行浮选时就可以用硫酸铜先进行活化，然后再浮选回收。而 pH 调整剂一般采用石灰[41]，有时铅锌矿物氧化率高时还需先采用硫化钠进行硫化[42,43]，之后再进行浮选回收。

1.2.2.3　铅锌硫化矿选矿工艺

铅锌硫化矿选矿工艺主要包括铅锌矿物浮选工艺和铅锌矿物分离工艺。

A　铅锌硫化矿浮选工艺

目前，铅锌硫化矿的选矿回收主要以浮选为主，而重选等其他方法只是作为辅助工艺配合使用。常用的浮选工艺流程有铅锌依次优先浮选工艺流程、铅锌混合浮选工艺流程、铅锌部分混合浮选工艺流程和铅锌等可浮浮选工艺流程四种。另外，对于微细粒或氧化率较高的铅锌矿石，采用常规的浮选工艺难以进行有效的回收，此时采用生物浸出可以获得良好的效果。

a　铅锌依次优先浮选工艺

铅锌依次优先浮选工艺是根据矿石中铅锌矿物的可浮性差异，从浮选体系中依次将铅、锌矿物浮选出来，并分别得到单一的铅精矿和锌精矿。一般，此工艺用于矿石矿物组成简单，原矿中铅、锌矿物品位较高，且铅锌矿物可浮性差异大，嵌布粒度较粗的铅锌矿石。一般这类矿石采用一段磨矿就可获得良好的分选指标。

澳大利亚的莱克卓尔茨选矿厂[44]在处理铜、铅、锌、硫、铁矿石时就采用该流程。其具体工艺条件和药剂制度是先在磨机中添加亚硫酸活化黄铜矿，然后在矿浆 pH 值为 6.5 介质中，采用乙基黄药与钠黑药优先浮选黄铜矿，并对铜粗精矿进行精选得到铜精矿，铜尾采用氯化钾与石灰作闪锌矿和黄铁矿的抑制剂、乙基黄药作方铅矿的捕收剂，进行抑锌、硫浮铅铅锌分离，将得到的铅粗精矿进行精选获得铅精矿，铅尾在浮选闪锌矿时先浓缩加温，然后使用硫酸铜作闪锌矿的活化剂、乙基黄药与戊基黄药作闪锌矿的捕收剂进行依次优先浮选闪锌矿和黄铁矿。采用此流程进行铜铅锌矿物的依次优先浮选获得了良好的分选指标。

毛益林和陈晓青等人[45]采用铅锌依次优先浮选工艺流程对某复杂难选铅锌矿进行详细的选矿试验研究，在原矿氧化率较高的情况下获得了良好的试验指标。

周宏波和庞运娟[46]对某铅锌硫化矿进行选矿工艺研究。结果表明，采用铅锌依次优先浮选工艺流程相对其他工艺流程获得的分选指标更好，铅、锌精矿的品位和回收率都更高，且铅、锌精矿中铅锌互含更低，此工艺具有良好的推广应用价值。

谢建宏和王素等人[47]采用铅锌依次优先浮选工艺流程对印度尼西亚某矽卡岩型铅锌矿进行选矿试验研究。结果表明此工艺对铅、锌矿物的选矿回收具有良好的效果，它获得的铅、锌精矿回收率高，分别为 97.16% 和 84.00%，分选指标优良。考虑到铅锌依次优先浮选工艺流程在分选铅锌矿时铅锌分离更简单，获得的铅、锌精矿指标更好，因此现今大多数铅锌矿的选矿回收都采用此流程进行。

b 铅锌混合浮选工艺

铅锌混合浮选工艺是把全部铅锌硫化矿物都混合浮选出来，得到铅锌混合粗精矿，然后再对铅锌混合精矿进行铅锌分离。赵玉卿和孙晓华等人[48]采用铅锌混合浮选工艺流程对青海某铜铅锌矿石进行选矿试验研究，结果表明此工艺可以获得品位和回收率都较高的铅锌混合精矿。但因为混合精矿进行铅锌分离时困难，所以此工艺难以获得品位和质量都较高的铅、锌单一精矿。

c 铅锌部分混合浮选工艺

铅锌部分混合浮选工艺流程是把可浮性相近的目标矿物同时混合浮选出来，然后再进行铅锌分离浮选。例如将铜铅锌矿石中易浮的黄铜矿和方铅矿与难浮闪锌矿分步浮选，分别获得铜铅混合精矿与锌硫混合精矿，然后再进行铜铅分离和锌硫分离，从而获得铜精矿、铅精矿和锌精矿、硫精矿。此流程兼具铅锌优先浮选和铅锌混合浮选两种工艺流程的特点，且铜铅分离与锌硫分离都较为简单，易于控制，同时有利于废水循环回用，对生产用水紧缺的矿山具有良好的推广应用价值。因此此工艺流程在国内外铜、铅、锌多金属硫化矿选矿厂得到了广泛的应用。

谭欣和何发钰等人[49]采用部分混合浮选工艺流程对某矽卡岩型低品位铅锌矿石进行选矿试验研究。结果表明此工艺可以获得回收率较高的铜、铅、锌单一精矿，且废水利于浓缩回收，具有较好的应用价值。虽然本方法可以获得指标较好的铜、铅单一精矿，但废水必须进行净化处理，增加的选矿成本，因此生产用水充沛的矿山多数还是采用依次优先浮选方案。

d 铅锌等可浮浮选工艺

铅锌等可浮浮选工艺是将可浮性相近的铅锌硫化矿物分选同一混合精矿中，然后再进行铅锌分离。例如黄铜矿、方铅矿和闪锌矿都有易浮和难浮的矿物，此时可以在第一阶段优先浮选易浮的黄铜矿、方铅矿或闪锌矿，然后进行分离，接着再把难浮的铜铅矿物和可浮性相近的锌矿物一并浮选，之后进行分离。此工艺流程可以不用对易浮的闪锌矿进行活化，同时它是按有用矿物的浮选难易程度进行分选的，所以药剂制度、药剂用量更为简单，可以大幅度减少药剂用量，浮选指标也可以得到较大幅度的改善。

纪军[50]采用此流程对四川白玉某微细粒含碳铅锌矿进行了分选工艺研究，并获得了良好的试验指标。由于铅锌矿物嵌布粒度微细，因此在试验过程中采用铅锌等可浮浮选工艺流程先将易浮的铅锌矿物优先混合浮选出来，之后进行铅锌分离，然后对混合浮选尾矿再磨后采用铅锌依次优先浮选工艺进行难选铅锌矿的浮选回收。此工艺和谐地分选铅锌矿物，对微细粒难选铅锌矿具有良好的推广应用价值，其缺点是浮选作业线太长，工艺过程对操作要求较高，选矿工序复杂。

e 微生物浸出工艺

目前，微细粒难选铅锌矿或氧化率较高的铅锌矿采用常规的选矿工艺难以获得较好的分选指标。微生物浸出工艺的出现，让难选的铅锌矿石进行回收变得可能。在 20 世纪 40 年代，Colmer 为生物湿法冶金奠定了理论基础[51]，经过几十年的发展，如今生物湿法冶金已陆续应用于大多数复杂难选硫化矿中，它在处理传统选矿技术难处理的低品位难选矿石、废石具有显著的优越性[52-55]，它不但具有污染小、投资小等优点，而且还具有能耗低、流程短等优点，因此，微生物浸出工艺已成为如今选矿界的热点话题[56, 57]。铅锌矿石采用微生物浸出工艺的机理主要包括直接作用机理、间接作用机理及复合作用机理三种[58-61]。根据铅锌矿石的成分多样性和细菌生物的特性，目前普遍认同的是直接和间接两种作用机理，也即铅锌矿物在浸出过程中是直接作用和间接作用共同产生的[62-64]。然而，由于微生物浸出工艺存在菌种培养周期长、生产成本高等缺点，因此其距离大规模的工业应用仍然任重而道远。

B 铅锌硫化矿分离工艺

在铅锌硫化矿浮选回收时铅锌分离是关键，也是长期以来一直被众多研究学者所研究的重要内容。经过不断的努力，采用抑锌浮铅工艺进行铅锌分离已获得了广泛的应用，并且铅锌分离技术变得更加成熟。现阶段，抑锌浮铅铅锌分离主要有以下六种方法：

(1) 单一硫酸锌法。硫酸锌是闪锌矿最主要、最常用的抑制剂，其抑制机理是硫酸锌水解，并生成亲水性物质 $Zn(OH)_2$。

$$ZnSO_4 + H_2O = Zn(OH)_2 + 2H^+ + SO_4^{2-}$$

$Zn(OH)_2$ 在矿浆 pH 值为 10.5~12.0 的碱性介质中会生成 $HZnO_2^-$ 和 ZnO_2^{2-} 的胶体，并吸附在闪锌矿表面，从而形成亲水性薄膜，使闪锌矿受到抑制。

$$Zn(OH)_2 + OH^- = HZnO_2^- + H_2O$$

$$Zn(OH)_2 + 2OH^- = ZnO_2^{2-} + H_2O$$

硫酸锌在碱性矿浆体系中 pH 值越高，所生成的 $HZnO_2^-$ 和 ZnO_2^{2-} 也越多，其抑制闪锌矿的效果也越好。

(2) 硫酸锌–石灰法。石灰水解后会生成 $Ca(OH)_2$，它与硫酸锌反应生成亲水性的 $Zn(OH)_2$，而 $Zn(OH)_2$ 在碱性矿浆中会与离子发生反应，生成 $HZnO_2^-$ 与 ZnO_2^{2-} 胶体。

$$Zn(OH)_2 + OH = HZnO_2^- + H_2O$$

$$Zn(OH)_2 + 2OH^- = ZnO_2^{2-} + 2H_2O$$

硫酸锌在碱性矿浆容易生成 $HZnO_2^-$ 与 ZnO_2^{2-} 的胶体，并吸附在闪锌矿的表面上，使闪锌矿受到抑制，且矿浆的 pH 值越高，产生的 $HZnO_2^-$ 和 ZnO_2^{2-} 胶体也越多，抑制效果也越好。

（3）硫酸锌-亚硫酸钠法。硫酸锌与亚硫酸钠组合，共同抑制闪锌矿效果显著，现已被绝大多数矿山选厂所采用。如浙江的庆元铅锌矿，在浮选铅矿物就采用硫酸锌+亚硫酸钠，获得了良好的分选效果。它能显著改变闪锌矿表面的亲水性，效果比单一硫酸锌法更好。

（4）胶体碳酸锌法，即碳酸钠-硫酸锌法。碳酸钠与硫酸锌在矿浆中发生水解：

$$3ZnSO_4 + Na_2CO_3 + 4H_2O = ZnCO_3 \cdot 2Zn(OH)_2 + 2Na^+ + 4H^+ + 3SO_4^{2-}$$

碳酸钠与硫酸锌在矿浆中水解生成碱式碳酸锌 $ZnCO_3 \cdot 2Zn(OH)_2$。这是一种溶胶物质，能吸附在闪锌矿表面，并形成亲水性薄膜，从而抑制闪锌矿。

（5）二氧化硫法。此法是在浮选铅锌矿物时往矿浆中通入二氧化硫气体，从而抑制闪锌矿，再用黄药与黑药类捕收剂浮选方铅矿。

（6）单一硫化钠法。此法在浮选铅锌矿物时，采用硫化钠抑制闪锌矿和黄铁矿，并使活化离子如 Cu^{2+}、Ag^+ 等形成沉淀，从而防止闪锌矿被抑制后受到活化，起到双重抑制效果。

综上所述，铅锌硫化矿的选矿研究已经历了上百年的历史，各项技术也逐渐走向成熟，然而随着当今铅锌矿产资源的不断贫细杂化，铅锌选矿指标也逐渐下滑；同时由于选矿工艺与矿石性质不匹配，因此，选矿指标逐年下降的矿山选厂屡见不鲜。可见加强铅锌硫化矿选矿工艺的研究依然是当今铅锌硫化矿选矿回收的首要任务。

1. 2. 3　原生铅的冶炼

铅冶炼可分为湿法和火法两类。湿法炼铅是用适当的溶剂使铅精矿中的铅浸出与脉石等分离，然后从浸出液中提取铅。湿法炼铅目前还处于研究阶段，或只用于小规模生产和再生铅的回收。目前铅的生产大部分为火法，火法炼铅方法可分为下列几类：

（1）氧化还原熔炼法。氧化还原熔炼是现今采用最普遍的方法。该方法先将硫化铅精矿（或块矿）中的硫化铅及其他硫化物氧化成氧化物，然后再使氧化物还原得金属铅。

（2）反应熔炼法。反应熔炼是在高温和氧化气氛下使硫化铅精矿中的一部分 PbS 氧化成 PbO 和 $PbSO_4$，生成的 PbO 和 $PbSO_4$ 再与 PbS 反应得到金属铅的方法。

（3）沉淀熔炼法。沉淀熔炼法是利用对硫亲和力大于铅的金属（如铁）将硫化铅中的铅置换出来的熔炼方法。

上述火法炼铅法中后两类很少应用于工业生产中。氧化还原熔炼法又可根据硫化铅矿氧化反应和还原反应的特点分为传统铅冶炼方法和直接炼铅法。

1.2.3.1 传统铅冶炼方法

烧结焙烧-鼓风炉还原熔炼是氧化还原熔炼法的传统工艺，它是在烧结机上对硫化铅精矿进行高温氧化脱硫，将炉料熔结成烧结块，然后将烧结块与焦炭一起在鼓风炉里进行还原熔炼得到粗铅。

我国现有的铅生产厂几乎都采用铅精矿烧结焙烧-鼓风炉熔炼法。此法即硫化铅精矿经烧结焙烧后得到烧结块，然后在鼓风炉中进行还原熔炼产出粗铅。烧结焙烧-鼓风炉熔炼工艺流程如图1-1所示。虽然该工艺存在能耗高、对环境污染严重、流程长、设备复杂以及锌回收困难、硫利用率低等缺点，但其在经济上所表现出来的竞争优势，使其成为矿产粗铅的主要生产工艺。

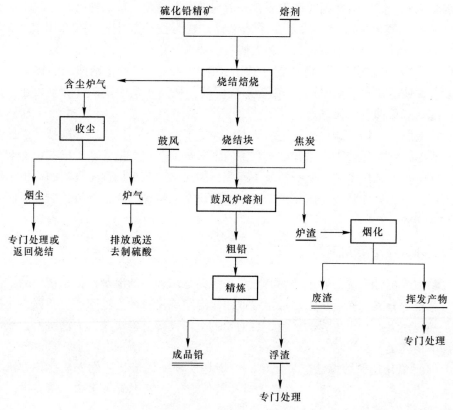

图 1-1 铅精矿烧结焙烧-鼓风炉熔炼工艺

1.2.3.2 直接炼铅法

直接炼铅是利用硫化铅精矿在迅速氧化过程中放出大量的热，将炉料迅速熔化，并产出液态铅和熔渣，同时产出高 SO_2 浓度的烟气，使硫得以回收的冶金过程。直接炼铅必须严格控制温度和氧位，这在工业生产中是很难达到的。为此产生了直接炼铅的基本原则，即在高氧位下产出低硫粗铅，然后在低氧位下产出低铅炉渣。

直接炼铅新工艺在冶炼过程中取消了烧结作业，采用纯氧或富氧空气直接熔炼硫化铅精矿产出粗铅。近20余年，已投入工业规模生产或较完善地完成了工业试验的直接炼铅方法主要有氧气底吹炼铅法（QSL）、基夫赛特炼铅法（Kivcet）、奥斯麦特顶吹熔池熔炼法（Ausmelt）、氧气顶吹转炉炼铅法（SKS）以及瓦纽柯夫熔炼炉直接炼铅法等。

A 氧化底吹炼铅法

氧化底吹炼铅工艺（见图1-2）及工业化装置开发属于有色金属行业冶炼技术的重大技术创新，达到国际先进技术水平。其特点是利用氧气底吹炉氧化替代烧结工艺，彻底解决了原烧结过程中 SO_2 与铅尘严重污染环境的难题。底吹产出的高铅渣用创新后的鼓风炉还原，有效抑制了低沸点铅物的挥发，克服了其他炼铅工艺普遍存在的烟尘率高、返尘量大的缺点，且具有金属回收率高、热能利用好等许多优点。该工艺是先进的熔池熔炼现代技术与创新后的鼓风炉还原工艺的完美结合，具有显著的经济和环保效益，已获得铅冶炼同行的认可，并已扩展到铜冶炼。

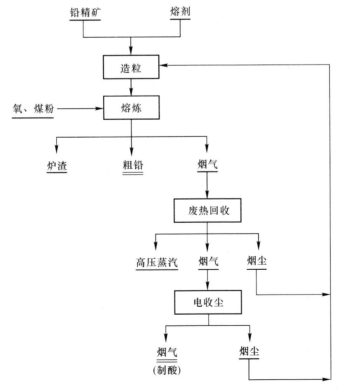

图1-2 氧气底吹炼铅法工艺流程

氧气底吹炼铅法的优点为：

(1) 氧气底吹熔炼法以 Pb 作为 O_2 的载体，在铅液层中可除去一次铅中的杂质，有利于提高一次粗铅的品位；在熔渣中可加速 PbS 的氧化反应，有利于降低熔炼烟尘率。

(2) 自动化水平高，氧气底吹熔炼过程采用 DCS 控制系统，实现了配料、制粒、供氧、熔炼、余热锅炉、锅炉循环水、电收尘、高温风机等全流程、全部设备的集中控制。

(3) 氧气底吹炼铅法能充分利用原料中的反应热，实现自热熔炼，既可处理高品位硫化铅精矿，也可处理品位较低的精矿及其他含铅物料。此法对精矿含水无特殊要求，但由于制粒水分一般为 8%，因此精矿与熔剂、烟尘等混合后的水分不超过 7.5% 为宜。

(4) 熔炼过程在密闭的熔炼炉中进行，能避免烟气外逸，SO_2 烟气经二转二吸制酸后，尾气排放达到环保要求。铅精矿或其他铅原料配合制粒后直接入炉，没有烧结返粉作业，生产过程中产出的铅烟尘均密封输送并返回配料，防止铅烟尘弥散；同时在虹吸放铅口设通风装置，防止铅蒸气的扩散，彻底解决了铅冶炼烟气、烟尘污染问题。

B　氧气侧吹熔池熔炼直接炼铅

氧气侧吹熔池熔炼直接炼铅技术源于苏联开发的瓦纽柯夫熔池熔炼炉（属侧吹炉），该技术处理硫化铅矿的可能性已有论述和实验。

硫化铅精矿直接炼铅包括氧化熔炼和还原熔炼两个过程。氧化熔炼所产的富铅渣水淬堆存至一定数量后返回同一侧吹炉进行还原熔炼。其供料系统、烟气冷却系统、收尘系统也共用一套。大规模生产氧化和还原装置必须彼此分开，有各自的系统。

C　基夫赛特炼铅法

基夫赛特炼铅法是将硫化铅精矿工业氧闪速炉熔炼和熔融炉渣电热还原相结合直接产出粗铅的铅冶炼方法，是一种以闪速炉熔炼为主的直接炼铅法。该法经多年生产运行，已成为工艺先进、技术成熟的现代直接炼铅法。基夫赛特炼铅法的工艺流程如图 1-3 所示。其核心设备为基夫赛特炉，该炉由四部分组成：带氧焰喷嘴的反应塔、具有焦炭过滤层的熔池、冷却烟气的竖烟道即立式废热锅炉以及铅锌氧化物挥发的电热区。

D　奥斯麦特法

奥斯麦特法即顶吹浸没熔炼属于熔池熔炼范畴。奥斯麦特顶吹浸没熔炼设备由顶吹浸没喷枪及圆柱形固定式炉体组成，通过可升降的顶吹浸没式喷枪熔炼，以粉煤为喷枪燃料。喷枪是该法的核心技术，它是喷送燃料和空气或富氧空气的装置，生产时浸没在熔体中，喷枪火焰或溶池气氛（氧化或还原）可调。

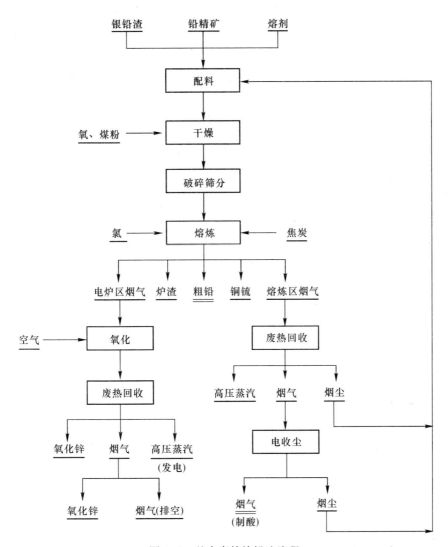

图 1-3 基夫赛特炼铅法流程

E 碱法熔炼

硫化铅精矿配入苏打和碎炭（煤或焦），在制粒或制团后，在 1000~1100℃下熔炼，直接产出粗铅，它也属于直接炼铅范畴。其反应为：

$$2PbS+2Na_2CO_3+C=2Pb+2Na_2S+3CO_2$$

$$PbS+Na_2CO_3+C=Pb+Na_2S+CO+CO_2$$

$$PbS+Na_2CO_3+CO=Pb+Na_2S+2CO_2$$

此法铅回收率为 98.4%，并将金、银、铋等富集于粗铅中；粗铅含 Pb 为 98%~98.5%、Cu 为 0.25%~0.35%；烟尘率为 3.8%。渣铜锍富集了绝大部分的铜和硫、锌等，经苏打再生后，可成为提铜的原料。渣铜锍再生苏打的方法是先经热水浸出，浸出温度为 50~70℃，时间 1h，固液比为 1:3，加入少量氧化剂如 MnO_2，此时发生如下反应：

$$Na_2S+MnO_2+H_2O = 2NaOH+MnO+S$$

钠盐进入溶液后，进行热碳酸化处理，其目的是使 Na_2S 发生如下反应：

$$Na_2S+CO_2+MnO_2 = Na_2CO_3+MnO+S$$

$$2NaOH+CO_2 = Na_2CO_3+H_2O$$

热碳酸化时通入的气体 CO_2 含量为 7%~8%，操作温度 80℃，时间 1~3.75h。最后送往冷碳酸化使 Na_2CO_3 转变为溶解度更小的 $NaHCO_3$ 结晶析出。

$$Na_2CO_3+H_2O+CO_2 = 2NaHCO_3$$

1.2.3.3 粗铅精炼

鼓风炉炼得的粗铅中含有 1%~4% 的杂质和贵金属，杂质对铅的性质有非常有害的影响，如使其硬度增加、韧性降低、抗蚀性减弱等。精炼的目的是除去粗铅中的杂质，并使贵金属进一步富集。粗铅精炼的方法有火法精炼和电解精炼两种。火法精炼的生产率较高，金属周转也快，但属多段性作业，金属的直收率降低，且作业繁杂。电解精炼则是使杂质元素一次进入阳极泥，其直收率较高，但金属周转慢，资金压力大。

A 火法精炼

火法精炼中杂质脱除的顺序是铜、砷、锑、锡、银、锌、铋。脱除的基本原理是使这些杂质生成不溶于粗铅的化合物，形成浮渣漂浮在铅液表面，使之与铅分离。工艺流程如图 1-4 所示。

B 电解精炼

铅的电解精炼在 21 世纪初才用于工业生产，电解精炼能通过一次电解得到纯度较高的电解精炼铅，贵金属与其他有价元素及杂质富集在阳极泥中，有利于集中回收。铅电解前要经过火法精炼，先要除 Cu、As、Sn。经简单火法精炼的粗铅作阳极，以阴极铅铸成的薄片作阴极，在由硅氟酸和硅氟酸铅水溶液组成的电解液内进行电解。杂质在电解精炼时的行为，决定于它们的标准电位及其在电解液中的浓度。粗铅中的杂质按其标准电位可分为三类：

(1) 电位比铅负的杂质如锌、铁、镉、钴、镍等可溶于电解液中，但不能在阴极放电析出。这类杂质易在火法精炼时除去，所以不致污染电解液。

(2) 电位比铅正的杂质在电解时不溶解而进入阳极泥，其要求阳极含铜低于 0.06%~0.1%，不然阳极泥致密变硬，妨碍铅溶解，使槽电压升高；当锑含量为 0.3%~1.0%，锑在阳极中以固溶体存在，电解时使阳极泥呈坚固而又疏松多孔的海绵状，附在阳极上不易脱落；粗铅中的金银留在阳极泥中。

(3) 电位与铅很接近的锡从理论上讲既能在阳极上溶解，又能在阴极上析

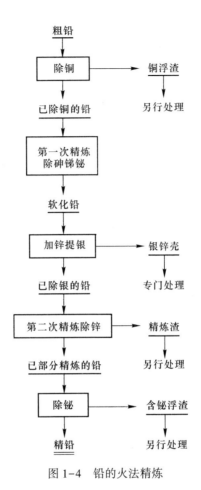

图 1-4　铅的火法精炼

出，但实际上因锡能与一些金属构成化合物使它的电位变正，故仍有部分锡留在阳极泥中。铅电解精炼的实质是将火法精炼无法除去的杂质及贵金属留在阳极泥中，实现铅和杂质的进一步分离。其核心是为了进一步富集贵金属。

1.2.4　原生锌的冶炼

现代锌的生产方法可分为火法和湿法两大类。目前世界主要炼锌方法是湿法，该法产量占世界总产量的 80% 以上。我国锌冶炼为火法和湿法两种工艺并存，以湿法为主。

火法炼锌包括焙烧、还原、蒸馏三个主要过程。在 20 世纪 50 年代以前，还原蒸馏虽然经历了从小（土）平罐、竖罐到大竖罐这样一个很大的发展变化，但由于对原料的适应性不强、能耗高等原因，因此现今世界上平罐炼锌几乎被淘汰，而竖罐炼锌也只被为数很少的 3~5 家工厂采用。20 世纪 50 年代出现的密闭鼓风炉炼锌，使火法炼锌获得了新的发展，其优点是能处理铅锌混合精矿及含锌氧化物料，在同一座鼓风炉中可生产出铅、锌两种不同的金属。

1.2.4.1 火法炼锌

A 竖罐炼锌

竖罐炼锌是在高于锌沸点的温度下，于竖井式蒸馏罐内，用碳作还原剂还原氧化锌矿物的球团，反应所产生锌蒸气经冷凝成液体金属锌。竖罐炼锌的生产工艺由硫化锌精矿氧化焙烧、焙砂制团和竖罐蒸馏三部分组成。

硫化锌精矿的氧化焙烧的目的是使精矿中的 ZnS 转变成 ZnO，同时将 S、Pb、Cd、As、Sb 等除去。氧化焙烧锌精矿的设备已从历史上采用的多膛炉逐渐过渡到沸腾焙烧炉。

焙砂制团与焦结竖罐蒸馏炼锌是气固反应过程，要求加入的物料必须具有良好的透气性和传热性能以及相当的热强度，抗压强度在 4.9MPa 以上。为此锌焙砂需制成团块并焦结处理。首先将锌焙砂和还原用粉煤、胶黏剂充分混合、碾磨、压制成团块，然后送入机械化燃油干燥库干燥。干燥后将团矿经机械提升从炉顶加入焦结炉，在 800℃ 温度下，团矿中的焦性煤产生黏结作用使团块焦结，同时干团矿中的残存水分、挥发分被彻底除去。

竖罐本体是用机械强度高、传热性能好、高温下化学性稳定的碳化硅材料砌成的直井状炉体，横断面成狭长矩形。两长边罐壁外侧各有煤气燃烧室，对罐内团矿进行间接加热。来自焦结炉的热团矿经密封料钟加入罐顶，下降过程中被加热到 1000℃ 以上，团矿中 ZnO 还原反应开始激烈进行。还原产生的炉气中含气体锌约 35%，经罐口下的上延部进入装有石墨转子的冷凝器，在转子扬起的锌雨捕集下，锌蒸气冷凝成液态锌，冷凝器定时放出液态锌并铸成锌锭。出冷凝器的气体经过洗涤净化除去剩余的锌，成为含 CO 约 80%、含 H_2 约 10% 的罐气，全部返回竖罐作为燃料。蒸锌后的团块经连续运转的排渣机排出。

B 密闭鼓风炉炼锌

该方法是在密闭炉顶的鼓风炉中，用碳质还原剂从铅锌精矿烧结块中还原出锌和铅，锌蒸气在铅雨冷凝器中冷凝成锌，铅与炉渣进入炉缸，经中热前床实现渣与铅的分离。此方法又称 ISP 法，对原料适应性强，既可以处理原生硫化铅锌精矿，也可以熔炼次生含铅锌物料，能源消耗也比竖罐炼锌法低。密闭鼓风炉炼铅锌工艺流程如图 1-5 所示，主要包括含铅锌物料烧结焙烧、密闭鼓风炉还原挥发熔炼和铅雨冷凝器冷凝三部分。

（1）烧结焙烧。一般铅锌精矿含 Pb+Zn 在 45%～60%，与其他含锌物料混合配料后，在烧结机上脱硫烧结成块。烧结块要有一定的热强度，以保证炉内的透气性。

（2）密闭鼓风炉还原挥发熔炼。熔炼时，烧结块、石灰熔剂和经预热的焦

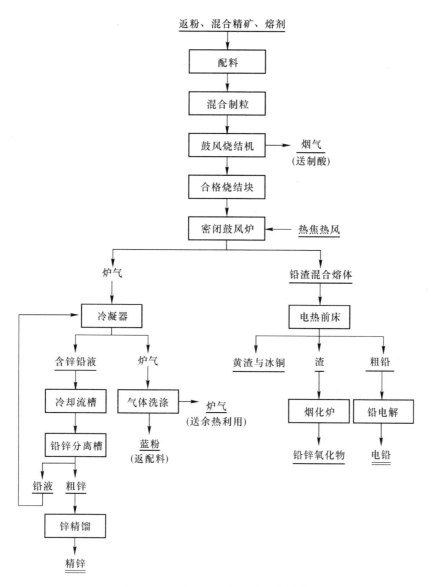

图 1-5　密闭鼓风炉炼铅锌工艺流程

炭分批自炉顶加入炉内，烧结块中的铅锌被还原，锌蒸气随 CO_2、CO 烟气一道进入冷凝器，熔炼产物粗铅、铜锍和炉渣经过炉缸流进电热前床进行分离，炉渣烟气处理回收锌后弃去，锍和粗铅进一步处理。

（3）锌蒸气冷凝。冷凝设备为铅雨飞溅冷凝器，冷凝器外形长 7~8m，高 3m，宽 5~6m，内设 8 个转子，浸入冷凝器内的铅池中。转子扬起的铅雨使含锌蒸气炉气迅速降温到 600℃ 以下，使锌冷凝成锌液溶入铅池，铅液用泵不断循环，流出冷凝器铅液在水冷流槽中被冷却到450℃，然后进入分离槽，液体锌密度小在铅液上层，控制一定深度使其不断流出，浇铸成锌锭。

1.2.4.2 湿法炼锌

湿法炼锌包括传统的湿法炼锌和全湿法炼锌两类。由于资源综合利用好，单位能耗相对较低，对环境友好程度高，湿法炼锌成为锌冶金技术发展的主流，到20世纪80年代初其产量约占世界锌总产量的80%。

A 传统的湿法炼锌

传统的湿法炼锌实际上是火法与湿法的联合流程，是20世纪初出现的炼锌方法，包括焙烧、浸出、净化、电积和熔铸五个主要过程。此法以稀硫酸为溶剂溶解含锌物料中的锌，使锌尽可能全部溶入溶液，再对得到的硫酸锌溶液进行净化以除去溶液中的杂质，然后从硫酸锌溶液中电解析出锌，电解析出的锌再熔铸成锭。传统湿法炼锌的原则工艺流程如图1-6所示。

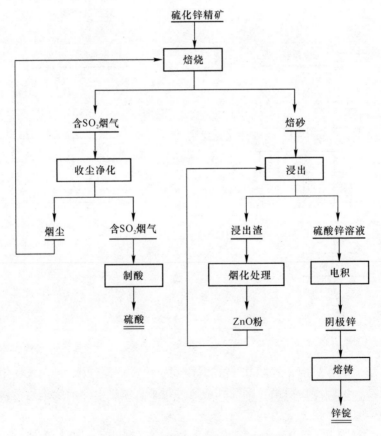

图1-6 传统湿法炼锌原则工艺流程

a 锌精矿焙烧

锌精矿焙烧是用空气或富氧,在高温下使锌精矿中的 ZnS 氧化成 ZnO 和 $ZnSO_4$,同时除去 As、Sb、Cd 等杂质的一种作业。焙烧产物焙砂送去浸出锌,烟气或者制硫酸,或者生产液态 SO_2。现代锌精矿焙烧均采用沸腾焙烧炉。

b 锌焙砂浸出与浸出液净化锌

焙砂浸出的常规工艺流程与热酸浸出工艺流程分别如图 1-7 和图 1-8 所示。

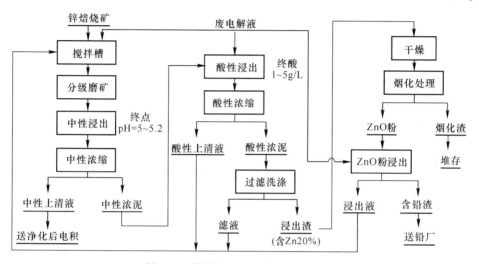

图 1-7 锌焙砂浸出的常规工艺流程

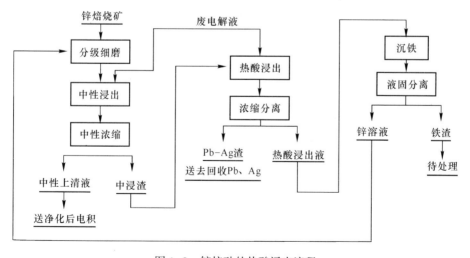

图 1-8 锌焙砂的热酸浸出流程

(1)常规浸出。锌焙砂浸出分中性浸出和酸性浸出两个阶段。常规浸出流程采用一段中性浸出和一段酸性浸出或两段中性浸出的复浸出流程。锌焙砂首先用来自酸性浸出阶段的溶液进行中性浸出，中性浸出的实质是用锌焙砂去中和酸性浸出溶液中的游离酸，控制一定的酸度（pH = 5～5.2），用水解法除去溶解的杂质（主要是 Fe、Al、Si、As、Sb），得到的中性溶液经净化后送去电积回收锌。常规浸出法产出的锌浸出渣含锌在 20% 左右，一般采用回转窑烟化法回收其中的锌或堆存待处理。

（2）热酸浸出法。锌精矿在沸腾焙烧过程中，生成的 ZnO 与 Fe_2O_3 不可避免地会结合成铁酸锌（$ZnO \cdot Fe_2O_3$）。铁酸锌是一种难溶于稀硫酸的铁氧体，在一般的酸浸条件下不溶解，全部留在中性浸出渣中，使渣含锌在 20% 左右。根据铁酸锌能溶解于近沸的硫酸的性质，在生产实践中采用热酸浸出（温度为 363～368K，初始酸浓度高于 150g/L，终酸为 40～60g/L），使渣中铁酸锌溶解，其反应为：

$$ZnO \cdot Fe_2O_3 + 4H_2SO_4 = ZnSO_4 + Fe_2(SO_4)_3 + 4H_2O$$

同时渣中残留的 ZnS 使 Fe^{3+} 还原成 Fe^{2+} 而溶解：

$$ZnS + Fe_2(SO_4)_3 = ZnSO_4 + 2FeSO_4 + S$$

热酸浸出结果是铁酸锌的溶出率达到 90% 以上，金属锌的回收率显著提高（达到 97%～98%），铅、银富集于渣中，但大量铁也转入溶液中，溶液中铁含量可达 20～40g/L。若采用常规的中和水解除铁，则会形成体积庞大的 $Fe(OH)_3$ 溶胶而无法浓缩与过滤。为从高铁溶液中沉淀除铁，根据沉淀铁的化合物形态不同，生产上已成功采用了黄钾铁矾（$KFe(SO_4)_2(OH)_6$）法、针铁矿（FeOOH）法和赤铁矿（Fe_2O_3）法等新的除铁方法。

c 电解液净化

锌焙烧矿经过中性浸出所得的硫酸锌溶液含有许多杂质，这些杂质的含量超过一定程度将对锌的电积带来不利影响。因此，在电积前必须对溶液进行净化，将浸出过滤后的中性上清液中的有害杂质除至规定限度以下，以保证电积时得到高纯度的阴极锌以及最经济地进行电积，并从各种净化渣中回收有价金属。由于原料成分的差异，各个工厂中性浸出液的成分波动很大，因此所采用的净化工艺各不相同。各种净化方法的工艺过程概要见表 1-6。

表 1-6 各种硫酸锌溶液净化方法的几种典型流程

流程类别	第一段	第二段	第三段	第四段
黄药净化法	加锌粉除 Cu、Cd，得 Cu、Cd 渣，送去提 Cd 并回收 Cu	加黄药除 Co，得 Co 渣，送去提 Co		

流程类别	第一段	第二段	第三段	第四段
锑盐净化法	加锌粉除 Cu、Cd,得 Cu、Cd 渣,送去提 Cd 并回收 Cu	加锌粉和锑盐除 Co,得 Co 渣,送去回收 Co	加锌粉除残余 Cd	
砷盐净化法	加锌粉和 As_2O_3 除 Cu、Co、Ni,得 Cu 渣,送去回收 Cu	加锌粉除 Cd,得 Cd 渣,送去提 Cd	加锌粉除复溶 Cd,得 Cd 渣,返回第二段	再进行一次加锌粉除 Cd
β-萘酚法	加锌粉除 Cu、Cd,得 Cu、Cd 液,送去提 Cd 并回收 Cu	加锌粉除 Cd、Ni,得 Cd 渣,送去回收 Cd	加 α 亚硝基-β 萘酚除 Co,得 Co 渣,送去回收 Co	加活性炭吸附有机物
合金锌粉法	加 Zn-Pb-Sb-So 合金锌粉除 Cu、Cd、Co	加锌粉除 Cd		

d 硫酸锌溶液的电解沉积

锌的电解沉积是将净化后的硫酸锌溶液(新液)与一定比例的电解废液混合,连续不断地从电解槽的进液端流入电解槽内,用含银 0.5% 的锌银合金板作阳极,以压延铝板作阴极,当电解槽通过直流电时,在阴极铝板上析出金属锌,阳极上放出氧气,溶液中硫酸再生。随着电解过程的不断进行,溶液中的含锌量不断降低,而硫酸含量逐渐增加。溶液含锌 45~60g/L、硫酸 135~170g/L 时,则作为废电解液从电解槽中抽出,一部分作为溶剂返回浸出,一部分经冷却后与新液按一定比例混合后返回电解槽循环使用。电解 24~48h 后将阴极锌剥下,经熔铸后得到产品锌锭。

B 全湿法炼锌

全湿法炼锌是在硫化锌精矿直接加压浸出的技术基础上形成的,于20世纪90年代开始应用于工业生产。该工艺省去了传统湿法炼锌工艺中的焙烧和制酸工序,是锌精矿不经过沸腾焙烧脱硫,直接浸出,浸出上清液经净化、电积和熔铸产出电锌的全湿法炼锌工艺;浸出渣经浮选得到硫精矿和铅银渣,硫精矿熔化、热过滤后产出硫化物滤渣和硫黄。氧压浸出炼锌工艺对原料适应性广,锌回收率高,有价金属综合回收好,硫以元素硫形态回收,对大气不产生污染,能满足日益严格的环保要求。

氧压浸出工艺过程分物料准备、压浸、闪蒸及调节、硫回收等工序，如图1-9所示。

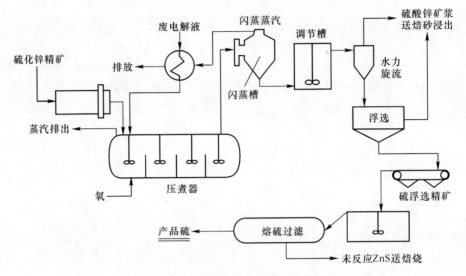

图 1-9 硫化锌精矿氧压酸浸出设备流程

物料准备工序是通过湿式球磨使锌精矿粒度达到 45μm，球磨矿浆经浓密后使其底流含固量达到 70%，在底流矿浆中加入添加剂，防止熔融硫包裹硫化锌精矿阻碍锌的进一步浸出。

浓密底流矿浆及废电解液泵入压力釜，通入氧气，控制温度、氧压、反应时间，硫化锌中的硫被氧化成元素硫，锌成为可溶硫酸锌，锌的浸出率可达到 97%~99%。

压力釜浸出后的矿浆加入闪蒸槽和调节槽减压降温，使元素硫成固态冷凝。调节槽冷却后的矿浆送入浓密机浓缩，浓缩上清液送往中和除铁，经净化、电积、熔铸生产电锌，浓密机底流送硫回收工序。

浓密机底流进行浮选回收硫，浮选尾矿经水洗压滤后送渣场堆存。含硫精矿送入粗硫池熔融，再经加热过滤，从未浸出的硫化物中分离出熔融元素硫，然后将熔融硫送入精硫池产出含硫约 99.8% 的元素硫。

加压浸出工艺又有一段加压浸出和两段加压浸出之分，其中两段加压浸出才是真正的全湿法工艺。1993 年 7 月，加拿大哈德逊矿冶公司弗林弗隆冶炼厂的两段加压浸出工艺投产，标志着名副其实的湿法炼锌工艺流程投入工业应用。图1-10~图 1-12 所示是火法和湿法炼锌的原则流程。

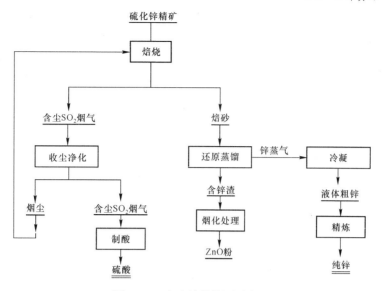

图 1-10 火法炼锌的原则流程

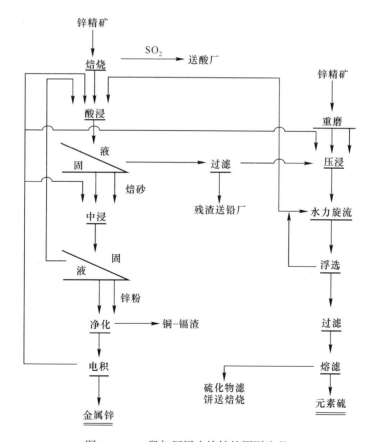

图 1-11 一段加压浸出炼锌的原则流程

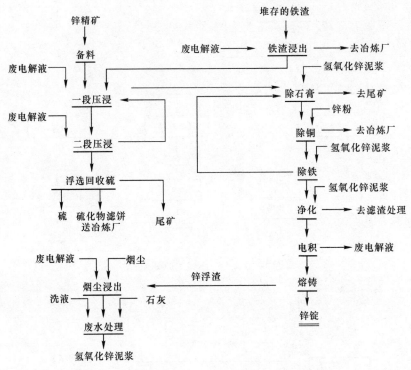

图 1-12 两段加压浸出（全湿法）炼锌的原则流程

1.2.5 再生铅冶炼

铅主要应用领域是铅酸蓄电池，其使用过程的失效期相对较短，回收工艺过程相对容易实现，因此铅废料是二次资源化程度最高的有色金属之一。加上环保政策的严格限制，人们十分重视回收利用含铅废弃物，尤其是工业发达国家高度重视铅的循环工作。利用铅二次资源生产的金属铅产品称为再生铅。目前，再生铅的产量已超过原生铅的产量。再生铅工业在铅工业中的地位日益重要。

1965~2000 年，世界铅的矿山铅产量增长幅度不大，1965 年为 270 万吨，2000 年仅为 304.78 万吨；1980~2000 年，世界的再生铅产量则从 183 万吨上升到 313.89 万吨，再生铅占铅总产量的比例逐年上升。再生铅产量超过原生铅产量的原因，主要有以下三方面：

（1）随着汽车工业的发展，铅酸蓄电池的消费量和废铅酸蓄电池的产出量日增，这不仅为再生铅提供了消费市场，而且也为其生产提供了原料来源，这是再生铅工业持续发展的基本原因。

（2）各国政府和公众对环境保护的要求日益提高，促进废铅酸蓄电池的回收率日益提高，从而促进了再生铅工业的发展。废铅酸蓄电池是再生铅的主要原料，若回收利用，它就变为二次资源；若不回收，它就成为环境的污染源。目前西方发达国家为保护环境，都非常重视蓄电池的回收，制定了严格的法规，管理系统也更加严密。20 世纪 90 年代美国汽车用起动型蓄电池的回收率达到94.9%，日本约达到 95%，西欧也达到 90%。

（3）再生铅的生产成本比原生铅低一半，生产中的能量消耗仅为生产原生铅的 1/3，因此生产再生铅的经济效益要比生产原生铅好得多。

再生铅的原料包括废铅酸蓄电池、电缆护套、铅管、铅板及铅制品在加工过程中产生的废碎料等，其中主要原料是废蓄电池，通常是汽车用的起动型蓄电池，因为起动型蓄电池使用周期短，回收量大。1960 年，蓄电池耗铅占铅消费总量的 27%；2001 年西方国家蓄电池耗铅 370 万吨，占铅的总消费量的68.52%。蓄电池主要的最终用户是汽车工业，因此，汽车工业的规模和增长速度决定了蓄电池和铅的消费量、废蓄电池的产出量和再生铅工业的发展。

废铅蓄电池的处理一般先经破碎后分选，分出板栅、铅膏和有机物料三种成分。板栅可经简单重熔和调整成分铸成极板供蓄电池厂再用。有机物料也可回收利用。由于成分复杂，铅膏处理是废铅蓄电池再生回收铅技术中难度最大、工艺最复杂的部分。根据处理方法不同，铅膏处理工艺大致可以分为火法工艺、湿法–火法联合工艺及全湿法工艺[65]。

1.2.5.1 火法工艺

蓄电池的废料大部分是采用这种处理方式，主要设备有鼓风炉、竖炉、回转炉和反射炉，多数情况是这些设备的两种或三种联合应用[66]。火法熔炼典型工艺流程如图 1–13 所示。

目前，世界上废铅蓄电池火法回收流程主要可分为三种：

（1）废铅蓄电池经去壳倒酸后直接进行火法混合熔炼，得到铅锑合金。

（2）废铅蓄电池经破碎后分选出栅板和铅膏，然后分别进行火法冶炼，得到铅锑合金和金属铅。

（3）废铅蓄电池经破碎后分选出栅板和铅膏，铅膏先脱硫转化，然后两者再分别进行火法冶炼，得到铅合金和金属铅[67]。

在欧美等发达国家，废铅蓄电池主要采用机械破碎分选，并进行脱硫等预处理，然后采用回转短窑冶炼，也有采用鼓风炉、回转短窑联合冶炼流程的。在发展中国家，大部分废铅蓄电池只是进行简单人工拆解，然后采用小型反射炉及土炉冶炼。火法由于需要高温熔炼，因此，在生产过程中不可避免会产生大量的含铅粉尘、SO_2 气体等污染物，如果不进行有效的防治，将对周围人群和环境产生极大的危害[68]。我国早期大部分中小企业废铅蓄电池预处理仍是人工拆解，并主要采用反射炉混炼的技术，一些小企业和个体户甚至采用人工方法将废板栅和铅膏分离出来，然后采用原始的土炉土罐生产。反射炉大多是以烟煤为燃料，熔

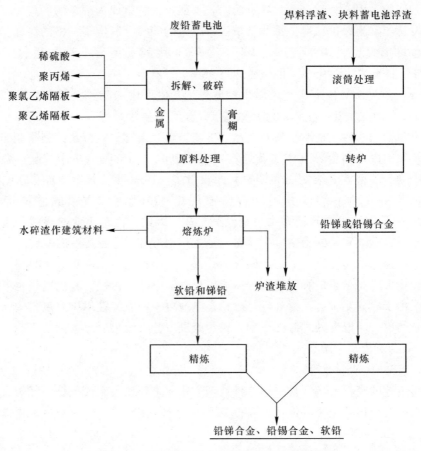

图 1-13　废铅蓄电池火法熔炼典型工艺流程

炼炉烟气的温度可达 1260~1316℃，能耗为（标态）400~500kg/t，高的可达 600kg/t，烟气中含烟尘浓度达 10~20g/m³，SO₂ 浓度达 0.075kg/kg，在工人的操作带铅烟含量可达 0.04~4mg/m³，操作环境差，而铅金属回收率一般只有 80%~85%，渣的含铅量达 10% 以上[69]。近年来，这些状况已有所改善，尤其是随着 2007 年《铅锌行业准入条件》的发布，我国再生铅行业还将得到进一步改善。

王升东等人[70] 研究了利用废铅蓄电池回收再生铅锑合金，生产黄丹、红丹的新工艺。将铅蓄电池各组分预先分离出来分别处理，有效地利用了铅蓄电池，降低了生产能耗。但高温下铅膏熔炼产生的含铅粉尘、SO₂ 气体等污染依然严重。

再生铅的新工艺主要有瑞典布利登（Boliden）公司的卡尔多炉熔炼法，澳大利亚奥斯麦特（Ausmelt）和艾萨（Isasmelt）法，这些工艺都有环境条件好，产能高等优点，在发达国家已有较广泛工业应用[71]。

1.2.5.2 湿法-火法联合工艺

处理废铅蓄电池炼铅时还可用湿法-火法联合流程处理。该处理方法主要是先将铅膏进行湿法脱硫，然后将脱硫后的铅膏进行火法熔炼，这样不但降低了熔炼温度，而且在一定程度上减少了铅蒸气和粉尘的产生量，减轻了对环境的污染[74,75]。同时还可将废蓄电池的电池糊与铅精矿一起搭配处理，熔炼反应产生的 SO_2 烟气与精矿熔炼烟气一起送去生产硫酸，不需单独处理，不要另外消耗熔剂，减少炉渣产率，降低铅损失，提高金属回收率。废料中的有机物可代替部分燃料，有利于降低熔炼过程的能耗[72,73]。火法熔炼过程中，会排放出大量含有铅、二氧化硫等有害成分的烟尘烟气，对环境造成很大污染。自 20 世纪 70 年代以来，世界各国对环境的保护越来越重视，美国、德国、意大利等发达国家相继开发了一些无污染铅冶炼技术，其原则流程是先将废蓄电池进行预处理，得到硬铅、铅膏、塑料和硬橡胶四种产物。硬铅可直接重熔回收，而铅膏要先进行湿法脱硫处理。

宋剑飞等人[76] 提出一种利用废铅蓄电池生产再生铅，同时生产黄丹、红丹的湿法-火法联合工艺。采用湿法可分离回收废铅蓄电池中的铅以及制取黄丹，然后再用火法冶炼生产出适应市场需求的红丹。该技术方法可靠，设备投资少，不造成二次污染，具有一定的经济效益和环境效益，值得大力推广。

傅欣等人[77] 采用火法和湿法相结合回收铅蓄电池中的铅，铅回收利用率可以提高 10% 以上，并且大大减少了污染。废铅蓄电池的综合回收利用工艺可以从废铅蓄电池中一次回收铅锑合金和三盐基硫酸铅、铅黄等系列产品。

刘辉等人[78] 研究了利用碳酸钠对铅膏进行湿法脱硫转化之后再进行火法冶炼。将铅膏中分解温度很高的硫酸铅组分转化为分解温度较低的碳酸铅组分，从而使分解温度由转化前的 800.56℃ 降低到转换后的 357.86℃，既降低了废铅蓄电池回收处理中的能量消耗，也有效地减少和避免了含铅粉尘、SO_2 气体等污染物的产生。

1.2.5.3 全湿法工艺

全湿法工艺有两种。一种是中国科学院过程工程研究所研制成功的固相电解技术，其工艺流程如图 1-14 所示[79]。该工艺先将废铅酸蓄电池用分离机分成塑料、隔板、板栅和铅泥四部分。塑料可直接出售；隔板无害化焚烧处理；板栅进行低温熔化并调配其成分，制成六元铅合金锭，用于生产新的铅酸蓄电池；铅泥经处理后涂在阴极板上进行电解，从 $PbSO_4$、PbO_2、PbO 等中还原出铅，再经熔化、锭铸，供给蓄电池生产厂用。该法生产 1t 铅耗电 600kWh，铅回收率达 95%，电铅纯度大于 99.99%，是一种回收铅的清洁生产工艺。另一种是沈阳环境科学研究院自主研发的预脱硫-电解沉积工艺[76]。该工艺先对铅泥预先脱硫处理，脱硫液再生；然后对脱硫料酸性浸出，用富铅电解液进行电解沉积，得到析出铅，最终熔化得电铅锭；贫电解液返回浸出工序。其主要特点是在冶炼过程中没有废气、废渣的产生，铅回收率可达95%~97%[80,81]。

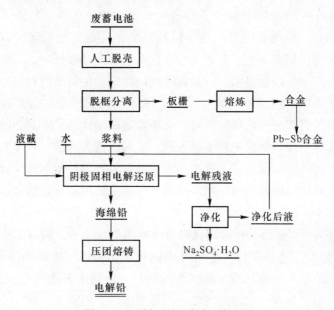

图1-14 固相电极原则工艺流程

　　自20世纪70年代以来，许多国家对环境要求日益严格。例如，1978年9月美国环境保护局颁发了关于铅的环境空气质量标准，将容许浓度规定为150μg/mL，较工业上公认的500μg/mL标准远为严格。我国铅锌行业准入标准中也明确规定铅锌冶炼及矿山采选污染排放要符合国家《工业炉窑大气污染物排放标准》（GB 9078—1996）、《大气污染物综合排放标准》（GB 16297—1996）、《污水综合排放标准》（GB 8978—1996）、固体废物污染防治法律法规、危险废物处理处置的有关要求和有关地方标准的规定。

　　在此形势下，湿法炼铅及其他铅冶炼新工艺开始引起人们的广泛关注。湿法炼铅的主要优点是不产生SO_2废气、铅雾和铅尘，不需要很高的投资，可在矿山就地冶炼铅。因此，国内外许多科研工作者将希望寄予湿法炼铅，希望通过湿法炼铅来克服火法炼铅的高污染、高能耗等问题。近30年来，国内外对废铅蓄电池的湿法回收处理进行了广泛的研究并提出了一系列工艺。

　　RSR工艺[71]包括铅膏中PbO_2的还原、$PbSO_4$的脱硫转化和溶液电解沉积三个过程。该工艺首先在290℃条件下对铅膏进行还原熔炼，或者将铅膏与水混合成浆液，采用SO_2气体或亚硫酸盐作为还原剂来将铅膏溶液中的PbO_2还原成低价铅。然后利用碳酸盐作脱硫剂对铅膏中的$PbSO_4$进行脱硫处理，并生成

$PbCO_3$ 沉淀和相应的硫酸盐。脱硫还原后的铅膏再用 HBF_4 或 H_2SiF_6 溶液浸出，制成含 70~200g/L 的 Pb^{2+} 及一定游离酸的电解液。电解过程采用不易腐蚀的 PbO_2-Ti 作阳极，不锈钢板作阴极，在槽电压 2.2V、电流密度 216A/m^2 的条件下电解 4h，可以得到纯度较高的铅粉。

Cole 等人[82] 采用 $(NH_4)_2CO_3$ 作为脱硫剂对铅膏中的硫酸铅进行脱硫转化，用铅粉作为还原剂来还原铅膏中的 PbO_2，然后将还原生成的 PbO 与 $PbCO_3$ 用 H_2SiF_6 溶解，制成电解液。再利用涂 PbO_2 的 Ti 板作阳极，铅板作阴极，在电流密度 180A/m^2 的条件下电解 24h，可以得到纯度大于 99.99% 的铅粉，电流效率为 97%，能耗低于 0.7kW/kg。研究结果[83] 表明，在 $PbSiF_6$-H_2SiF_6 电解液体系中，添加 112g/L 的磷酸盐，可大大降低阳极 PbO_2 的生成量。在该工艺中，阳极生成的 PbO_2 仅为阴极铅量的 1%。

CX-EWS 工艺[84] 包括硫化、氧化浸出、电解三个过程。首先是硫酸盐在还原细菌的作用下，把铅膏中的含铅的化合物转化为 PbS。然后将生成的 PbS 用氟硼酸三价铁盐氧化浸出，而把 S^{2-} 氧化为元素 S。将溶解而产生的铅溶液在隔膜电解池中进行铅的电沉积，同时在阳极室进行 Fe^{3+} 的再生。该工艺在硫化阶段引入了硫酸盐还原细菌，大大降低了使用化学药剂的成本，具有较好的经济效益。Weijma 等人[85] 实验室小试中研究了在气升式生物反应器中硫酸铅和铅膏的连续还原过程，另外添加了硫酸盐或单质硫作为硫源，氢气作为硫酸还原细菌或硫黄还原细菌还原过程中的电子供体。研究结果表明：在实验所用条件下，铅膏中硫酸铅几乎完全转化，产生的晶体铅相中 PbS 的含量大于 98%。

PLACID 工艺[86] 直接将铅膏用热的 HCl-NaCl 溶液浸出，将其中的含铅组分全部转化为 $PbCl_2$，所得浸出液净化后在阳离子交换隔膜电解池阴极室进行电解沉积铅。电解阳极室为酸性溶液，电解时在阳极析出。反应中产生的 H^+ 通过离子选择性隔膜进入阴极液，并与在阴极反应产生的 Cl^- 结合，生成 HCl 可用于浸出过程。电解过程采用 1000~1200A/m^2 的电流密度，阴极液中不加添加剂，故阴极上将析出枝状晶体。晶体沉降落入槽底，再用带式输送机排出槽外。这种铅粉可以用于制备新的铅蓄电池铅膏，也可熔铸成纯铅锭。

意大利 Ginatta[87] 提出了处理 $Ca(OH)_2$ 脱硫铅膏的转化电解沉积制纯铅的方法。该工艺中电解过程采用石墨棒作阳极，采用 HFB_4-Pb $(BF_4)_2$ 作电解液，溶液中添加辛烷基苯酚聚乙烯醚与苯酚，在温度为 40℃、阴极电流密度 400A/m^2、阳极电流密度 800A/m^2、槽电压 2.7V 的条件下，电解可得纯度为 99.99% 的细密平整的阴极铅。

陈维平等人[88,89] 采用 NaOH 为脱硫剂，首先将铅泥中的 $PbSO_4$ 转化为 PbO[或者 $Pb(OH)_2$]，然后采用 H_2SO_4 与 $FeSO_4$ 复合还原转化剂还原 PbO_2，再利用 $NaOH$-$KNaC_4H_4O_6$ 溶解 PbO，最后通过电解制得纯度大于 99.99% 的铅粉，电解过程电流效率不低于 98%。

佟永顺等人[90] 发明了铅蓄电池铅膏固相电解还原回收铅的方法。该工艺首先要将废铅蓄电池进行分解，将粉碎的铅膏与铅粉熔铸渣混合，调整水分后置于铁制柜式阴极架的格板上作为阴极，采用不溶的不锈钢板作为阳极，在 60～150g/L 的 NaOH 溶液中通以直流电进行电解，电解温度 50～70℃，电解过程中每 4～6h 加碱雾抑制剂一次，在电流下降至相应恒压电流曲线所示电流值时，阴极架上可以得到还原制备的铅粉。

从上述内容中可以看出，目前无论是火法还是湿法回收废蓄电池中的铅，大都是将其制成金属铅，产品较为单一；而工业上应用的各种铅化合物当前主要采用金属铅为原料来制取。因此，若能使用废铅蓄电池铅膏直接制取铅化合物，就有望简化其生产工艺，降低其生产成本，增大产品的市场竞争力。

废铅酸蓄电池回收铅是再生铅回收的主体，发达国家大多采用大型专业化生产，金属回收率高。其回收方法经过几十年的不断改进和完善，综合回收率逐渐提高，环境保护水平也不断提高。再生铅的冶炼可以用三种方法进行：一是在原生铅冶炼厂与铅精矿混合处理；二是采用火法熔炼工艺处理蓄电池废料，特别是采用近年开发的顶吹熔池熔炼技术处理再生铅原料，比其他火法工艺更有利于控制环境污染；三是采用固相电解法处理。

1.2.5.4　再生铅冶炼实例

A　废铅蓄电池 CX-EW 法冶炼

意大利 EI（ENGITEC IMPIANTI）股份公司开发的 CX-EW 废蓄电池回收技术具有代表性。其工艺过程包含 5 个部分：

（1）包含电池糊脱硫阶段的 CX 工艺。先将全部废蓄电池破碎，通过振动筛筛分出电池糊，电池糊以浆料形式送入脱硫反应器，加入氢氧化钠中和硫酸根。浆液经压滤使铅氧化物和硫酸钠溶液分离。铅氧化物浸出后送铅电积，硫酸钠溶液在电解槽中处理后再生出氢氧化钠并产出硫酸。振动筛筛上物送往水力分级机，使金属铅与塑料壳体和隔板等分离。水流带走聚氯乙烯或聚乙烯隔板和硬胶，这些物料将在另一个水力分级机中进一步分离成不同的塑料。

（2）铅板熔炼。从 CX 工序中分离出来的金属铅（电极、接头和铅板），与电积浸出残渣一起，在低温回转炉中熔炼，从产出的熔融铅中捞除浮渣，熔融铅送浇铸车间的熔铅锅。浮渣含有氧化铅和硫酸铅，可能还有外来杂物（不锈钢螺钉或蓄电池所含的其他非铅金属零件），经筛分将铅浮渣分出，并返回 CX 车间脱硫，夹杂物另行处理。低温（400～500℃）熔炼避免了铅挥发入烟尘，并除去了原料中的有机物。

（3）电池糊的电积。电池糊在 CX 工序中脱硫后制成的溶液送铅电积。电解槽电流为 15000A，电流密度为 320A/m²，阴极面积 45m²，装有电解液 3.3m³，每个电解槽的年产量相当于 450t 的 99.99% 的纯铅，阴极的单位产量约为

$10t/(a \cdot m^2)$。而锌电积和铜电积的单位产量仅分别为 $4.2t/(a \cdot m^2)$ 和 $2.3t/(a \cdot m^2)$，阴极输送及从不锈钢永久性种板剥离铅沉积物的高度机械化使所需人工较少。EI 公司研究出电池糊浸出-电积工艺，已为加拿大托罗尼公司设计了一个年产量 10000t 的工厂。

（4）硫酸钠电解。电解装置由偶极电极电解槽、阳离子隔膜和阴极离子隔膜组成，一个电解槽的容积约为 $1m^3$，每个电解槽能处理 Na_2SO_4（100%）250t 以上。电解槽数量视硫酸钠的年处理量而定。硫酸质量可满足蓄电池级酸的最严格的技术要求。氢氧化钠可返回脱硫工序。

（5）隔板除污。蓄电池隔板是置于极性相反的极板之间的隔膜。在蓄电池工作期间，不溶性铅盐（如 $PbSO_4$）和 PbO_2 会沉积下来进入离子和电流传递的孔隙里。捕集的铅量达隔板重量的 5%~6%。在进行 EPA（美国环境保护局）毒性特征浸出试验过程中，铅以络合物形式溶于溶液。隔板浸出液含总铅量大于 $5mg/kg$，这说明它是有害废料，必须处理。隔板先用低浓度碱溶液浸出，再用加有能溶解铅的还原剂的酸溶液进行浸出。溶液在车间内再生循环。处理后的隔板已无毒性，可排弃。

CX-EW 工艺与目前的火法冶炼技术相比，主要具有以下优点：省去有害废料（渣、橡胶和隔板）的处理；将废水处理的费用降到最低；避免了二氧化硫的排放；铅板在低温下连续熔炼，排出的含铅烟尘很少。工作环境空气中的含铅量可望低于 $50\mu g/m^3$；对电池糊脱硫过程中生成的硫酸钠进行电解处理，产出氢氧化钠（可返回脱硫工序）和高纯硫酸（可重新用于蓄电池生产），这样就没有硫酸钠结晶出来；废蓄电池中的铅近 60% 变为电解铅（99.99% 纯度），另外 40% 则变为含铅 2%~2.5% 的锑合金；聚丙烯很干净，具有较高的商业价值；隔板（聚氯乙烯或聚乙烯）和硬胶，除污后不再有害。

该工艺适于处理干电池或湿电池（充满电解质）以及蓄电池制造中产出的浮渣和淤泥，尤其适合于大型蓄电池制造厂使用。

B　国内某企业铅蓄电池铅回收工艺

国内某企业铅蓄电池铅回收工艺过程分为破碎分选、预处理脱硫、脱硫铅膏低温熔炼、熔铸系统及硫酸钠结晶过程。

a　破碎分选

机械化废铅酸蓄电池破碎分选设备的预处理技术主要分为倒酸和破碎分离两步。

（1）倒酸。首先采用自动化倒酸机将占总废蓄电池重量的 5%~7% 硫酸倒出，倒酸后的硫酸浓度为 10%~20%，经沉淀、微孔过滤和活性炭吸附后得到 15% 左右的硫酸，可回用于蓄电池生产、化工行业使用，经沉淀、过滤后得到的铅泥回收与破碎分选得到的铅膏一并处理。

（2）破碎分离。把倒酸后的蓄电池置于封闭破碎机内进行破碎分选，并靠重力分选出铅膏、板栅、聚丙烯和重塑料；板栅、聚丙烯和重塑料经冲洗后，分别处理，其中冲洗水处理后回用，沉淀得到的铅泥与分离破碎得到的铅膏一并处理。

　　b　预处理脱硫

脱硫系统主要包括球磨、脱硫和脱硫剂再生三道工序。

　　(1) 球磨。铅膏需经球磨机处理，处理过程中添加稀脱硫液，另外需补充少量新鲜水。磨至小于 0.25mm（小于 60 目）后，进入调浆池再由输送泵送至脱硫反应釜进行脱硫。

　　(2) 脱硫。配制约 20%Na_2CO_3 溶液加入反应釜内机械搅拌，反应时间 2h 左右，反应温度 55℃左右，充分反应后，脱硫后物料进入脱硫储槽，用压滤泵送至压滤机过滤，对固体料进行二次脱硫以提高脱硫效率，二次脱硫后物料再进行压滤，固体料放入水洗槽以洗去滤渣中的 Na_2SO_4 和 Na_2CO_3 等杂质。脱硫液和洗水中 Na_2SO_4 浓度小于 250g/L 时返至球磨机回用，否则送至硫酸钠浓缩干燥工序。脱硫后固体料主要成分为 $PbCO_3$、PbO_2、PbO 和金属铅。

　　(3) 硫酸钠结晶。脱硫液和洗水在生产过程中循环使用，待其浓度达 250g/L 以上后用滤液泵送至蒸发釜进行浓缩，脱水结晶后，得到副产品硫酸钠。蒸发水冷凝后回用，冷凝器效率一般为 80%。

　　c　低温熔炼

低温熔炼主要由配料、熔炼、液铅冷却成型三道工序组成。

　　(1) 配料。铅膏采用碳酸钠预脱硫后和白煤、铁屑按一定比例进行配料。

　　(2) 熔炼。按一定比例配好的含铅物料投入到密闭负压冶炼炉进行熔炼（850~950℃），燃料为粉煤，含铅物料氧化成液体熔炼，氧化铅与白煤在高温下起还原反应成金属铅，部分没反应彻底的氧化铅加铁沫起置换反应，待炉内液体铅和浮渣明显分层后，准备进行放液铅（渣）。

　　(3) 放铅（渣）。铅液从密闭冶炼炉底部的放铅口放出至接铅锅，由于液体铅与浮渣的相对密度不同，铅的相对密度较大，炉渣的相对密度较轻，铅液体在锅的底部，浮渣在锅的上部，冷却后铅液表面的渣成型（铁鳖）吊出，铅液舀倒铅模成型。成型后的粗铅（含铅 90% 左右）送至精炼铅车间进行精炼。

　　d　熔铸

整个熔铸系统采用密闭熔炼设备，且在负压条件下操作，防止含铅废气无组织排放。废旧蓄电池回收过程主要有两个环节采用熔铸。

　　(1) 合金熔铸：极板破碎后的板栅熔铸成合金铅（Pb-Sb、Pb-Ca 合金，可根据蓄电池厂家需要调整），熔铸过程中产生的少量灰渣回收返回与铅膏一并球磨，产生的铅烟大部分经收集后返回脱硫工序。

　　(2) 还原铅熔铸：熔铸后产生的熔炼渣（约占总量的 1%）返回铅还原工序，产生的铅烟大部分经收集后返回脱硫工序。

1.2.6 再生锌冶炼

锌二次资源包括热镀锌厂产生的锌灰、锌浮渣和锅底渣，钢铁厂炼钢过程产生的烟尘、废旧锌和锌合金零件，化工厂及冶炼厂产生的工艺副产品以及其他含锌废料。根据国际锌协会的数据，欧洲再生锌的原料来源是：黄铜废料42%、镀锌渣27%、压铸产品废料16%、钢铁工业炼钢烟尘6%、锌材加工半成品废料6%、化学工业锌废料2%、其他1%。

锌二次资源的成分波动很大，几种主要物料的组成（质量分数）如下：

（1）锌灰（热镀锌过程中的氧化物）：Zn为60%～85%，Pb为0.3%～2.0%，Al为0.1%～0.3%，Fe为0.2%～1.5%，Cl为2%～12%。

（2）热镀锌渣（热镀锌过程中形成的合金，类似于硬锌）：Zn为96%，Fe为4%。

（3）电弧炉炼钢烟尘（其成分取决于废钢原料）：Zn为15%～25%，Fe为20%～30%，Pb为4%～6%，Cu小于1%，Cd小于0.1%，Mn为2%～3%，Ca为0.3%～0.5%，Cr小于0.5%，Si为1%～2%，C为8%～16%。

由于锌二次资源的来源及组成差异很大，因此，回收处理要针对不同原料采取不同的工艺，以达到最大限度回收复用目的。本节主要介绍热镀锌渣及电炉除尘灰的处理。

锌的各类合金废料，一般严格分类返回合金熔炼，直接回收利用。对于无法直接复用的杂料，可采取冶金分离的方法，使锌从合金中挥发出来，以烟尘的形式回收。我国曾采用鼓风炉处理黄杂铜，产出黑铜和锌灰（烟尘）。黑铜经火法精炼成铜阳极送电解精炼，锌灰送湿法处理或经二次挥发富集生产工业氧化锌。

锌二次资源的冶金生产，可以采用火法工艺，也可以采用湿法工艺。

火法工艺中魏式炉挥发生产工业氧化锌作为湿法炼锌的原料；电炉处理生产金属锌粉；横罐或竖罐蒸馏生产粗锌；或是作为烧结配料用熔炼法（ISP）处理。

湿法处理锌废料的冶金技术近年来发展较快，主要是溶剂萃取技术的发展最近为锌回收行业所认识，预计未来10年其应用将会日益增多。具有代表性的工艺是西班牙Tecnicas Reunidas公司开发的Zincex Process法[91]和MZP（Modified Zincex Process）法[92]。该法的特点是废锌料经硫酸或盐酸溶解后，利用有机萃取剂的高选择性，将锌离子从溶液中萃取出来，并实现与其他杂质分离，达到提纯的目的。该公司建有8000t/a规模的工厂，处理再生锌原料，产品可以是电锌、超纯硫酸锌或超纯氧化锌。萃取剂是D2EHPA的煤油溶液。

1.2.6.1 典型再生锌冶炼实例1——热镀锌渣的冶炼

A 维尔兹法[93]

在化学处理法制备的锌盐溶液中加入浓度为5mol/L的氨水，温度控制在25～35°C，pH值保持为6.9～7.1，使锌盐溶液中的锌离子生成白色的氢氧化锌沉淀，经过滤、漂洗、烘干后焙烧可得到高纯氧化锌，如图 1-15 所示。

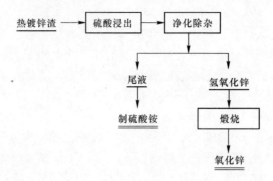

图 1-15 维尔兹法工艺流程

该法的优点是可以得到品级很高的氧化锌，但其步骤多，在制取锌盐溶液时消耗过多的试剂，生产周期长，生产成本高，在工业上应用困难。

B 熔析熔炼法

熔析熔炼法只能处理铁锌渣。其原理是铁锌渣中加入与铁亲和力大的元素（Si、Ba 等），使其形成不溶于锌液的 Me-Fe 合金渣，因合金渣与锌的密度、熔点不同而达到除铁的效果。其反应可以概括为：

$$FeZn+Me=FeMe+Zn$$

除铁后的锌再加入氯化剂，使锌液中的杂质氯化挥发或造渣除去，其典型的工艺流程如图 1-16 所示。

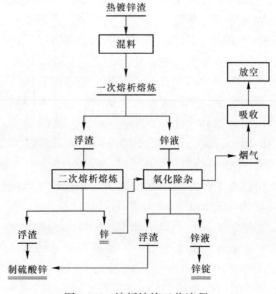

图 1-16 熔析熔炼工艺流程

该法的主要优点是工艺简单，投资少，见效快，过程温度低，能耗少，铁可以降至 0.0028%~0.0078%。其不足之处是氯化除杂过程产生大量的浮渣，金属直收率仅为 65% 左右，且浮渣中的锌采用一般的再生工艺回收比较困难，只能湿法处理生产化肥。

C　电解法

电解法是将锌渣制成可溶性阳极材料后直接电解精炼，以获得高纯度的阴极锌，如图 1-17 所示。其首先要制备电解精炼用的阳极板。若用含铁高达 5%~7% 的锌渣直接熔铸成电解精炼用阳极板，会因铁含量过高，使铁在阳极板电化学氧化的几率大大增加，同时增大了铁离子在阴极电沉积析出的可能性，导致阴极锌铁量增加、纯度下降。含铁量过高，还会影响锌的正常溶解，导致阳极极化增大。该方法属于湿法炼锌工艺，具有锌回收率高（比传统的火法高 20% 左右），便于实现机械化、自动化，过程产生的废水、废渣少，对环境的污染小。但是采用这种工艺会不可避免地涉及电解液的净化问题。这就带来了原材料消耗增加和过滤洗涤频繁、生产周期长、设备投资多、场地占用大等问题。

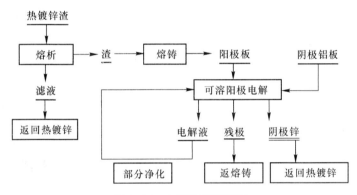

图 1-17　电解法工艺流程

D　常压挥发法

常压挥发法是目前普遍用于处理热镀锌渣的方法之一，它利用锌的沸点远低于锌渣所含杂质的沸点，在常压高温下使锌挥发成锌蒸气，然后再冷凝为金属锌，杂质则留在残渣中[94]。与其他传统的有色金属冶金方法相比，常压挥发法具有金属回收率可达 98% 以上、能耗低、工艺过程简单、环保等优点，近年来得到广泛应用。

1.2.6.2　典型再生锌冶炼实例 2——电炉（电弧炉）除尘灰

电炉除尘灰主要来源于钢铁冶炼企业，目前钢铁厂处理含锌尘泥的方法主要有物理方法、湿法、火法以及联合方法[95]。对于低锌的粉尘主要采用火法，其中转底炉和回转窑工艺使用最为广泛。

含锌尘泥若直接堆放，由于大部分的粉尘颗粒粒径小，容易直接扬尘，污染水质和环境。含锌尘泥若直接填埋到地下，会直接污染地下水，短期来说，热稳定性好，长期情况还未证实，但堆放或填埋本身就是一种资源的浪费[96]。

A　物理分离法

磁性分离是利用锌的颗粒粒径比较小和含锌尘泥的磁性弱，采用离心和磁选的工艺来富集锌元素。磁性分离的方法主要有干式磁选和湿式磁选两种。机械分离方法有水力旋流脱锌、浮选-重选工艺等。

物理方法处理含锌尘泥，优点是工艺和设备简单、占有空间小、能耗少、无化学反应，缺点是锌的富集率低，在尘泥中的脱锌率低，所以它往往作为一种预处理方法。

B　湿法处理

湿法一般用于处理中、高锌尘泥，其原理是 ZnO 易溶于酸和强碱溶液。该方法虽然应用时间并不长，但是已经取得了可喜的经济效益。

a　酸解法

酸解法选择的浸出剂一般是硫酸，采用浸出、萃取、过滤得到硫酸锌的溶液，再通过水洗、干燥、煅烧等回收锌。目前，酸解法主要有直接浸出和两段浸出和多段浸出工艺。

酸解的主要反应如下[97]：

$$Ca[Zn(OH)_3]_2 \cdot 2H_2O + 3H_2SO_4 \rightarrow CaSO_4 + 2ZnSO_4 + 8H_2O$$

$$Fe_2O_3 + 3H_2SO_4 \rightarrow Fe_2(SO_4)_3 + 3H_2O$$

$$FeO + H_2SO_4 \rightarrow FeSO_4 + H_2O$$

$$ZnO + H_2SO_4 \rightarrow ZnSO_4 + H_2O$$

(1) 铁离子浸出率研究现状。刁微之等人[98] 采用湿法氧压酸解处理炼锌中的浸渣，在固液比为 3:1、硫酸浓度为 140~150g/L、氧气压为 0.8MPa、浸出时间在 80~90min 条件下铁的浸出率为 60.87%。孙红燕等人[99] 利用硫酸从铅冶炼水淬渣中浸出铁，在最佳条件下，即酸的浓度为 175g/L、浸出温度为 60℃、酸解时间为 60min，铁的浸出率为 73.85%。张丽丽等人[100] 采用硫酸直接与硫铁矿烧渣反应的方法，用重铬酸钾法滴定铁离子的含量，在最佳工艺条件下，即硫酸浓度为 4mol/L、反应温度为 90℃、反应时间为 2h，铁离子的浸出率为 77.8%。此工艺可以处理净水剂、铁盐和铁系颜料等铁系的产品。符剑刚等人[101] 以铁氰化渣为研究对象，按照固液比为 3:1 的比例，加入过量 1.5 倍的 45% 的硫酸，在体系沸点温度条件下反应 4h，铁离子的浸出率为 96.53%。这种方法为实现铁氰化渣的综合利用提供了一种新的处理工艺。李伟[102] 直接利用硫酸酸解硫铁矿烧渣，添加六偏磷酸钠作为助溶剂，在反应温度为 100℃、反应时间为 60min、固液比为 4:1 时，铁离子的浸出率为 73.02%。陈红亮等人[103] 以拜耳法赤泥为研究对象，对比分析硫酸、冰醋酸、草酸对赤泥中铁的浸出影响，结果表明硫酸对铁的浸出率影响较显著，增加硫酸浓度和温度可以提高铁的浸出率，当硫酸浓度为 2.8mol/L、酸解温度为 50℃、浸出时间为 45min 时，铁离子的浸出率为67.93%。畅永锋等人[104] 利用微波加热还原焙烧－稀硫酸解出的方法处理红土矿，在 800W 的微波功率下加热 12.5min 后铁离子的浸出率不超过 30%。

（2）锌离子浸出率研究现状。成海芳[105] 采用硫酸解出的方法，对攀钢的高炉瓦斯泥进行酸解，其中锌主要以氧化锌的形式存在，在最佳工艺条件下，锌的浸出率为 92.12%。吴振林[106] 采用硫酸直接酸解的方法，对高炉炉灰进行酸解，锌的浸出率最高可达 94.47%，炉尘中锌主要以 ZnO（红锌矿）的形式存在。张学士等人[107] 采用两段酸解的方法从烟尘中提取锌，第一段采用中性浸出，目的是控制铁、硅、铝等杂质的浸出，第二段浸出可以使锌的浸出率达到 90% 以上。张灌鲁[108] 以攀钢的高炉瓦斯泥的锌渣为原料，采用多段浸出法提取锌，在提取锌的同时净化除去铁、锰、镉元素，在最佳工艺条件下，锌的浸出率高达96.1%，但是该工艺能耗高，工艺流程长，成本高。杨梅金[109] 采用热酸和浮选的方法浸出湖南某冶炼厂的炼锌渣，在酸解温度为 95℃、酸的浓度为 310g/L、酸解 3h 的条件下，锌的浸出率只有 75.3%，其中炼锌渣中的锌主要以硫化锌和铁酸锌的形式存在，通过浮选和热酸处理的渣对环境可能有害，在高温条件下易挥发到空气中，造成空气污染，因此，不宜在人群多的地方使用该工艺。陆光立等人[110] 以电镀锌泥饼为研究对象，在常温条件下，采用固液比为 3：1、分段加酸的方式在搅拌速率为 100~200r/min 的条件下酸解 2h，锌的浸出率为 98%，该方法为钢铁行业电镀锌废水中和过滤处理后所产生的大量废渣切实可行的处置方法。杨金林等人[111] 对含铁低品位氧化锌矿石进行了硫酸解出研究，主要考察了硫酸初始浓度、矿浆液固比以及不同硫酸初始浓度时浸出温度和不同浸出温度时浸出时间对锌、铁浸出率的影响，在最佳工艺条件下利用硫酸解出时，锌的浸出率为 87%。戴曦等人[112] 研究了从还原锌焙砂产物中酸解出锌和铁，由于锌焙砂中含有大量的 $ZnFe_2O_4$，影响了锌的浸出率，在最佳工艺条件下，闪速还原锌焙砂的锌、铁的浸出率分别为 91.38% 和 17.64%。梁杰等人[113] 利用微波还原焙烧方法处理低品位的氧化矿石，结果表明铁和锌的还原度随着微波功率、活性炭粉的加入量和加热时间的增加而增加，当活性炭的加入量为 4.26%、微波功率为 630W 时、用浓度为 80g/L 的硫酸酸解，铁的浸出率为 33.75%，锌的浸出率为 85.36%。闫缓等人[114] 以北京某锌冶炼厂的锌焙砂为研究对象，研究铁酸锌选择性分解为氧化锌和磁性氧化铁过程中的变化规律，实验条件为：焙烧温度750℃、CO 体积分数 4%、CO 和（CO+CO₂）体积比 20%、焙烧时间 60min，H_2SO_4 浓度 150g/L、液固比 15：1、搅拌转速 500r/min、浸出温度 30℃，结果表明锌的浸出率为 93.24%，铁离子的浸出率低于 40%。王纪明等人[115] 研究了锌焙砂还原焙烧及选择性浸出工艺，在酸解过程中，影响锌铁浸出率的主要因素是酸度和温度，在最佳的酸解工艺条件下锌的浸出率达到95%左右，铁的浸出率小于30%。

　　b　碱浸法

碱浸法用于回收含锌尘泥中的锌，一般分为强碱浸出法和弱碱浸出法。

　　(1) 强碱浸出法。一般强碱浸出往往使用氢氧化钠为浸出剂，处理含锌尘泥的反应如下：

$$ZnO+2NaOH =\!=\!= Na_2ZnO_2+H_2O$$

$$PbO+2NaOH =\!=\!= Na_2PbO_2+H_2O$$

$$2Na_2ZnO_2+2H_2O =\!=\!= 2Zn+4NaOH+O_2$$

赵由才等人[116]采用氢氧化钠浸出法，在最佳工艺条件下，锌的浸出率可以达到85%左右。郭翠香等人采用碱浸出-电解工艺对含铅锌烟尘中的锌和铅回收，在最佳工艺条件下，即碱浸温度为70°C，固液比为1∶11，氢氧化钠的浓度为5mol/L，铅和锌的浸出率在90%左右。

　　(2) 弱碱浸出法-氨浸工艺。氨浸工艺的原理是在铵盐的存在条件下，含锌尘泥中的部分金属氧化物可以和氨溶液发生络合反应，使目标元素转移到溶液中，再通过过滤、除杂等工艺得到含锌的产品。用于氨浸的溶液往往是氯化铵溶液，氨-碳酸氢铵溶液。主要反应如下：

$$NH_3+H_2O =\!=\!= NH_4OH =\!=\!= NH_4^+ +OH^-$$

$$Zn^{2+}+4H_2O =\!=\!= \left[Zn(H_2O)_4 \right]^{2+}$$

$$Zn^{2+}+4NH_3 =\!=\!= \left[Zn(NH_3)_4 \right]^{2+}$$

章瑛[117]对含锌的瓦斯泥采用氨浸工艺回收锌，在最佳工艺条件下，锌的浸出率可以高达83.03%。杨声海等人[118]研究了用氨-氯化铵方法从氧化锌烟尘中提取锌，在最佳工艺条件下，锌的浸出率在95%左右。彭清静等人[119]以含锌物料为研究对象，用氨-碳酸铵溶液作为浸出剂，向浸出液中加Na_2S除杂，然后过滤分离，滤液通CO_2碳化沉锌得锌产品。唐谟堂等人[120]根据不同温度条件下，锌在硫酸铵溶液中的溶解度不同，使锌以含F^-和Cl^-很低的复盐析出，再经过燃烧得到产品，在最佳工艺条件下，锌的浸出率达85%。

　　强碱浸出法的优点是操作简单、成本低，缺点是对设备的腐蚀很严重。氨浸法的优点是工艺流程短、净化负担轻、对环境的污染小，具有广阔的应用前景，缺点是所用的浸出剂浓度大，且易挥发，对环境有潜在影响。

　　综上，已有湿法处理含锌尘泥的文献报道多着眼于单一元素（Fe 或 Zn）的浸出和利用，而且还存在其他元素同时浸出的现象，势必造成后续分离、提纯的成本高，且加重了二次污染。含锌尘泥中铁和锌元素共同浸出的研究工作也有少量报道，但这些研究工作往往显示锌元素的浸出率较高，而铁元素的浸出率比较低，尘泥中铁的利用率相对不足。研究表明，含锌尘泥中锌铁的组合材料化利用，是这类二次资源高附加值利用的有效途径之一，但前提是含锌尘泥中锌铁同时浸出的浸出率达到一定水平，以提高尘泥中铁和锌的材料化利用率。因此，系统研究含锌尘泥中锌铁同时浸出的影响因素，同时获得较高的锌、铁浸出率，对含锌尘泥中锌铁的组合材料化利用具有重要意义。

C 火法处理

含锌尘泥的火法处理是指在高温、还原性气氛下实现其中的锌铁粗分离的工艺方法，该方法已应用于生产，其特点是处理量大，能耗高，所得产物附加值低。以处理后的物料形态不同为依据，火法工艺可分为直接还原法（回转炉、循环流化床、转底炉）和熔融还原法（Romelt、火焰反应炉还原、竖炉还原等），工业实践中常见的有循环流化床法、Romelt工艺和竖炉类工艺。

a 循环流化床法

循环流化床法（CFB）是利用气体动力学条件，通过控制气氛和温度，使氧化锌转化为锌蒸气。

德国莱森钢铁公司采用CFB工艺处理高炉污泥、含锌量低的电炉除尘灰和炼钢厂的污泥，取得了很好效益。在采用CFB工艺处理时，由于粉尘粒径小，因此流化床的操作不易控制，生产效率降低。

b 转底炉法

自1978年以来，转底炉直接还原工艺已经帮助多个国家实现了工业化生产，如美国、日本等。新日钢铁利用此技术对含锌粉尘进行脱锌处理的同时也实现了金属化球团，不仅明显降低了高炉的燃料比，而且还提高了高炉生产效率。我国对转底炉的研究是从20世纪90年代开始的，通过初步的实验获得了一些经验和一定的技术积累。在"十一五"规划中，国家发改委为了促进冶金产业的节能减排，决定对钢铁、轻工、化工、有色、建材五个行业实施循环经济高技术产业化[121]。

马钢投资2.8亿元建立了自己的转底炉，年处理含锌量在20万吨以上，产生的金属化球团可以作为高炉的原料[122]。其工艺流程如图1-18所示[123]。

c Romelt工艺

Romelt是最早出现和发展起来的针对有色金属冶金废渣回收利用工艺方法，由莫斯科钢铁合金研究所研发成功。该工艺证明了通过回收冶金废料获得热金属的可行性。该工艺是利用廉价的非炼焦煤，从各种含铁材料中连续炼铁的单级工艺，适用于非焦化动力煤含铁材料的热金属生产，同时该工艺适用于各种含铁废弃物，没有基本的限制，使用的方便性只取决于经济因素即特定投资的金额和接收产品的成本。含铁材料、煤和助焊剂通过磅斗从相关的料仓输送到普通输送机。进入炉腔的装料是通过炉顶的孔径预成型的，不需要预先混合装料，直接在渣池中搅拌，搅拌强度大。钢化炉不需要适用于在压力下工作的水闸装置。

d 竖炉类工艺

竖炉可以简单地认为是小型高炉，主要处理含碳尘泥、废钢、铸造焦等。与

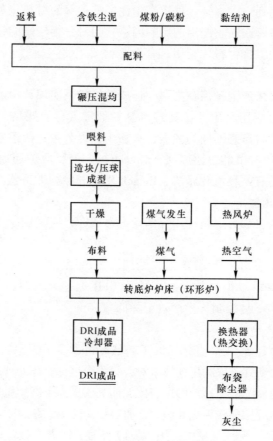

图 1-18 转底炉工艺流程

国内淘汰掉的小高炉相比，竖炉在环保和锌的回收利用成本上有着很高的优势，因为它可以直接利用 20% 的废钢。我国太钢集团已经采用竖炉工艺对含锌尘泥加以利用。竖炉一般是以一种联合工艺存在。德国的钢铁集团也通过竖炉工艺取得了良好的经济效益。日本在 2008 年就已经把竖炉作为废钢的熔化炉。竖炉的优点是加入的物料是比较随便、能耗低等，缺点是需要多次循环才可以使锌的富集达到标准要求，这对过程中的操作不利。

　　D　火法和湿法的工艺比较

　　火法通常处理含锌量比较低的尘泥，我国的钢铁厂中的尘泥因为含锌量比较低，所以往往采用火法处理。总的来说，火法工艺特点是设备占地面积较小、工艺稳定、易于优化、锌和铅的回收率高、操作简单，但是前期的设备投资比较大。湿法往往处理的是中高锌尘泥，低锌尘泥需要通过富集之后才能用湿法处理，这就增加了处理工序。直接采用酸解法处理含锌尘泥，锌的浸出率也不高，因为含锌尘泥中的锌一部分是以铁酸锌的形式存在，铁酸锌不易溶于酸，同时还会造成滤渣中的锌含量比较高，不符合环保的要求。与酸性方法相比，碱浸工艺对设备的腐蚀较小，选择性也好，但是处理步骤比较复杂。总的来说，湿法工艺的特点是处理的工艺流程比较长，工艺成本比较高，浸出剂使用量大且对设备的腐蚀严重，但是得到的锌纯度比较高。工厂里可以大批量地处理含锌尘泥，但一般是低附加值利用，高附加值利用时，一般是小批量的，且工艺流程比较长，这样增加了成本的投入。另外，已报道的湿法工艺多是针对单一元素的材料化利用，分离、提纯成本高，二次污染也比较严重。针对含锌尘泥的组成特点，结合火法和湿法工艺特点，缩短工艺流程，降低成本，同时提高锌和铁的浸出率，实现多种元素同时材料化并且组合材料化高附加值利用，是含锌尘泥高附加值利用研究的发展方向。

目前，国内外对含锌尘泥开展了不少研究，但是大部分研究主要侧重于锌的回收工艺，如水力旋流提锌技术、湿法浸出提锌技术及火法提锌技术等[124]，而含锌尘泥中锌的浸出动力学研究却很少。有关锌的浸出动力学研究主要集中在硅酸锌、硫化锌等矿物[125]。杨声海等人[126]研究了硅酸锌在氯化铵溶液中的浸出动力学，试验结果显示，该动力学模型符合颗粒模型的孔隙扩散控制。Souza 等人[127]研究了硫化锌精矿在酸性硫酸铁中的浸出动力学，考察了搅拌速率、酸解温度和硫酸浓度等对铁离子浸出率的影响规律，动力学研究结果表明，浸出过程受化学反应和扩散效应同时控制。徐志峰等人[128]研究了硫化锌精矿在富氧硫酸体系中的常压浸出动力学，研究结果表明，锌的浸出过程受界面化学反应控制，且位于浸出槽底部的锌浸出，温度的影响明显大于矿浆压力的影响。

E 再生锌产品

a ZnO

蒋学先等人[129]利用碱浸的方法从含锌铅烟灰中制备氧化锌，先在 25℃ 条件下，用 3% 的 H_2O_2 对含锌铅烟灰做预处理，再用 5mol/L 的 NaOH 在 85℃ 条件下碱浸 1.5h，最后抽滤干燥，煅烧制备氧化锌，锌的浸出率达 97% 左右。这种方法制备的氧化锌粉末纯度比较高，为含锌烟灰的资源化利用提供了一条有效途径。范兴祥等人[130]采用配碳高温还原挥发锌的方法处理含锌铜烟尘，实现了锌铜的分离，之后利用酸解的方法制备活性 ZnO，含铜残渣制备 $CuSO_4$。该工艺简单、分离成本低，为处理类似的含锌尘泥提供了经济可行的工艺路线。李国斌等人[131]利用碳酸氢铵法处理氧化锌脱硫废渣制备 ZnO，其最佳的工艺条件是：浸出温度在 60~80℃、沉淀的 pH = 6.5~7.0、煅烧的温度为 850℃。该工艺简单可行、产品质量高，具有较好的效益。

b 含铁化合物

李文丽[132]采用分选的方法处理含铁尘泥，采用单一弱磁选方法生产符合企业标准的铁精矿比较理想；采用细磨-弱磁选方法生产符合企业标准的混合铁精矿效果也比较理想。从经济效益角度来讲，采用单一弱磁选工艺生产铁精矿没有细磨-弱磁选工艺的效益可观。王晓晖[133]以钢铁企业含铁尘泥为原料制备聚合硫酸铁（PFS）。聚合硫酸铁是絮凝剂，可以用来处理废水，处理的最佳条件是：加入量在40～60mg/L，pH＝6～7。张宏锦等人[134]采用先黄后黑两步生产工艺从含铁尘泥中制备氧化铁颜料，实现了以废治废、变废为宝的效果，增加了产品附加值，降低了生产成本，有效地减小了钢厂环境压力，有利于钢厂的可持续发展。

含锌尘泥中铁锌的组合材料化是该类二次资源高附加值利用领域的一个新的研究方向。以HCl为酸解溶剂，按1:10固液比酸解转炉污泥，酸的浓度为3mol/L、酸解时间为3h、酸解温度为90℃，之后利用水热法制备$CaFe_2O_4/\alpha$-Fe_2O_3复合材料的前驱体，最后900℃焙烧30min制备出$CaFe_2O_4/\alpha$-Fe_2O_3复合材料，用该材料降解亚甲基蓝3h，降解率可以达到92.87%[135]。利用含锌量高的固废材料制备纳米级的ZnO-$ZnFe_2O_4$复合材料，用它来降解苯酚，效果是纯的氧化锌的3倍，这是因为复合材料的能级重整之后，不仅降低了光激发的能量阈值，而且还抑制了光生载流子的复合，从而提高了光催化活性[136]。利用高炉除尘灰为原料，通过硫酸酸解、过滤之后得到目标酸解液，用共沉淀的方法制备前驱体，通过不同温度焙烧可以得到具有较好光催化活性的多元掺杂$ZnFe_2O_4/\alpha$-Fe_2O_3[136]。

　　c　硫酸锌

郭瑞九[137]采用黄铁矾法从废锌铁合金机械零件中制备硫酸锌，通过酸溶、过滤、蒸发和结晶、离心脱水工艺使硫酸锌的含量达到98%以上。王金银等人[138]利用硫酸按照固液比1:3.5酸解含锌废渣，过滤洗涤之后得到硫酸溶液，利用漂白粉作为氧化剂氧化铁离子，再用氢氧化钠调节pH＝5.0除去铁离子，之后向滤液中加入过量的1.2倍的锌粉置换除去铜离子和镉离子，在70℃干燥蒸发滤液即得一水硫酸锌。该工艺具有浸出时间短、成本低、除杂率高等优点。

1.3　铅冶炼渣

铅冶炼过程中产生的固废主要有除尘灰、炉渣、铅阳极泥、浮渣和烟化渣等。

（1）除尘灰。烧结焙烧中产生的烟气，通过电收尘可以获得大量的烟尘。烟尘含Pb为2%～3%，其他有价金属如Cd、Ti、Se和Te等含量共为4.24%，具有综合回收利用的价值。

（2）炉渣。在火法炼铅过程中，除了获得粗铅以外，一般还同时得到熔渣，主要由炼铅原料中的脉石氧化物和冶金过程中生成的铁、锌氧化物组成。鼓风炉还原熔炼铅时，会产出不少的炉渣。炉渣含 Pb2% ~ 2.5%，Zn15%，其他有价金属如 Cu、In、Se、Te 和 Ge 等；还含有 FeO + Al$_2$O$_3$30.5%、CaO + MgO18.5%、SiO$_2$20%，必须进行处理利用。一般认为，炼铅鼓风炉炉渣中铅铜的机械损失和溶解损失之比接近于 1。铅熔炼炉渣含 SiO$_2$ 一般较低，而含 CaO 较高。许多冶炼厂为处理高锌炉料，广泛采用高锌（10% ~ 20% 的 Zn）、高钙（15% ~ 25% 的 CaO）渣型。

（3）铅阳极泥。在火法精炼粗铅后进行电解精炼会产生不少铅阳极泥，铅阳极泥中含 Cu 为 5% ~ 7%、Pb 为 8.5%、Sb 为 30% ~ 35%、Bi 为 5% ~ 6%、Ag 为 15% ~ 18%和 Au 为 0.1% ~ 0.15%。

（4）浮渣。火法精炼铅时会产生浮渣，浮渣中含有 Pb、Cu 等，应进行回收。

（5）烟化渣。在使用烟化炉法处理鼓风熔炼的炉渣时可产出烟化渣，烟化渣中含有 FeO、SiO$_2$、CaO、ZnO 和 CuO 等，具有回收价值。

此外，在处理浮渣时可产生少量的熔渣，在电解精炼铅时出现了一些残阳极物。

1.3.1 炼铅炉渣的化学组成

在火法炼铅过程中产出的炉渣主要由炼铅原料中的脉石氧化物和冶金过程中生成的铁、锌氧化物组成，其组分主要来源于以下几个方面：

（1）矿石或精矿中的脉石，如炉料中未被还原的氧化物 SiO$_2$、Al$_2$O$_3$、CaO、MgO、ZnO 等和炉料中被部分还原形成的 FeO 等。

（2）因熔融金属和熔渣冲刷而被侵蚀的炉衬材料，如炉缸或电热前床中的镁质或镁铬质耐火材料带来的 MgO、Cr$_2$O$_3$ 等，这些氧化物的量相对较少。

（3）为满足冶炼需要而加入的熔剂、矿物原料中的脉石成分如 SiO$_2$、CaO、Al$_2$O$_3$、MgO 等。单体氧化物的熔化温度很高，只有成分合适的多种氧化物的混合物才可能具有合适的熔化温度和适合冶炼要求的物理性质。因此，各种原料中脉石的比例不一定符合造渣所要求的比例，必须配入熔剂如河砂（石英石）、石灰石等。

（4）伴随炭质燃料和还原剂（煤、焦炭）以灰分带入的脉石成分。工业上对炉渣的要求是多方面的，选择十全十美的渣型比较困难。应根据原料成分、冶炼工艺等具体情况，从技术、经济等各方面进行比较，选择一种较适合本企业情况的相对理想渣型。

炼铅炉渣是一种非常复杂的高温熔体体系，它由 FeO、SiO$_2$、CaO、Al$_2$O$_3$、ZnO、MgO 等多种氧化物组成，它们相互结合而形成化合物、固溶体、共晶混合物，炼铅炉渣还含有少量硫化物、氟化物等。虽然不同炼铅方法（如传统的烧结——鼓风炉炼铅法、密闭鼓风炉炼铅法和基夫赛特法、QSL 法等）和不同工厂炉渣成分都有所不同，但基本在下列范围波动：$3\% \sim 20\%$ 的 Zn，$13\% \sim 30\%$ 的 SiO_2，$17\% \sim 31\%$ 的 Fe，$10\% \sim 25\%$ 的 CaO，$0.5\% \sim 5\%$ 的 Pb，$0.5\% \sim 1.5\%$ 的 Cu，$3\% \sim 7\%$ 的 Al_2O_3，$1\% \sim 5\%$ 的 MgO 等。此外，炉渣还含有少量铟、锗、铊、镓、碲、金、银等稀贵金属和镉、锡等其他重金属，其中含量较多的有价金属是铅、锌。

在铅鼓风炉中，烧结块中的锌小部分在炉内焦化区被还原挥发进入烟尘，大部分锌留下进入铅炉渣，少量进入铅锍。当烧结块含硫高，在熔炼中产出锍时，进入锍的锌会有所增加。ZnS 在粗铅和炉渣中的溶解度都较小，当其数量多时，会自行析出，形成熔点高、黏度大、密度介于炉渣与粗铅之间、以 ZnS 为主体的单独产品，称为"横膈膜层"，它是造成鼓风炉炉结的重要原因。所以处理含锌高的原料时，应在烧结时完全脱硫，使锌在熔炼时以 ZnO 形态进入炉渣。

ZnO 是两性化合物。作为碱性物进入渣中，ZnO 便与 SiO_2 生成难溶的硅酸盐，如 $ZnO \cdot SiO_2$、$2ZnO \cdot SiO_2$，其生成温度在 1550℃ 以上，ZnO 很难溶于这种熔体中。ZnO 作为酸性物进入硅酸铁的炉渣中，发现有 $FeO \cdot ZnO$ 存在，因此，有的工厂处理含锌高的原料时，造高铁低硅低钙炉渣，因为 ZnO 在这种炉渣中的溶解度较大。Al_2O_3 也是两性氧化物，在炉渣中的作用与 ZnO 相似，因此，当原料中 Al_2O_3 高时，把 Al_2O_3 当作 ZnO 看待，造低硅低钙的炉渣为好。

鼓风炉渣含 Pb 为 $1\% \sim 4\%$，占熔炼过程铅总损失的 $60\% \sim 70\%$，因此，减少此项损失是十分重要的。损失于渣中的铅的形态可分三类：

（1）以硅酸铅形态入渣的化学损失；

（2）以 PbS 溶解于渣中的物理损失；

（3）以金属铅混杂于渣中的机械损失。

此三类何者为主，因各厂所用原料、渣成分、熔炼制度和技术条件以及分离条件各不相同。

化学损失的原因在于熔炼速度快，炉料与炉气接触时间短以及还原气氛弱、炉温低，硅酸铅未来得及还原就进入炉缸。另外，硅酸铅中的铅含量还随炉渣中的 CaO 与 SiO_2 比值的增大而降低，这是 CaO 与 $xPbO \cdot ySiO_2$ 的置换作用加强的结果。

物理损失是不同成分的炉渣在不同的温度下对 PbS 均有一定的溶解度所造成的。当然黏稠的炉渣也会由于与铅硫分离不好，而使渣中 PbS 增高。一般来说，渣中 FeO 越高，SiO_2 越低，则硫化物的溶解度越大。

金属铅机械混杂于渣中的损失主要是由于渣铅分离不完全而造成的。如渣成分不适宜，或渣含 Fe_3O_4、Al_2O_3 和 ZnS 等较高而造成渣黏度大；炉温低，熔体过热程度不够；炉内外分离澄清时间短等原因皆可导致机械损失的增加。

鼓风炉熔炼实践证明，渣含 Pb 与渣中 Fe^{3+}（呈 Fe_3O_4 形态）含量几乎成直线关系。渣中 Fe_3O_4 高，主要是炉内还原能力不足、炉温低和炉料与炉气接触时间短等造成的。提高焦率，除去 15~20mm 的碎焦（保证焦炭块度 50~100mm）；提高渣中 CaO 含量，增加炉料的软化温度，提高料柱和炉温都会使 Fe_3O_4 含量降低，改变炉渣性能，减少渣含铅。

综上所述，降低渣含铅的途径有：

(1) 提高烧结块的质量（强度、孔隙度、软化温度和还原性等）；

(2) 选择最优的焦风比，控制适宜的还原气氛。最佳还原气氛应以开始有金属铁出现为标志；

(3) 提高炉子焦点区温度，使熔体充分过热；

(4) 提高渣中 CaO 的含量；

(5) 除去碎焦和细料；

(6) 创造良好的炉内外分离条件等。

1.3.2 炼铅炉渣烟化处理

各种火法炼铅炉渣都不能当作废渣弃之，这类炉渣一般都含有 10%~20% 的金属量，其中除含 Pb、Zn 金属成分外，还含有伴生的其他有价金属，如果不处理回收，不仅是一种资源浪费，还会污染环境。对炼铅炉渣的处理，工业上广泛采用烟化法。

炼铅炉渣烟化过程的实质是还原挥发过程，即把粉煤（或其他还原剂）和空气（或富氧空气）的混合物鼓入烟化炉的熔渣内，使熔渣中的铅、锌化合物还原成铅、锌蒸气，挥发进入炉子上部空间和烟道系统，被专门补入的空气（三次空气）或炉气再次氧化成 PbO 或 ZnO，并被捕集于收尘设备中。炉渣中的铅也有可能以 PbO 或 PbS 形式挥发，锡则被还原成 Sn 及 SnO 或硫化为 SnS 挥发，Sn 和 SnS 在炉子上部空间再次氧化成 SnO_2，此外，In、Cd 及部分 Ge 也挥发，并随 ZnO 一起被捕集入烟尘。

与其他炉渣处理方法不同，炉渣烟化属于熔池熔炼，即在一个单一的反应炉中完成气、液、固的多相反应和空间气-气反应。烟化过程反应包括碳的燃烧和碳的气化反应，以及金属氧化物的还原反应，有时还包括水淬渣和渣壳等冷料的熔化。

炉料中的焦炭在鼓风炉下部遇氧发生燃烧，产生的含 CO 高温还原气体向上运动时，通过料层将热传给炉料，并发生相互的化学反应。在 550~630℃ 温度下，铅渣中硫酸铅在还原气氛中变成 PbS，一部分分解成 PbO。反应产生的以及原料中带来的 PbS 在高温下与铁屑发生作用生成金属铅：

$$PbS+Fe \Longrightarrow Pb+FeS$$

在一定范围内，硫化铅的离解压大于硫化亚铁的离解压，但又相距较近，所以此反应是可逆反应，铁屑可置换出 PbS 中 72%~79% 的铅，其他的 PbS 进入冰铜。铅渣中游离或化合的 PbO 很容易被 CO 还原出来。部分 PbO、PbS、PbSO$_4$

按下式反应：

$$PbS+PbSO_4 \longrightarrow 2Pb+2SO_2$$
$$2PbO+PbS \longrightarrow 3Pb+SO_2$$

铋在铅渣中主要以 Bi_2O_3 形态存在，其他形态还有 Bi_2S_3、金属铋等。由于铁的硫化物的自由焓远小于铋的硫化物的自由焓，而且一氧化碳的自由焓远小于铋的自由焓，所以在较强的还原气氛、熔炼高温以及铁屑存在的条件下，铋能较彻底地被还原或置换出来。

铅渣中铜大部分以 Cu_2S 状态存在，小部分以 $Cu_2O \cdot SiO_2$、Cu_2O、$Cu_2O \cdot Fe_2O_3$ 等形式存在。Cu_2S 在还原熔炼过程中不起化学变化从而进入冰铜，而氧化物状态存在的铜与其他金属硫化物相互反应生成 Cu_2S。在原料中金和银是以 Au、Ag 和 Ag_2SO_4 的状态存在，铅、铋是金、银良好的捕集剂，冰铜也能溶解部分贵金属，因此熔炼时大部分金、银进入粗铅，一部分进入冰铜。

$$Ag_2SO_4+4CO \longrightarrow Ag_2S+4CO_2$$
$$Ag_2S+Fe \longrightarrow 2Ag+FeS$$

升温的同时，铅渣和熔剂中的造渣成分在炉内不断下降，相互接触开始形成造渣温度最低的硅酸盐及其共晶。随着温度的不断升高，这些已形成的化合物及其共晶熔化而流下，并沿途将炉料中难熔解组分熔解。在接近 1250℃ 温度下，熔炼产物通过焦点区被过热和混合后进入炉缸，形成最终的炉渣。

在焦点区充分过热的熔炼产物（铅铋合金、冰铜、炉渣）除了以液态存在之外，还夹杂有少量的固体和气体。当其进入本床时，除了发生相互热交换外还发生某些化学反应，如氧化钙和氧化铁对硅酸铅的置换和置换出来的氧化铅和一氧化碳和炭的还原反应。熔体在本床按密度分层，最下层为铅铋合金，其上为铅冰炉，最上层为炉渣。

炼铅炉渣中含有 0.5% 的铅，4%～20% 的锌，直接弃之，既污染环境，又浪费金属资源，因此对炼铅炉渣进行处理是必要的。其中的锌、镉可以以氧化物烟尘的形式回收后送湿法炼锌厂回收，铅进入浸出渣返回炼铅。另外高温熔渣含有大量的显热，也可以蒸汽的形式回收部分。炼铅炉渣可用回转窑、电炉和烟化炉等火法冶金设备进行处理。

1.3.2.1 回转窑烟化法

回转窑烟化法即 Waeltz 法，该法早在 1926 年就在波兰被首次采用。回转窑法实质就是在回转窑中处理铅熔炼炉渣、低品位铅锌氧化矿、含锌高的钢铁厂烟尘和湿法炼锌的中性浸出渣均可采用焦炭作还原剂，将其中的铅、锌、铟、锗等有价金属予以还原挥发进入烟气，然后再被氧化成氧化物，并与烟气一同进入收尘系统被捕集下来，获得的产品为品位较高的氧化锌，作为提取锌等有价金属的原料。

回转窑处理铅水淬渣，渣含锌以大于 8% 为宜，低于 8% 时锌的回收率小于

80%，且产出的氧化锌质量差。水淬渣粒度小于 3mm 者，通常占 65%~81%。焦粉要求粒级分布在一定区间，以适应窑中各带的需要，一般要求粒度 9~15mm 者少于 10%，3~9mm 者大于 50%，3mm 以下者少于 40%，水淬渣与焦粉比例一般为 100∶(35~45)。

窑内焦粉燃烧所需空气，除靠排风机造成的炉内负压吸入供给外，还常在窑头导入压缩空气和高压风，喷吹炉料强化反应，以延长反应带，使锌铅充分挥发。炉料中焦粉燃烧发热不够时，需补充煤气或重油供热。窑内气氛为氧化性气氛，常控制烟气中含 CO_2 15%~20%，O_2 含量大于 5%。回转窑内可分为预热带、反应带和冷却带。

回转窑产物有氧化锌、窑渣和烟气。氧化锌分烟道氧化锌（一般含 38.2% Zn、0~13.5%Pb）和滤袋氧化锌（一般含 70%Zn、0~8%Pb），其产出率取决于铅水淬渣含锌量，一般为渣量的 10%~16%。烟道氧化锌与滤袋氧化锌的比率约为 1∶3。窑渣产出率为炉料量的 65%~70%，其典型成分为：1.45% 的 Zn、0.3%~0.5% 的 Pb、22.8% 的 Fe、26.6% 的 SiO_2、12.6% 的 CaO、3.3% 的 MgO、7.8% 的 Al_2O_3、15%~20% 的 Co。回转窑的最大缺点是窑壁黏结成窑龄短、耐火材料消耗大；因处理冷的固体原料，燃料消耗也大，成本高。随着烟化炉在炉渣烟化中的广泛应用，使用回转窑处理炼铅炉渣的工厂不多。但由于设备简单、建设费用低和动力消耗少等优点，此方法仍可用于中、小型厂。图 1-19 所示为回转窑法挥发铅水淬渣工艺流程。

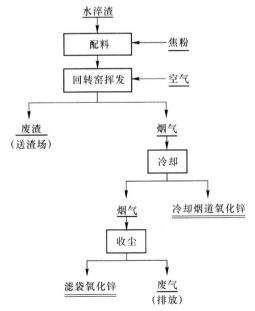

图 1-19　回转窑挥发铅水淬渣工艺流程

1.3.2.2 电热烟化法

电热烟化法实质上是在电炉内往熔渣中加入焦炭使 ZnO 还原成金属并挥发出来，随后锌蒸气冷凝成金属锌，从而使部分铜进入铜锍中回收。此法 1942 年最先在美国 Hercula-neum 炼铅厂采用。

日本神冈铅冶炼厂曾用电热蒸馏法回收鼓风炉渣（3%Pb、16.2%Zn）中的锌和铅，其生产流程如图 1-20 所示。

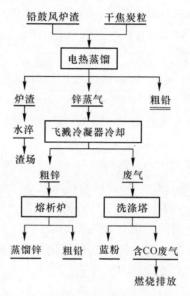

图 1-20 电热法处理铅鼓风炉渣流程

铅鼓风炉渣以液态加入 1650kV·A 电炉内加焦炭还原蒸馏。蒸馏气体含锌50%，其余大部分为一氧化碳。蒸馏气体进入飞溅冷凝器中冷凝，产出液态金属锌。冷凝器出来的废气用洗涤塔回收蓝粉后燃烧排放。

冷凝产出的粗锌（91.6%的 Zn、6.2%的 Pb）送熔析炉（炉床 1.2m×3.8m×0.6m）降温分离铅后得到蒸馏锌（98.7%的 Zn、1.1%的 Pb）。熔析分离产出的粗铅与还原蒸馏炉产出的粗铅一同送去电解精炼。电炉蒸馏后产出的炉渣含锌降至 5%，铅降至 0.3%。

该法所使用的焦炭必须干燥且电炉应严格密封，以免锌氧化。炉渣锌含量越高处理越经济。该法电能消耗较高，适宜于电价便宜的地方。

1.3.2.3 烟化炉烟化法

烟化炉烟化法是将含有粉煤的空气以一定压力通过特殊的风口鼓入称为烟化炉的水套竖炉内的液体炉渣中，使化合的或游离的 ZnO 和 PbO 还原成铅锌蒸气，上升到炉子的上部空间，遇到从三次风口吸入的空气再度氧化成 ZnO 和 PbO 在收尘设备中以烟尘形态被收集。

1927 年第一座工业烟化炉在美国 East Helena 炼铅厂投入生产。这种方法具有金属回收率高、生产能力大、可用廉价的煤作为发热剂和还原剂且耗量低、过程易控制、余热利用率较高等优点。目前烟化炉（见图 1-21）烟化法被广泛用于处理炉渣以提取其中的锌。

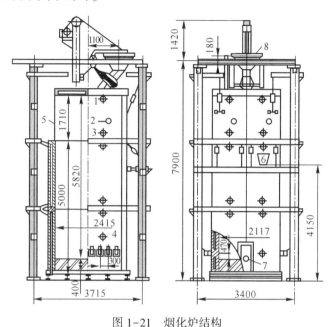

图 1-21　烟化炉结构

1—水套出水管；2—三次风口；3—水套进水管；4—风口；5—排烟口；
6—熔渣加入口；7—放渣口；8—冷料加入口

1.4　锌冶炼渣

锌冶炼渣由于原料与冶炼工艺不同，其类型也有所区别，大体包括常规鼓风炉渣、锌浸出渣和挥发窑渣等。由于生产工艺所限，常规浸出渣中常残留有 15% 左右的锌无法回收。同时，浸出渣中的铁酸锌还会将其他有价金属包覆、裹挟，为后续有价金属的回收选别工作带来一定难度与挑战[139]。如铁矾渣属于有害渣，其结构复杂、重金属含量高、环境污染大，回收难点在于黄钾铁矾对渣中有价金属包裹严重，用常规的选矿方法直接回收效果不理想。此外，铁矾渣渣量大、含铁量低，采用一般的冶金手段进行回收会增加后续处理费用，难以获得较好的经济效益，只能进行填埋或堆存。锌挥发窑渣是湿法炼锌浸出渣经回转窑高温处理回收铅锌等有价金属后的残余物，因窑渣中 Cu、In、Fe 等有价金属含量较高，且锌精矿中 Ag 等稀贵金属大多也都富集到挥发窑渣中[140]，因此，它是一种重要的二次资源。窑渣在高温焙烧过程中性质发生改变，许多有价元素以金属或合金形态夹杂其中或者形成各类化合物。焙烧过程结束后的快速冷却使窑渣硬度增加，导致对窑渣有价成分的回收面临许多困难。

1.4.1　鼓风炉炼锌炉渣

为了提高锌的挥发率和降低渣含锌，要求鼓风炉炼锌炉渣要具有较高的熔点（1473K）和较高的氧化锌活度，因此，鼓风炉炼锌炉渣为高氧化钙炉渣。炉渣的 CaO/SiO_2 一般为 1.4~1.5，炉渣中一般含 0.5%Pb 和 6%~8%Zn，锌随渣的损失占入炉总锌量的 5%。为了减少渣含锌损失，应减少渣量和降低渣含锌。采用高钙炉渣有利于减少熔剂消耗量和渣量，从而提高锌回收率。由于鼓风炉炼锌炉渣一般含 6%~8%Zn 和小于 1% 的 Pb，因此可采用烟化炉或贫化电炉处理，回收其中的锌、铅、锗等有价金属。

1.4.2　锌浸出渣

锌浸出渣常含有锌、铅、铜、金、银等有价金属。一般来说，氧化锌浸出渣中有价金属含量高，经干燥后送铅系统回收铅、锌、银等，而矿粉浸出渣由于生产工艺的不同而成分有所不同，而渣成分的不同处理方法也不同。浸出渣经圆盘机过滤后一般含水 35%~45%，箱式机过滤后渣含水在 25%~30%。为了满足回转窑挥发配料对水分的要求，浸出渣必须经干燥至含水 12%~18%。

经常规法浸出后的锌浸出渣一般含有 18%~26% 的 Zn、6%~8% 的 Pb、0.5%~0.8% 的 Cu、0.15%~0.2% 的 Cd、20%~30% 的 Fe 以及少量的 Ag、In、Ge、Ga；还含有 0.8%~1.0% 的 As、0.2%~0.3% 的 Sb、6%~7% 的 S 等。因此，浸出渣还需进一步处理，以回收其中的锌和有价金属，并使其无害化。处理方法一般分为火法处理和湿法处理两种。火法处理是将浸出渣与焦粉混合，用回转窑或鼓风炉处理，将渣中的锌、铅、镉及稀散金属还原挥发，而后氧化回收。湿法处理既富集了铅银，有利于回收贵金属，又提高了锌、镉、铜的浸出率，操作环境及劳动强度优于火法。目前大部分厂家采用湿法处理，但是湿法处理的残渣作为弃渣或炼铁原料还存在许多问题。

参 考 文 献

[1] U. S. Geological Survey. Mineral Commodity Summaries [R]. 2015.
[2] 艾凯数据研究中心. 2010－2015 年铅锌矿产业市场深度分析及发展前景预测报告 [R]. 2015.
[3] 张长青, 吴越, 王登红, 等. 中国铅锌矿床成矿规律概要 [J]. 地质学报, 2014, 88 (12): 2252-2268.
[4] 国土资源部矿产勘查办公室. 找矿突破战略行动简讯 [R]. 2014.

［5］ 国土资源部矿产勘查办公室．全国整装勘查年度报告（2012年）［R］.2013.

［6］ 娄永刚，彭涛．铅锌工业喜中有忧［J］.中国有色金属，2014（9）：75-77.

［7］ 本书编委会．选矿手册　第八卷　第一分册［M］.北京：冶金工业出版社，1989.

［8］ 陈家模．多金属硫化矿浮选分离［M］.贵阳：贵州科技出版社，2001.

［9］ 胡熙庚．有色金属硫化矿选矿［M］.北京：冶金工业出版社，1987.

［10］ 张庆华．湖南水口山铅锌矿田地质特征及找矿思路［J］.有色金属矿产与勘查，1999
（3）：3-5.

［11］ 黄德仁．湘东热液型铅锌矿的成矿特征［J］.冶金地质动态，1994（6）：4-5.

［12］ 段永民，朱永新，李通国，等．甘肃西秦岭地区代家庄铅锌矿床的发现及意义［J］.地质
与勘探，2007（1）：44-48.

［13］ 王淀佐．浮选理论的新进展［M］.北京：科学出版社，1992.

［14］ Hagihara, Hitosi. Mono-and multilayer adsorption of aqueous xanthate on galena surfaces［J］.
Journal of Physical Chemistry, 1952, 56（5）：616-621.

［15］ Gaudin A M, Finkelstein N P. Interactions in the system galena-potassium ethyl xanthate-oxygen
［J］. Nature, 1965, 207（4995）：389-391.

［16］ 王淀佐．浮选剂作用原理及应用［M］.北京：冶金工业出版社，1982.

［17］ Taggart A F, del Guidice G R M, Ziehl O A. The case of the chemical theory of flotation［J］.
Trans. Transactions of the Institution of Mining and Metallurgy, 1934, 112：348-381.

［18］ Gaudin A M, Preller G S. Surface areas of flotation concentrates and the thickness of collector
coatings［J］. Transactions of the Institution of Chemical Engineers. 1946, 169：248-258.

［19］ Wark I W, Cook A B. An experimental study of the effect of xanthates on contact angles at min-
eral surfaces［J］. Transactions of the Institution of Chemical Engineers, 1934, 112：189-
244.

［20］ Lager T, Forssberg K S E. Comparative study of the flotation properties of jamesonite and stib-
nite［J］. Scandinavian Journal of Metallurgy, 1989, 18（3）：122-130.

［21］ Lager T, Forssberg K. Beneficiation characteristics of antimony minerais a review- part 1［J］.
Minerais Engineering, 2016, 2（3）：321-336.

［22］ 张芹，胡岳华，顾国华，等．脆硫锑铅矿与磁黄铁矿在石灰介质中的浮选分离研究
［J］.矿冶工程，2004（2）；30-32.

［23］ Lepetic V. Flotation of chalcopyrite without collector after dry, autogenous grinding［J］. Can
Min Metall Bull, 1974, 67：71-77.

［24］ Kelebek S, Smith F W. Collectorless flotation of galena and chalcopyrite：Correlation between
flotation rate and the amount of extracted sulfur［J］. Mining Metallurgy & Exploration, 1989, 6
（3）：123-129.

［25］ Buckley A N, Riley K W. Self-induced floatability of sulphide minerals：Examination of recent
evidence for elemental sulphur as the hydrophobic entity［J］. Surface & Interface Analysis,
2010, 17（9）.

［26］ Woods A N B. X-ray photoelectron spectroscopy of oxidized pyrrhotite surfaces：I. Exposure to
aire［J］. Applications of Surface Science, 1985, 22~23：280-287.

[27] 熊文良. 某高硫铅锌矿选矿工艺研究 [J]. 矿产综合利用, 2010 (5): 8-11.

[28] 毛富邦. 内蒙古某难选铅锌矿选矿研究 [J]. 有色金属 (选矿部分), 2011 (2): 12-14.

[29] 李文辉, 王奉水, 高伟, 等. 新疆某低品位铜铅锌矿优先浮选试验研究 [J]. 有色金属 (选矿部分), 2011 (1): 14-18.

[30] 吕宏芝. 某铅锌矿适宜选锌捕收剂的试验研究 [J]. 采矿技术, 2011, 11 (2): 94-96.

[31] 宋涛, 洪家薇, 刘宸婷. 捕收剂 YY-B01 浮选铜铅锌矿石的试验研究 [J]. 云南冶金, 2011, 40 (1): 21-26.

[32] 关通. 从含碳难选铅锌矿中浮选回收铅的研究 [J]. 材料研究与应用, 2011, 5 (2): 135-139.

[33] 陈代雄, 杨建文, 李晓东. 高硫复杂难选铜铅锌选矿工艺流程试验研究 [J]. 有色金属 (选矿部分), 2011 (1): 1-5.

[34] 毛士平, 崔长征, 谢建宏. 陕西某铅锌矿铅锌分离试验 [J]. 现代矿业, 2010, 26 (10): 53-55.

[35] 李娟. 西藏某铜铅锌矿选矿工艺试验研究 [J]. 甘肃冶金, 2010, 32 (6): 50-53.

[36] 梁友伟. 某难选铅锌矿石浮选分离试验研究 [J]. 矿产综合利用, 2008 (3): 3-9.

[37] 徐靖, 张一敏, 李新宇. 某金铅锌多金属矿石浮选工艺试验研究 [J]. 黄金, 2011, 32 (3): 49-52.

[38] 王少东, 乔吉波. 四川某高铁氧化铅锌矿选矿工艺研究 [J]. 云南冶金, 2011, 40 (3): 12-18.

[39] 张雨田, 宋翔宇, 李荣改, 等. 西北某复杂铜铅锌银多金属矿选矿工艺研究 [J]. 矿冶工程, 2011, 31 (3): 66-69.

[40] 漆小莉, 汤优优, 张汉平. 某铅锌矿选矿试验研究 [J]. 云南冶金, 2010, 39 (4): 16-21.

[41] 周强. 云南某铅锌矿选矿工艺试验研究 [J]. 矿冶工程, 2005 (6): 41-44.

[42] 张曙光, 李晓阳, 张杰. 兰坪难选氧化铅锌矿浮选工艺研究 [J]. 云南冶金, 2005 (5): 13-15.

[43] 胡志刚, 代淑娟, 孟宇群, 等. 某铅锌氧化矿选矿试验研究 [J]. 中国矿业, 2010, 19 (8): 66-69.

[44] 刘家祥, 王冠甫, 张治元. 硫化铅锌中矿分离工艺的研究 [J]. 西安建筑科技大学学报, 1995 (4): 457-460.

[45] 毛益林, 陈晓青, 杨进忠, 等. 某复杂难选氧化铅锌矿选矿试验研究 [J]. 矿产综合利用, 2011 (1): 6-10.

[46] 周宏波, 庞运娟. 某铅锌硫化矿选矿试验研究 [J]. 现代矿业, 2010, 26 (7): 37-39.

[47] 谢建宏, 王素, 李慧, 等. 印度尼西亚某铅锌矿综合回收试验研究 [J]. 矿冶工程, 2010, 30 (5): 30-33.

[48] 赵玉卿, 孙晓华, 周蔚, 等. 青海某铜铅锌多金属硫化矿选矿试验研究 [J]. 青海大学学报 (自然科学版), 2010, 28 (6): 53-57.

[49] 谭欣, 何发钰, 吴卫国, 等. 某砂岩型低品位氧化铅锌矿选矿工艺 [J]. 有色金属, 2010,

62（3）：115-122.

[50] 纪军．微细粒含碳铅锌矿分步浮选工艺研究［J］.有色金属（选矿部分），2011（3）：8-11.

[51] 童雄．微生物浸矿的理论与实践［M］.北京：冶金工业出版社，1997.

[52] 乔繁盛．浸矿技术［M］.北京：原子能出版社，1994.

[53] Sand W，Gehrke T，Jozsa P G，et al.（Bio）chemistry of bacterial leaching—direct vs. indirect bioleaching［J］.Hydrometallurgy，2001，59（2-3）：159-175.

[54] 方兆珩．硫化矿细菌氧化浸出机理［J］.黄金科学技术，2002（5）：26-31.

[55] Tributsch H. Direct versus indirect bioleaching［J］.Hydrometallurgy，2001，59（2-3）：177-185.

[56] Suzuki I. Microbial leaching of metals from sulfide minerals［J］.Biotechnology Advances，2001，19（2）：119-132.

[57] Hansford G S，Vargas T. Chemical and electrochemical basis of bioleaching processes［J］.Hydrometallurgy，2001，59（2-3）：135-145.

[58] Pistorio M，Curutchet G，Donati E，et al. Direct zinc sulphide bioleaching by Thiobacillus ferrooxidans and Thiobacillus thiooxidans［J］.Biotechnology Letters，1994，16（4）：419-424.

[59] Jr O G，Bigham J M，Tuovinen O H. Sphalerite oxidation by Thiobacillus fertooxidans and Thiobacillus thiooxidans［J］.Canadian Journal of Microbiology，2011，41（7）：578-584.

[60] Boon M，Snijder M，Hansford G S，et al. The oxidation kinetics of zinc sulphide with Thiobacillus ferrooxidans［J］.Hydrometallurgy，1998，48（2）：171-186.

[61] 张在海．从细菌学角度探讨硫化矿物的细菌浸出［J］.矿冶工程，2000（2）：15.

[62] Crundwell F K. Kinetics and mechanism of the oxidative dissolution of a zinc sulphide concentrate in ferric sulphate solutions［J］.Hydrometallurgy，1987，19（2）：227-242.

[63] Paolo Massacci Recinella M，Piga L. Factorial experiments for selective leaching of zinc sulphide in ferric sulphate media［J］.International Journal of Mineral Processing，1998.

[64] F·拉什齐，汪镜亮，李长根．闪锌矿的活化及表面 Pb 离子浓度［J］.国外金属矿选矿，2003（6）：31-36.

[65] 杨春明，马永刚．中国废铅蓄电池回收和再生铅生产：中国电工技术学会铅酸蓄电池专业委员会第七届全国铅酸蓄电池学术年会［C］，中国广东南海，2000.

[66] 胡涛，韩虹，朱斌，等．废旧铅酸电池中铅的回收［J］.电池，2007，37（6）：472-473.

[67] 李金惠，聂永丰，白庆中，等．中国废铅蓄电池回收利用现状及管理对策［J］.环境保护，2000（4）：40-42.

[68] 陈曦．国外再生铅新技术研究［J］.资源再生，2009（1）：32-34.

[69] 李富元，李世双，王进．国内外再生铅生产现状及发展趋势［J］.中国物资再生，1999（10）：3-5.

[70] 王升东，王道藩，唐忠诚，等．废铅蓄电池回收铅与开发黄丹、红丹以及净化铅蒸汽新工艺研究［J］.再生资源研究，2004（2）：24-28.

[71] David Prengaman R. Recovering lead from batteries [J]. JOM, 1995, 47 (1): 31-33.

[72] 包有富, 胡信国, 童一波. 废旧铅酸电池的回收和再利用 [J]. 电池工业, 2002 (2): 92-93.

[73] 周正华. 从废旧蓄电池中无污染火法冶炼再生铅及合金 [J]. 上海有色金属, 2002 (4): 157-163.

[74] 张琳. 中国再生铅产业格局生变 [J]. 资源再生, 2008 (2): 8-15.

[75] Daniel S E, Pappis C P, Voutsinas T G. Applying life cycle inventory to reverse supply chains: a case study of lead recovery from batteries [J]. Resources, Conservation and Recycling, 2003, 37 (4): 251-281.

[76] 宋剑飞, 李丹, 陈昭宜. 废铅蓄电池的处理及资源化——黄丹红丹生产新工艺 [J]. 环境工程, 2003 (5): 48-50.

[77] 傅欣, 贡佩芸, 傅毅诚. 废铅蓄电池的综合回收利用研究 [J]. 资源再生, 2008 (2): 30-32.

[78] 刘辉, 银星宇, 覃文庆, 等. 铅膏碳酸盐化转化过程的研究 [J]. 湿法冶金, 2005 (3): 146-149.

[79] 郭翠香, 赵由才. 从废铅蓄电池中湿法回收铅的技术进展 [J]. 东莞理工学院学报, 2006 (1): 81-86.

[80] 宾万达. 贵金属冶金学 [M]. 长沙: 中南大学出版社, 2004.

[81] 兰兴华. 借鉴国外经验发展我国再生铅工业 [J]. 世界有色金属, 1997 (5): 12-16.

[82] Cole E R, Lee A Y, Paulson D L. Update on recovering lead from scrap batteries [J]. JOM, 1985, 37 (2): 79-83.

[83] Cole JR E R, Lee A Y, Paulson D L. Electrowinning of lead from H_2SiF_6 solution [P]. 美国: US4272340A, 1981-6-9.

[84] Olper M, Maccagni M, Buisman C J N, et al. Electrowinning of lead battery paste with the production of lead and elemental sulphur using bioprocess technologies [M]. New Jersey: John Wiley & Sons, Inc., 2013.

[85] Weijma J, Hoop K D, Bosma W, et al. Biological conversion of anglesite ($PbSO_4$) and lead waste from spent car batteries to galena (PbS) [J]. Biotechnology Progress, 2002.

[86] Andrews D, Raychaudhuri A, Frias C. Environmentally sound technologies for recycling secondary lead [J]. Journal of Power Sources, 2000, 88 (1): 124-129.

[87] Ginatta M V. Method for the electrolytic production of lead [P]. 美国: OS4451340, 1984-5-29.

[88] 陈维平, 龚建森, 黎七中. Fe^{2+} 还原废蓄电池泥渣中 PbO_2 的试验研究 [J]. 湖南大学学报 (自然科学版), 1995 (6): 53-58.

[89] 陈维平. 一种湿法回收废铅蓄电池填料的新技术 [J]. 湖南大学学报 (自然科学版), 1996 (6): 112-117.

[90] 佟永顺, 王懋钏. 废铅蓄电池回收铅技术 [P]. 中国: CN02132647.9, 2005-1-26.

[91] Diaz G, Lorenzo D M S, Gallego C L. Zinc recycling through the modified Zincex process [J]. JOM, 1995, 47 (10): 22-23.

［92］ Diaz G, Martin D. Modified Zincex process：the clean, safe and profitable solution to the zinc secondaries treatment ［J］. Resources Conservation & Recycling, 1994, 10 (1-2)：43-57.

［93］ 于洋. 热镀锌渣再生利用技术研究 ［D］. 沈阳：东北大学, 2010.

［94］ 何小凤, 李运刚, 陈金. 热镀锌渣锌灰回收处理工艺评述 ［J］. 中国有色冶金, 2008 (2)：55-58.

［95］ 袁文辉, 杨卜, 李强. 含锌烟灰回收利用研究进展 ［J］. 湿法冶金, 2016, 35 (4)：271-274.

［96］ 董宝利, 孙丽君, 王静. 炼铁厂含锌尘泥中铁、锌、碳分离技术探讨 ［J］. 山东冶金, 2011, 33 (6)：1-3.

［97］ 曾丹林, 刘胜兰, 龚晚君, 等. 从含铁粉尘中湿法回收锌的研究现状 ［J］. 湿法冶金, 2013, 32 (4)：217-219.

［98］ 刁微之, 和晓才, 杨大锦, 等. 从中浸渣中氧压酸浸锌、铁的试验研究 ［J］. 湿法冶金, 2013, 32 (2)：89 92.

［99］ 孙红燕, 孔馨, 森维, 等. 用硫酸从铅冶炼水淬渣中浸出铁的试验研究 ［J］. 湿法冶金, 2015, 34 (3)：222-224.

［100］ 张丽丽, 马晓妮, 汪海. 硫铁矿烧渣中铁浸出率影响因素的实验研究 ［J］. 泰山医学院学报, 2010, 31 (11)：865-867.

［101］ 符剑刚, 刘彩云, 陈钰, 等. 含铁氰化渣中铁的浸出性能和热力学研究 ［J］. 矿冶工程, 2016, 36 (2)：75-79.

［102］ 李伟. 硫铁矿烧渣直接酸浸的研究 ［C］. 中国环境科学学会. 中国环境科学学会学术年会论文集. 北京：中国环境科学出版社, 2008.

［103］ 陈红亮, 汪婷, 柯杨, 等. 赤泥中钠铁酸法浸出的工艺条件和机理探讨 ［J］. 无机盐工业, 2016, 48 (1)：44-48.

［104］ 畅永锋, 翟秀静, 符岩, 等. 稀酸浸出还原焙烧红土矿时铁还原度对浸出的影响 ［J］. 东北大学学报 (自然科学版), 2008, 29 (12)：1738-1741.

［105］ 成海芳. 攀钢高炉瓦斯泥资源综合利用研究 ［D］. 昆明：昆明理工大学, 2006.

［106］ 吴振林. 含锌锰炉尘的综合利用 ［J］. 湖南冶金, 1992 (6)：10-13.

［107］ 张学士, 王立新, 张翼, 等. 铜合金熔炼渣及烟尘的重金属回收湿法工艺 ［R］. 上海：中国有色金属加工工业协会, 2010.

［108］ 张灌鲁. 攀钢高炉瓦斯泥含锌渣制取活性氧化锌的研究 ［J］. 攀钢技术, 1994, 17 (3)：18-23.

［109］ 杨梅金, 王进明, 郭克菲. 选冶结合从锌浸出渣中回收锌 ［J］. 矿业工程, 2010, 8 (5)：37-38.

［110］ 陆光立, 孟菲良, 顾群慧, 等. 电镀锌泥饼的酸浸条件对锌浸出率的影响 ［J］. 环境污染与防治, 2003 (1)：43-45.

［111］ 杨金林, 马少健, 封金鹏, 等. 含铁低品位氧化锌矿石浸出研究 ［J］. 广西大学学报 (自然科学版), 2011, 36 (6)：1042-1047.

［112］ 戴曦, 陈田庄, 吴永谦, 等. 从闪速还原锌焙砂中选择性浸出锌、铁试验研究 ［J］. 湿法冶金, 2013, 32 (6)：371-375.

[113] 梁杰，黄岩，范丽君，等．低品位氧化锌矿石铁还原度对硫酸浸出锌的影响 [J]．湿法冶金，2012，31（4）：234-236．

[114] 闫缓，柴立元，彭兵，等．高铁锌焙砂还原焙烧-酸性浸出选择性分离铁锌研究 [J]．安全与环境学报，2015，15（5）：277-281．

[115] 王纪明．锌焙砂还原焙烧及选择性浸出工艺研究 [D]．长沙：中南大学，2012．

[116] 赵由才，Stanforth R. Extraction of zinc from electric arc furnace dust by alkaline leaching followed by fusion of the leaching residue with caustic soda [J]. Chinese Journal of Chemical Engineering, 2004（2）：18-22.

[117] 章瑛．生铁高炉瓦斯泥中锌的氨浸回收实验 [J]．江西冶金，1986（4）：43-46．

[118] 杨声海，唐谟堂，邓昌雄，等．由氧化锌烟灰氨法制取高纯锌 [J]．中国有色金属学报，2001（6）：1110-1113．

[119] 彭清静，段友构，杨朝霞．氨浸-碳化法制活性氧化锌 [J]．化工生产与技术，2001（6）：15-17．

[120] 唐谟堂，张鹏，何静，等．Zn（Ⅱ）-（NH$_4$）$_2$SO$_4$-H$_2$O 体系浸出锌烟尘 [J]．中南大学学报（自然科学版），2007（5）：867-872．

[121] 五大行业循环经济高技术产业化获专项支持 [J]．经济视角（上），2008（1）：88．

[122] 石磊，陈荣欢，王如意．钢铁工业含锌尘泥的资源化利用现状与发展方向 [J]．中国资源综合利用，2009，27（2）：19-22．

[123] 王贤君．转底炉处理冶金含锌尘泥的理论分析及实验研究 [D]．重庆：重庆大学，2012．

[124] 张晋霞，邹玄，牛福生．含锌尘泥中锌的浸出行为及动力学 [J]．中国有色金属学报，2018，28（8）：1688-1696．

[125] Li Q, Zhang B, Min X, et al. Acid leaching kinetics of zinc plant purification residue [J]. Transactions of Nonferrous Metals Society of China, 2013, 23（9）：2786-2791.

[126] Yang S, Li H, Sun Y, et al. Leaching kinetics of zinc silicate in ammonium chloride solution [J]. Transactions of Nonferrous Metals Society of China, 2016, 26（6）：1688-1695.

[127] Souza A D, Pina P S, Leao V A, et al. The leaching kinetics of a zinc sulphide concentrate in acid ferric sulphate [J]. Hydrometallurgy, 2007, 89（1-2）：72-81.

[128] 徐志峰，朱辉，王成彦．富氧硫酸体系中硫化锌精矿的常压直接浸出动力学 [J]．中国有色金属学报，2013，23（12）：3440-3447．

[129] 蒋学先，何贵香．用含锌铅烟灰制备氧化锌的试验研究 [J]．湿法冶金，2010，29（2）：120-122．

[130] 范兴祥，韩守礼，汪云华，等．利用含锌铜烟尘制备活性氧化锌和硫酸铜工艺研究 [J]．无机盐工业，2009，41（6）：49-50．

[131] 李国斌，李晓湘，陈志堂．ZnO 脱硫废渣制备活性氧化锌工艺研究 [J]．湘潭矿业学院学报，1998（1）：3-5．

[132] 李文丽．从含铁尘泥中分选铁的试验研究 [J]．包钢科技，2003（1）：12-16．

[133] 王晓晖．利用含铁尘泥制备聚合硫酸铁实验 [J]．化工生产与技术，2016，23（5）：41-42．

[134] 张宏锦, 谭刚, 陈元峻, 等. 钢厂含铁尘泥生产氧化铁颜料的研究开发 [J]. 冶金环境保护, 2007 (6): 27-30.

[135] 彭超, 吴照金. α-Fe_2O_3/$ZnFe_2O_4$ 复合粉体制备及其光催化降解亚甲基蓝 [J]. 过程工程学报, 2016 (16): 882-888.

[136] 黄伟, 吴照金. 冶金高锌尘泥制备 ZnO-$ZnFe_2O_4$ 复合光催化剂降解苯酚 [J]. 矿产综合利用, 2014 (3): 64-68.

[137] 郭瑞九, 郭大刚. 从废锌铁合金中制备硫酸锌 [J]. 化学世界, 2004 (10): 522-523.

[138] 王金银, 彭立新. 利用锌渣制备一水硫酸锌 [J]. 化工生产与技术, 2001, 8 (6): 38-39.

[139] 彭容秋. 铅锌冶金学 [M]. 北京: 科学出版社, 2003.

[140] 张泾生, 周光华. 我国锰矿资源及选矿进展评述 [J]. 中国锰业, 2006, 24 (1): 1-5.

2　铅锌冶炼渣有价金属提取技术

我国矿产中伴生矿比较多，含有许多有用的金属。在矿石的开采初期，由于开采设备落后及技术匮乏，因此，相当一部分品位比较高的矿石被当作尾矿丢弃，冶炼渣中也往往包含未完全利用的金属。利用先进的检测手段可以发现，一些冶炼渣和矿石中含有的金属品位甚至高于国家规定的矿石最低品位值。

我国铅锌矿成分复杂，伴生金属种类众多，主要有 Cu、Fe、Hg、Se、Mo、Ti、Sc、W、Cd、Ga、Ag 等[1] 元素，有些铅锌矿床共伴生元素能达到 40 种之多，再加上前期开采和冶炼分离不完全，后期尾矿的再提取价值就更大。针对不同地区不同类别的铅锌冶炼渣和尾矿开展二次金属提取，不仅能使矿产资源达到利用的最大化，也符合对矿产"吃干榨尽"的基本原则和满足社会经济可持续的发展要求。例如，铅锌尾矿中伴生的最主要金属为银，其储量占全国银储量的60%左右，高达80%左右的金属银主要来自铅锌尾矿中共伴生的[2]。

2.1　浮选法回收技术

近年来，随着铅锌冶炼行业的迅速发展和产业的快速升级，我国已经成为世界最主要的铅锌生产及出口国之一[3]。然而，在行业规模不断扩大的同时，如何清洁、有效处理好生产过程中产生的冶炼废渣成为了一大挑战。我国矿石资源具有"贫、细、杂"的特殊性，在冶炼过程中难以实现综合回收，导致许多有价元素流失在冶炼渣中[4]。冶炼渣和尾矿的堆放或填埋处理不但会占用大量的土地资源，而且还会导致渣中的重金属元素流入生态系统，对环境造成严重污染[5,6]。对冶炼渣和尾矿进行综合回收，不仅有益于环境治理，而且也可使土地资源紧缺问题得到改善。近年来采用选矿方法回收处理铅锌冶炼渣和尾矿的研究持续发展。除此之外，选冶联合技术也是未来二次资源清洁、高效利用的研究热门方向之一。

日本三菱金属公司的秋田电锌厂采用浮选方式，处理的铅渣含银 239g/t，浮选产出的银精矿含银 4150g/t，尾矿 53g/t，银的浮选回收率为 78.8%。内蒙古赤峰元宝山厂采用浮选的方式，铅银渣含银 189g/t，通过浮选产出银精矿，银的浮选回收率约为 60%。白银西北铅锌冶炼厂对铅银渣的综合回收进行了研究，对铅银渣中银和铅进行浮选，银的浮选回收率约为 58%，银精矿品位 3323g/t，铅的回收率较低。通过浮选对铅银渣进行综合回收，侧重点是回收银，但回收率较低，约60%左右[7]。

由于铅渣的可浮性普遍较差，梁彦杰[8]对铅渣先硫化再浮选分离 Pb、Zn，通过干式球磨下的硫化反应，Zn 的硫化率可达 95.4%，Pb 的硫化率可达 94.2%，通过浮选可分离铅渣 50%的 Pb、Zn、Cu。Han J 等人[9, 10]以黄铁矿为硫化剂，碳、钠盐为添加剂对铅渣进行高温焙烧硫化，使铅渣中的 Zn 变成 ZnS 再浮选分离。铅渣中硫化形成的 ZnS 在高温下聚集长大具有较好的可浮性，Zn 的回收率可达 88.34%。

随着国内选矿、冶炼技术及捕收剂的不断开发，铅锌冶炼渣和尾矿中有价金属物质的回收呈现多方向的发展，现在不仅能够提取其中的金属物质，有的尾矿中富含的萤石也能提取，并取得了可喜的成果。例如，湖南邵东铅锌尾矿采用铅锌优先浮选工艺从尾矿中回收萤石，得到的萤石精矿品位达到98%[11]；陕西某含金、银多金属脉石矿产，其中含重晶石51.5%、石英14%、绢云母10%，对该尾矿进行浮选后，直接用重选-摇床工艺进行重晶石的回收，得到含 BaSO_4 87.98%的合格精矿，回收率高达 65%；江苏省观山铜矿采用强磁浮选回收重晶石，回收得到的重晶石精矿 BaSO_4 含量达到 95.3%，回收率为 77.48%。攀枝花矿是多种金属共、伴生矿，含有铁、钛、钴、钒和钪等金属，对其进行再次回收利用，不仅提升了攀枝花矿的价值，而且也对攀枝花矿实现可持续发展起到积极的促进作用，尤其是对其中钛的回收效果最为显著。尾矿利用浮选工艺，外加强磁-电选流程处理，获得钛精矿中 TiO_2 含量为 47%，回收率为 25%[12]。

尾矿回收将低品位的矿石精选成高品位的精矿石，其创造的经济效益也是十分可观的，例如：安庆铜尾矿中的铜和铁主要富集在粗尾砂中，通过对粗尾砂进行细磨精选，可得到品位 16.94%的铜精矿 256t，再对细尾砂进行磁选，可获得品位 63%的铁精矿 435 万吨，年产值 2730 万元，年利润高达 2300 万元[13]。

焙烧-磁选法主要通过还原焙烧或磁化焙烧将冶炼渣中的金属氧化物还原为金属单质或将弱磁性的三氧化二铁还原成强磁性的四氧化三铁，使有价金属元素从冶炼渣中分离，进而通过磁选法进行分离、富集。针对锌渣中大量镓、锗、银等稀贵金属嵌布紧密、难以分选的难题，黄柱成等人[14]用还原焙烧-磁选的选冶联合手段对其进行处理。经过 1100℃还原焙烧 3h 后，冶炼渣中的锌、铅被还原挥发成烟气进行富集、回收；铁、镓、锗、银等残留在焙烧渣中，经过破碎、磨细后进行磁选富集回收铁、镓、锗等；银作为非磁性矿物被回收。该工艺对烟尘、磁性及非磁性矿物进行了分别回收，全铁、镓、锗含量分别达到 90.67%、1997g/t、1410g/t，回收率分别可达 88.12%、88.10% 和 98.33%；尾矿含银 1403g/t，银回收率 85.85%。与传统回转窑挥发法相比，该法对镓、锗、银等稀贵金属回收效果更佳，有效实现了冶炼废渣的综合回收利用。

　　某湿法炼锌厂锌浸出渣中的锌、铁占总量的 43.48%，其中以铁酸锌形式存在的铁占总铁的 80% 以上、锌占总锌的 54% 以上。王纪明等人[15] 对此浸出渣采用还原焙烧-磁选工艺加以处理。浸出渣中的铁酸锌通过还原焙烧后分解为氧化锌及磁性氧化物，随后采用磁选使锌、铁分离回收铁精矿。通过调控焙烧时间、温度以及还原剂用量，最终确定最佳条件为焙烧温度 950℃、焙烧时间 1h 及还原剂添加量为 10%。在此条件下，铁酸锌分解率可达 72.05%，铁回收率可达到 90% 以上，精矿中的铁品位约 50%。

　　熊堃等人[16] 将湿法炼锌回转窑渣磨矿后进行磁选，得到磁性矿粉，随后将磁性矿粉与含硫、铁大于 90% 的硫铁矿粉混合，再对混合后的矿粉进行焙烧得到脱硫矿粉，然后对由脱硫矿粉、氯化剂、黏结剂、水混合制成的球团进行氯化焙烧处理，得到氯化铜、氯化银烟气与焙烧球团。该方法工艺流程较短、操作较为简单、金属综合回收率高，提高了二次资源的综合利用率。

　　杨大锦等人[17] 将氧压浸出渣浮选硫黄后的尾渣与还原剂混合后进行金属化焙烧，获得焙砂、烟尘及烟气，对所得产物分别进行回收处理：焙砂磨细后经磁选分离得到铁粉和银精矿，烟尘按常规方法进行铅锌金属回收，烟气中的 SO_2 用于制酸。该方法优点在于解决了氧压浸出尾渣中有价金属回收困难、回收率低的问题，提高企业经济效益的同时实现了金属资源的高效、清洁利用。

　　张登凯[18] 采用窑渣还原硫化-冰铜磁选-尾矿返回熔炼的工艺流程，将硫精矿作为硫化剂与窑渣混合后进行还原熔炼，产出的冰铜经过缓冷、破碎、磨矿后进行磁选分离，分离出的精矿以含镓锗的金属铁为主，可提取有价金属，尾矿则作为硫化剂返回熔炼。该方法镓、锗回收率可分别达到 87% 与 95%，锌进入烟气，银大部分进入尾矿进行回收，窑渣中的有价金属都得到了综合利用。

　　张仁杰等人[19] 利用选冶联合方法回收处理锌挥发窑渣中的有价金属。首先将窑渣与还原剂混合后用回转窑进行还原焙烧，再向窑中通入氧化性气体进行氧化焙烧并收集两段过程中产生的含铟、锡的烟气，焙砂空冷后磨矿，随后采用弱磁选将铁精矿与铜进行分离，从而实现了各物料的充分回收。所采用的两段焙烧工艺使铟、锡得到充分挥发，利于回收，同时通过控制焙烧温度来改变窑渣中铁、铜物相的赋存结构，可使铁、铜通过后期磨矿得到有效分离，提高铁精矿品质，使铁、铟和锡的回收率分别达到 75%、85% 和 86%。

　　李国栋等人[20] 对铅锌浸出渣采用酸性焙烧-浮选的选冶联合手段进行处理。研究表明，低温（650℃ 以下）及非酸性条件下铁酸锌的分解效果较差，而在 650℃ 及浓硫酸用量 25% 的酸性焙烧条件下，铁酸锌包裹层结构有效分解，释放出被包裹的铅、银等有价成分，为后续的浮选作业提供有利条件。焙砂经水洗过滤、研磨及"一次粗选、两次精选、一次扫选"的闭路浮选后，可得铅品位 46.76%、铅回收率 75.89%、银品位 2846.41g/t、银回收率 84.06% 的铅银精矿。

郑永兴等人[21]对湖南某冶炼厂浸出渣采用还原焙烧-浮选工艺进行处理,利用煤粉将浸出渣在700℃条件下进行还原焙烧,将废渣中的硫酸铅和硫酸锌转化为各自的硫化物,随后进行浮选将人造硫化矿物进行回收富集,最终得到含锌39.13%、铅6.93%、银973.54g/t的混合精矿,锌、铅、银回收率分别为48.38%、68.23%和77.41%。该工艺一方面在较低温度下,尽可能地将硫酸盐选择性地转化为硫化物,减少了二氧化硫释放造成的污染,另一方面减少了大量的可溶性金属,降低了浮选药剂用量,提高了金属回收率。

Zheng等人[22]对某含锌冶炼渣进行硫化焙烧-浮选,通过将冶炼渣与黄铁矿、炭和碳酸钠混合后焙烧,使冶炼渣进行矿相重构,从渣中回收锌。在焙烧温度850℃、碳酸钠用量6%、炭用量4%、黄铁矿用量20%、保温时间120min的条件下,产物中可检测到闪锌矿和铅锌矿的生成。浮选结果表明,锌品位由13.63%提高至32.76%,回收率达88.17%。使用黄铁矿代替硫黄作为硫化剂可降低生产成本,且黄铁矿中硫的释放速度较为缓慢,硫化过程更加可控。此外,焙烧过程中产生的还原性气氛不但有利于矿相重构,而且还可同时防止生成SO_2污染环境。

黄汝杰等人[23]对某含银浸出渣进行研究,物相分析结果表明,该浸出渣中银的赋存状态较为复杂,且大部分被黄钾铁矾包裹,采用选矿法处理较为困难。针对该特点,该渣采用焙烧-浸出的选冶联合流程进行处理。通过控制焙烧条件可破坏黄钾铁矾的包覆,将含银组分释放出来,然后由后续浮选流程将银回收,精矿银达3899g/t,回收率达88.09%,冶炼渣中的银得到良好回收。

杨志超[24]对白银某冶炼厂湿法冶炼渣进行研究。该冶炼渣粒度较细,各组分间相互包裹情况严重,且冶炼渣中60%以上的银被黄钾铁矾包裹,用常规选别方法难以回收。杨志超采用焙烧预处理的方法在650℃条件下将铁黄钾矾结构破坏,再采用一次粗选、一次精选、一次扫选,中矿集中返回,粗选的浮选闭路流程将释放出来的银进行富集,最终获得了银品位达5334g/t、回收率超过70%的银精矿,达到了预期目标。

贾宝亮[25]对内蒙古某黄钾铁矾渣进行选矿试验研究。该黄钾铁矾渣粒度极细,且大部分银都分布在细粒级黄钾铁矾中。对比直接浮选和还原焙烧-浮选试验可以发现,直接浮选会产生泥化现象,回收效果较差。但该渣经还原焙烧后,黄钾铁矾中构成复杂的银可有效转化为单质银与硫化银,再采用浮选富集和回收银,可以得到较高的银回收率以及品位较高的银精矿。

彭金辉等人[26]采用低温微波硫化后浮选回收窑渣中有价金属的新工艺,将锌窑渣磨矿解离后与一定比例(质量分数为3%~5%)的硫黄混合配成硫质混合物,随后在250~500℃的温度下对其进行微波硫化处理,所得产物经湿式磨矿后,进行一次粗选、一次扫选的铜、铅混合浮选,最终获得铜铅混合精矿,扫选尾矿可继续回收锌、铁。该方法采用 250~500℃ 的低温条件对锌窑渣进行微波硫化处理，改变了窑渣的表面活性，使难选氧化物实现浮选分离。与传统的火法相比，此方法可减少环境污染，且更加节省能耗。

梁彦杰[8] 采用水热硫化-浮选的方法对某冶炼厂的废水中和渣进行研究处理，通过研究水热温度、水热反应时间、S 添加量、矿浆浓度及初始 pH 值对水热硫化率的影响，确定了水热硫化的最佳参数。最佳条件下，渣中锌的硫化率可达 85%，铅硫化率可达 75.4%。浮选过程中铅回收率可达 58.9%、铜回收率达 68.8%、锌回收率通过对硫化锌的晶型调控后提高至 72.8%。浮选尾矿中重金属稳定性的检测结果表明硫化浮选后的尾矿浸出毒性低于国家标准，有效实现了废渣中重金属的无害化转变。

Ke 等人[27] 提出了一种无害化处理锌氧压浸出渣和中和渣的新方法。这种方法将锌氧压浸出渣作为水热硫化的硫化剂来硫化难处理的重金属废水中和渣。将氧压浸出渣、中和渣与硫混合后进行球磨，然后依次进行水热硫化和浮选。试验中考察了浸出渣与中和渣的质量比、硫黄用量及球磨时间对水热硫化效果的影响，并对硫化产物的可浮性和稳定性进行了研究。硫化产物分析结果显示，水热硫化后锌和铅的硫化率分别高达 82.6% 和 95.6%。浮选试验结果表明，锌和铅的精矿品位分别可达 21.3% 和 3.4%。TCLP 测试结果显示锌、铅、镉的浸出浓度远低于原中和渣，表明重金属硫化物性质稳定，有害元素迁移风险降低。

Min 等人[28] 采用水热硫化-浮选法处理废水中和渣，通过水热硫化法将中和渣内的重金属转化为金属硫化物，随后用浮选工艺富集金属硫化物。试验研究了液固比、矿化剂浓度、前驱体浓度和硫的添加量对硫化程度和浮选指数的影响。结果表明，在前驱体浓度为 15%、锌硫摩尔比为 1∶1.2、液固比为 3∶1 的情况下，中和渣内锌的硫化率可超过 92%，浮选回收率达 45.34%，富集比达 1.6。TCLP 测试结果显示，硫化产物性质稳定，实现了重金属元素的固定，有利于浮选尾矿的后续处理。

2.2 火法提取技术

2.2.1 锌冶炼渣有价金属的分离提取

火法冶炼主要利用高温条件下浸出渣中各种金属或其化合物的性质差异，将其选择性分离或富集，如烟化法、回转窑挥发法、奥斯麦特法。此类方法工艺较为成熟，生产稳定，可取得较高的回收率，但大部分火法冶炼工艺能耗高、污染较大，且对冶炼渣的处理能力有限，产出的废渣仍对环境有所威胁，不能直接丢弃[29]。

2.2.1.1　烟化炉法

烟化炉处理浸出渣工艺是在烟化炉内间断加料、间断排料，利用空气喷粉煤熔化浸出渣，在同一炉内熔化及烟化的工艺。烟化法是产出环保型渣较便捷的途径，煤是低成本还原剂和燃料，金属氧化物在锌冶炼厂可方便处理。云南驰宏公司曲靖铅锌厂的两台 $13.4m^2$ 烟化炉，搭配处理 9 万吨/a 锌浸出渣（干量）和 6 万吨/a 鼓风炉热渣，该炉从 2005 年投产至今一直运行良好[30]。但烟化炉全部处理浸出渣冷料存在床能率低、下层风口区水套寿命短的问题，而且烟气中的二氧化硫浓度变化大，无法有效回收利用。为解决上述烟化炉处理全冷料的不足，2009 年，在会泽冶炼厂建成了一座 $2.5m^2$ 侧吹试验炉，进行了锌浸出渣和氧化铅锌共生矿的连续熔化试验。该炉在曲靖烟化炉型的基础上进行了改进，炉身为衬砖炉体，外壳水冷，增加了炉缸。从试验指标来看，侧吹炉熔化冷料的技术指标与韩国温山冶炼厂熔炼指标非常接近。曲靖冶炼厂浸出渣与铅熔炼渣在烟化炉中同时处理，冷热渣比例达到 1.5∶1，已持续生产多年，烟化炉弃渣含 Zn 为 2% 左右，Pb 为 0.5% 以下。采取两台炉熔化、还原，周期性操作，利用富氧喷煤粉熔化浸出渣和 Pb-Zn 渣，并加入熔剂造渣，以节省燃料，提高熔化速度，产生符合要求的渣型及减少浸出渣加料过程中飞扬。

2.2.1.2　回转窑法

常规浸出-回转窑法工艺流程常用于锌精矿原料来源复杂、成分不稳定的企业，该工艺较为成熟，流程较短，操作简单，生产稳定，回收率也在稳定的范围内。该工艺综合回收效益可观，尤其是回转窑采用富氧操作后，不但可以提高反应温度和处理能力，而且还能达到节能的目的。此外，回转窑渣还有一定的利用价值，可进行选碳、选铁等。但该工艺加工成本较高，操作环境不理想，项目占地面积较大，丢弃渣也不是十分安全，其主要特征如下：

（1）作业率较低。由于窑内衬周期性检修和生产中事故停窑，年作业率较低，一般不到 70%。有的工厂通过技改，反应区耐火砖寿命明显提高，年有效作业率提高到 80% 以上。

（2）综合能耗高[31]。回转窑挥发需要配入约 50% 的焦粉（或配煤），生产能耗高。

（3）投资与占地大。由于作业率低，处理能力小，使用该工艺的设备投资和占地面积较大。

（4）银回收率低。目前采用回转窑挥发法处理浸出渣，银的回收率不到 20%。

（5）弃渣很难定性为无害渣（高温形成半熔融状态）。外销给水泥厂或钢铁厂，是其尾渣处理的措施之一。

（6）环保问题。岗位作业条件差，污染点多，低空污染难以克服。

（7）余热回收率低。与熔炼工艺相比，仅为其 1/3。

2.2.1.3 侧吹炉法

锌浸出渣侧吹炉工艺的能耗主要是处理渣料的熔化吸热，因此该工艺的关键在于熔化段。侧吹炉处理锌浸出渣是通过喷枪喷入燃料和鼓入富氧空气来提供热量，并在炉内形成还原性气氛，还原渣中的铅锌氧化物来回收铅锌[32]。目前的侧吹炉技术，喷枪富氧浓度为 40%~65%，喷枪寿命大于 3 个月，锌浸出渣在富氧浓度 60%以上的条件下熔化（比顶吹炉富氧浓度更高），煤耗低于 30%。该侧吹炉有别于国内其他侧吹炉，其喷枪可通入煤气、天然气、粉煤等多种燃料。不仅可以通过喷枪提供热量及助燃气体，而且还可以通过喷枪来控制熔池的还原性气氛，以保证铅锌氧化物的充分还原。云南驰宏会泽铅锌冶炼项目，锌冶炼渣处理系统采用侧吹熔化炉处理全冷态锌浸出渣，熔化后的熔融液态热渣以及现有还原炉所产热渣进两台烟化炉处理，通过还原挥发回收渣中的铅、锌、银等有价金属。这一工业实践效果良好，指标达到预期。云南驰宏会泽新建成处理 20 万吨锌冶炼浸出渣项目，采用 $16m^2$ 侧吹还原熔化炉，2019 年 7 月投产以来，运行基本正常，排出渣含 Zn 小于 1.5%、含 Pb 小于 0.1%，解决了浸出渣无害化处理问题，获得了较好的经济效益。豫光金铅公司近期采用这种侧吹熔炼炉处理蓄电池铅膏，也获得了很好的效果。

2.2.1.4 顶吹炉法（奥斯麦特法）

内蒙古兴安铜锌冶炼有限公司为了实现弃渣无害化，在工艺和设备方面吸取了国内外的先进经验，在国内首次采用奥斯麦特富氧浸没式顶吹技术处理锌冶炼浸出渣[33]。这是国内首家采用该处理技术的企业，在国际上打破了韩国温山对该技术的垄断。2015 年 10 月 21 日内蒙古兴安铜锌冶炼有限公司渣处理系统工程正式投产，该工艺处理锌冶炼浸出渣的特点和优势如下：

（1）浸出渣首次采用熔化炉（奥斯麦特炉）+烟化炉处理工艺流程。

（2）二期工程不但从渣中回收锌、铅，而且还回收铟、银（考虑锗等），提高了企业效益。

（3）首次从低浓度 SO_2 烟气中生产发烟硫酸。

（4）次氧化锌采用回转窑脱氟氯，配套氧化锌浸出和碱洗系统等大型生产系统在国内属于首次设计应用。

该工艺引进时，攻克了余热锅炉、奥炉等关键难点，并在设计上有所创新，提高了金属回收率，实现了对湿法炼锌废渣中的有价金属银（贵金属）、铟（稀散金属）及锌、铅、锗、铜、镍等的综合回收，并回收利用了废渣中的硫元素。经过处理后的锌冶炼浸出渣由危废渣变成了无害渣，可用于水泥、建筑等行业，真正实现了资源化利用和渣的无害化处理。

2.2.2　铅冶炼渣有价金属的分离提取

在铅的冶炼过程中，不同的工艺流程会产生含铅量不同的铅渣。这些铅渣可通过还原熔炼、液态还原、烟化挥发等火法工艺进行处理。铅渣经过还原熔炼后产生的渣含铅量较少，而且铅渣中的锌、铟、锑、铜以及金、银等有价金属在还原熔炼过程中得到富集。含铅 0.5%~5%、含锌 4%~20% 的炼铅炉渣可通过回转窑、电炉和烟化炉等火法冶金设备回收有价金属[34]。

2.2.2.1　铅渣的还原炼铅

硫化铅精矿氧化熔炼产生的高铅渣，与传统烧结块有很大的不同，主要差别是含铅高，物相不同，渣块致密，高铅渣含铅在 40%~50%。目前，虽然国内所用氧化熔炼工艺不同，但产生的铅渣性质差别不大。杨钢等人[35] 研究了采用鼓风炉熔炼工艺处理艾萨熔炼炉铅渣。铅渣经鼓风炉还原生产粗铅工艺，既充分利用了艾萨炉熔炼氧化脱硫、烟气可满足制酸要求的特点，又发挥了鼓风炉还原熔炼处理量大、投资低、工艺简单、操作维护方便的优点。李初立等人[36] 进行了鼓风炉熔炼高铅渣的生产实践研究，处理的高铅渣成分（质量分数）为：Pb 45%、Zn 9.12%、CuO 0.7%、S 0.5%、Fe 12.59%、SiO$_2$ 9.33%、CaO 4.24%。通过优化鼓风炉的操作和改造炉体结构，终渣成分为 SiO$_2$ 22%~26%，FeO 28%~32%、CaO 17%~19%、Zn 小于 15%，获得了相对较好的技术指标。

2.2.2.2　液态高铅渣还原炼铅

目前，具有代表性的液态铅渣还原技术有卧式还原法、电热焦还原法、侧吹还原法[37]。

卧式还原法是将经底吹氧化炉熔炼放出的高铅渣直接注入卧式还原炉内，同时加入块煤、焦煤或天然气，在恒定温度下进行还原熔炼。河南豫光金铅 2004 年进行了竖炉和卧式炉两种炉型的半工业试验，2007 年半工业试验取得了重大技术突破，确定了卧式底吹还原炉炉型和"氧气+天然气+焦粒"式液态渣还原熔炼新工艺[38]，目前建成了以豫光炼铅法为主工艺的 8 万吨/a 的熔池熔炼-环保治理工程。

电热焦还原法是将进入封闭竖井电炉中的液态高铅渣与第一电热区的炽热焦炭柱进行还原反应，产出粗铅、炉渣和烟气。粗铅、炉渣进入相对封闭的第二电热区，与炽热的焦炭粒再次还原并澄清分离，最终的炉渣可进一步用烟化炉回收锌、锗、铟等有价金属。该法在使用中不需要鼓入大量的风，还原用焦炭的消耗量接近理论耗量 170kg/t。同时该法还原炉横向电热部具有补充和沉淀分离的功能，可使渣含铅量降到 3% 左右。

氧气底吹-侧吹直接还原炼铅工艺是中国恩菲工程技术有限公司和济源市金利有限责任公司共同研发的直接炼铅锌工艺，该技术目前已被应用到济源市金利冶炼有限公司节能减排综合技改工程中[39]。该法采用竖式柱形工业炉结构，炉体顶部设有加料口和竖直烟道，竖直烟道与余热锅炉连接。液态铅渣通过溜槽加入炉内，采用粉煤作燃料，通过调节喷入熔池内的粉煤及空气量维持炉内温度在1150~1200℃，熔融渣中的铅氧化物还原出金属铅，并由虹口放出，还原后的炉渣由上部渣口排出。该方法将传统的鼓风炉和烟化炉有机结合在一起，操作简单，易于实现。

2.2.2.3　炼铅炉渣的烟化处理

回转窑挥发是将铅渣与焦粉混合，在长 32~90m、直径 1.9~3.5m 的回转窑中，于1100~1300℃温度下将渣中铅、锌、铟、锑、锗等有价金属还原挥发呈氧化物状态回收。电热烟化法是在电炉内往熔渣中加入焦炭使氧化锌还原成金属并挥发出来，随后挥发的锌凝成金属锌，而使部分铜进入铜硫中回收。烟化炉法是将含有粉煤的空气以一定的压力，通过风口鼓入烟化炉的液体炉渣中，使化合或游离的氧化铟、氧化锌、氧化铅还原成蒸气，上升到炉子的上部空间，遇到空气再次氧化成氧化铟、氧化铅和氧化锌，然后在收尘设备中被收集[34]。锌挥发率一般为75%。冉俊铭等人[40] 对铅锑冶炼鼓风炉水淬渣通过烟化炉法和回转窑处理法进行了综合回收有价金属的工艺研究。烟化炉处理铅锑水淬渣是向高温熔融的烟化炉水淬渣中鼓入配有粉煤的空气，渣层厚 0.9~1.2m，控制炉内温度1200~1300℃，呈还原性气氛，吹炼 70~90min，渣中铅、锑、锌、铟金属在还原气氛的条件下被还原成金属蒸气进入气相，并在炉气中再次被氧化，随烟气进入收尘系统，从而收集到铅、锌、锑、铟的混合氧化物。采用烟化炉处理铅锑水淬渣，收集到的烟尘含铟可富集到 2kg/t，铅、锑、锌的回收率均达到 85%以上，生产能力为 12~20t/(m² · d)。

利用回转窑处理铅锑水淬渣是在渣中配入 40%~50%的焦粉或无烟煤粉，同时加入少量的石灰石粉促进水淬渣中硫化物的分解和调节窑渣的成分，均匀混合后加入回转窑内，窑体在传动装置的带动下，以 0.5~1.0r/min 的速度转动，炉料从窑尾向窑头滚动，窑头燃烧室产生的高温炉气与炉料流动方向相反，窑内控制温度在 1100~1300℃，水淬渣中的金属氧化物在还原剂的作用下被还原成金属蒸气进入气相，在气相中又被氧化成氧化物，进入收尘系统，从而收集到铅、锌、锑、铟的混合氧化物。

对上述两种方法收集到的烟尘进行中性-酸性浸出-铟萃取、置换、电解提纯的研究。以锌的电积废液作溶剂进行浸出，将原料中的锌溶解，利用水解反应使锑、铟、铅等有价金属进入中性浸出渣中，同时杂质铁、砷等也进入中性浸出渣。在 110~120g/L 硫酸溶液中，对上述中浸渣进行酸性浸出，在浸出液中 In 主要以氢氧化物的复合盐存在于浸出液中。可通过进一步的萃取置换电解提纯制得铟。此工艺不仅可以变废为宝，回收渣中的铅、锌、锑、铟等有价金属，使废渣资源化，改善环境，节约资源，而且有效地利用矿产资源。

2.3 湿法提取技术

2.3.1 锌冶炼渣有价金属的分离提取

在湿法炼锌生产过程中，精矿中的伴生元素先分别富集在各种烟尘和残渣中（见图2-1），然后再从这些中间产品中予以回收。

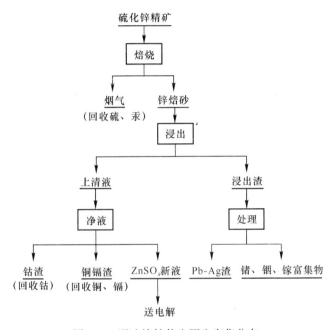

图 2-1 湿法炼锌伴生原生富集分布

在流态化焙烧过程中，90%以上的汞进入烟气，冷凝后进入酸泥，可从酸泥回收。SO_2烟气送制酸，其余有价金属几乎全留在焙砂中。焙砂浸出过程中，99%的 Cd 和 Co、80%~85%的 Zn、50%的 Cu 以及一部分稀散金属进入浸出液，其余留在渣中。浸出液净化过程，Cu、Cd 富集于锌粉置换所得的铜镉渣中，铜镉渣是提铜的主要原料。在提镉过程中可综合回收铜、铊和锌。浸出液净化过程用黄药除钴时，钴和剩余的铜、镉富集于黄酸钴渣中。在从钴渣提钴过程中，可综合回收铜、镉、锌。在回转窑处理浸出渣烟化过程中，铅、镉、铟、锗、镓、铊和锌挥发进入氧化锌烟尘，有价金属的挥发率为锌85%、铅95%、镉91%、铟72%、锗31%、镓14%、铊87%。窑渣可综合利用其中的铜、银、金、铁以及渣中焦粉。回转窑氧化锌烟尘在多膛炉内焙烧脱氟、氯时富集铊，是提取铊的原料。焙烧后的氧化锌，经两段浸出，铟、锗等富集于酸性浸出液中，以锌粉置换，得置换渣，是回收铟、锗的原料。氧化锌浸出渣可用于回收铅。

火法炼锌过程的原料综合利用，可以鼓风炉炼锌法（ISP 法）为代表。ISP 法使用的矿物原料有硫化锌精矿或铅锌混合精矿，以及铅锌二次氧化物料。ISP 法中各种有价元素的富集分布如图 2-2 所示。

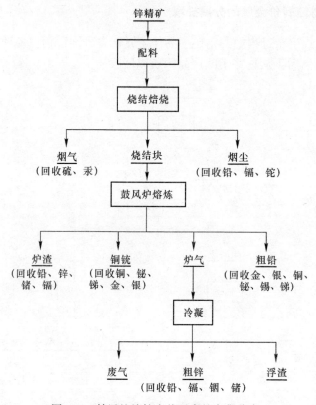

图 2-2　鼓风炉炼锌有价元素的富集分布

鼓风炉炼锌过程中，烧结焙烧的烟尘、冷凝器的浮渣、洗涤器的蓝粉（也称返粉），一般都返回配料，使一部分镉、锑、砷等金属在烧结-熔炼过程中循环，进入烟尘，当烟尘中镉、铊富集到一定含量时，可从中回收。熔炼时，烧结块中的金、银、铜、铋、锑等金属大部分富集于粗铅中，在粗铅精炼时，分别回收，熔炼过程中产出铜锍或黄渣时，铜和小部分金、银进入其中，可在处理时回收。烧结块中的镉有 50% 进入粗锌，粗锌还含有少量铅，均可在精馏过程中回收。铅锌鼓风炉渣含锌 6% ~ 8%，含铅 0.8% ~ 1.5%，并含有少量镉、锑、锡等金属，用烟化炉处理炉渣，使这些金属进入烟尘，再从其中回收。铟主要富集于粗铅和粗锌中，部分锗也进入粗锌中，可在粗铅精炼和粗锌精馏过程中回收。镓和部分锗进入炉渣，可从炉渣烟化的烟尘中回收。

2.3.2 铅冶炼渣有价金属的分离提取

湿法提取技术是将金属溶入溶液中，控制适当条件，对不同元素有效地进行选择性分离。湿法提取技术对物料中有价成分综合回收的利用率相对较高，对解决当前的冶金废渣处理问题有较好效果。铅锌冶炼过程中产生的浸出渣、阳极泥、铅渣等固体废弃物，大多采用湿法提取的方式回收其中的有价金属。例如，以多种铅渣为原料，采用湿法提取技术生产三盐基硫酸铅、二盐基亚磷酸铅、红丹、黄丹等化工产品，产品质量均达国家一级标准，金属回收率达96%以上。

2.3.2.1 回收铅渣中的铅

陈槐隆[41] 研究了利用铅渣生产黄丹的方法，主要工艺为：铅渣在 $NaCl$ 溶液或 $NaCl$ 与 $CaCl_2$ 的混合溶液中浸出，浸出液加入铝屑除去银和铜，氧化水解除铁使浸出液得到净化；冷却氯化铅结晶；中和沉淀 $Pb(OH)Cl$；结晶 $PbCl_2$ 和 $Pb(OH)Cl$ 转化为 PbO；经干燥制得黄丹。因此，控制好工艺过程中的影响条件就可以采用湿法处理铅渣生产黄丹。

马玉天等人[42] 研究了以脱锑铅渣为原料制备三盐基硫酸铅的工艺。该工艺包括 $NaCl$ 溶液浸出、$PbCl_2$ 结晶、$PbCl_2$ 固相转化得到 $PbSO_4$、$PbSO_4$ 合成三盐基硫酸铅。试验结果表明，浸出的最佳工艺参数是：$NaCl$ 溶液浓度大于 5.5mol/L，浸出温度大于 100℃，浸出时间 120min，$CaCl_2$ 浓度 0.3mol/L，HCl 浓度 0.15mol/L，液固比 8∶1；合成三盐基硫酸铅的最佳工艺条件为：$PbSO_4$ 与 $NaOH$ 的物质的量比值为 4∶6，液固比 2∶1，室温反应时间 60min，溶液的终点 pH 值 8.4~8.8。在此最佳工艺条件下，采用氯化钠浸出、硫酸转化、氢氧化钠合成工艺，在实验室制得了符合 HG 2340—1992 标准一级品要求的产品。因此，由脱硫铅渣制取三盐基硫酸铅的工艺方法是可行的。此外姚根寿[43] 对炼铜烟灰综合利用副产铅渣，采用碳酸铵转化-硅氟酸浸出-硫酸沉铅-氢氧化钠合成工艺生产三盐基硫酸铅，在铜陵有色公司设计研究院试验厂进行了生产实践，产品质量达到一级品标准。

李正山等人[44] 研究了采用 $NaCl$-$FeCl_3$-$CaCl_2$ 体系，在酸性条件下浸出含有大量硫元素的铅渣。这是由于渣中 $PbSO_4$、PbS 能与 $NaCl$、$FeCl_3$ 作用，转化为 $PbCl_2$，并溶解于碱金属、碱土金属的氯化物溶液，使渣中的铅转入溶液中，而铅渣中的硫元素和反应生成的硫元素留在渣中，达到提取铅和分离硫的目的。此工艺的影响因素主要有：$NaCl$ 初始浓度、液固比、浸出温度和时间、Fe^{3+} 的浓度。经过试验研究得出最佳条件：$NaCl$ 的初始浓度 300g/L，Fe^{3+} 的浓度 25g/L，HCl 浓度为 0.5mol/L，浸出温度 70℃，浸出时间 1h，液固比为 10∶1。在最佳条件下，铅浸出率达到 95.7%，硫元素留在浸出渣中，实现了在大量硫存在的情况下，提取铅以及铅硫分离的目标。脱铅后的含硫铅渣采用熔剂法可制得纯度达 99% 以上的硫黄，因此采用 $NaCl$-$FeCl_3$-$CaCl_2$ 体系，在酸性条件下浸出铅渣是可行的。

陆克源[45] 研究了固相电解处理铅渣回收铅。固相电解是把各种铅渣放在阴极上，在碱性电解液中，一步电解成金属铅。固相电解金属回收率达 95% 以上，铅品位 99.99%。固相电解处理铅渣工艺经过多年生产实践，技术成熟，操作方便，基建投资费用较低。

2.3.2.2　铅渣中提取硫

蒋兴荣等人[46] 研究了采用硫化钠浸取方铅矿湿法生产硝酸铅的工艺中产生的含硫铅渣，提取硫的工艺。通过试验探究各项工艺条件得出：在常温下，硫化钠浓度为 140g/L，液固比 3∶1，浸出时间 20min，Na_2S 溶液浓度 140g/L 下，硫的浸出率可达 98%，实现了利用硫化钠回收铅渣中硫的目标。

2.3.2.3　浸出法回收铟

韦仁周等人[47] 进行了铅渣高温高酸浸出-酸化焙烧-水浸-碳酸钠中和沉铟的工艺研究，研究结果表明：利用硫酸化焙烧、水浸工艺，可以将高铟铅渣和低铟铅渣中的铟浸出，铟的浸出率大于 85%，浸出渣中铟分别降至 0.07% 和 0.04%，锌降到 2.0% 和 3.0%，同时铅由原来的 28.36% 和 20.85% 富集到 45.0% 以上，更有利于铅的回收。

2.3.2.4　湿法综合利用铅渣

刘光华[48] 研究了铅渣的综合利用，主要工艺包括：铅渣经浸泡剂的浸出脱硫转化，过滤得浸出渣；浸出渣加还原剂焙烧还原成金属铅；将浸出渣用稀硝酸除杂后将碳酸铅转化为硝酸铅溶液，再把硝酸铅溶液和红矾钠、纯碱及明矾等反应生成铬酸铅（铅铬黄）；由于浸出渣中的碳酸铅难溶于水而易溶于醋酸，因此在反应锅中使碳酸铅与醋酸反应生成醋酸铅，过滤后得醋酸铅溶液，再经结晶、离心过滤脱水后获得白色结晶醋酸铅成品。该工艺获得了金属铅、铅铬黄、醋酸铅、硫酸铅和硬脂酸铅等多种产品。

杨绍文等人[49] 利用某铅冶炼厂产生的铅渣，以硫酸为浸取剂，采用适当的添加剂使 Zn 浸出率达到 99%，经除杂净化、碳酸氢铵沉淀制取纯度大于 98% 的氧化锌，同时浸渣含 Pb 达到 40% 以上，可作为炼铅原料。浸出过程中 Fe、Ge、Si、As、Sb、Pb 均进入浸出渣，而 Zn、Cu、Cd 等进入浸出液中，初步实现了铅渣中金属的分离。

参 考 文 献

[1] 蔡玉良，肖国先，李波，等. 水泥生产系统氮氧化物的产生过程和控制措施 [J]. 中国水泥，2013（1）：65-71.

[2] 雷力，周兴龙，文书明，等. 我国铅锌矿资源特点及开发利用现状 [J]. 现代矿业，2007，23（9）：1-4.

[3] 张珑. 中等嗜热菌群浸提锌冶炼渣的基本特性及其浸出条件研究 [D]. 长沙：中南大

学，2011.

[4] 王成彦，陈永强. 中国铅锌冶金技术状况及发展趋势：节能潜力 [J]. 有色金属科学与工程，2017，8（3）：1-6.

[5] Lima L R P D, Bernardez L A. Characterization of the lead smelter slag in Santo Amaro, Bahia, Brazil [J]. Journal of Hazardous Materials, 2011, 189 (3): 692-699.

[6] Ettler V, Johan Z, Křibek B, et al. Mineralogy and environmental stability of slags from the Tsumeb smelter, Namibia [J]. Applied Geochemistry, 2009, 24 (1): 1-15.

[7] 马永涛，王凤朝. 铅银渣综合利用探讨 [J]. 中国有色冶金，2008 (3)：44-49.

[8] 梁彦杰. 铅锌冶炼渣硫化处理新方法研究 [D]. 长沙：中南大学，2012.

[9] Han J, Liu W, Wang D, et al. Selective sulfidation of lead smelter slag with pyrite and flotation behavior of synthetic ZnS [J]. Metallurgical and Materials Transactions B, 2016, 47 (4).

[10] Han J, Liu W, Qin W, et al. Effects of sodium salts on the sulfidation of lead smelting slag [J]. Minerals Engineering, 2017, 108.

[11] 吴荣庆. 我国铅锌矿资源特点与综合利用 [J]. 中国金属通报，2008 (9)：32-33.

[12] 袁世伦. 金属矿山固体废弃物综合利用与处置的途径和任务 [J]. 矿业快报，2004，20 (9)：1-4.

[13] 夏平，李学亚，刘斌. 尾矿的资源化综合利用 [J]. 矿业快报，2006 (5)：10-13.

[14] 黄柱成，蔡江松，杨永斌，等. 浸锌渣中有价元素的综合利用 [J]. 矿产综合利用，2002 (3)：46-49.

[15] 王纪明，彭兵，柴立元，等. 锌浸渣还原焙烧-磁选回收铁 [J]. 中国有色金属学报，2012，22 (5)：1455-1461.

[16] 熊堃，左可胜，郑贵山，等. 一种从湿法炼锌回转窑渣中回收铜、银和铁的方法 [P]. 中国专利：CN10456156A，2015-4-29.

[17] 杨大锦，谢刚，刘俊场，等. 锌氧压浸出渣浮选硫黄后尾渣中回收铅锌、银、铁的工艺 [P]. 中国专利：CN102912147A，2013-2-6.

[18] 张登凯. 锌挥发窑渣综合利用研究 [D]. 长沙：中南大学，2004.

[19] 张仁杰，李磊，王华，等. 一种回收锌挥发窑窑渣中铁、铟、锡的方法 [P]. 中国专利：CN103436707A，2013-12-11.

[20] 李国栋，林海，孙运礼，等. 酸性焙烧-浮选联合工艺从铅银渣中回收铅银的影响因素和机制 [J]. 稀有金属，2017，41 (9)：1042-1049.

[21] 郑永兴，王华，文书明，等. 一种含铅锌硫酸盐渣料强化硫化浮选回收铅锌方法 [P]. 中国专利：CN201710139780.1.

[22] Zheng Y X, Liu W, Qin W Q, et al. Mineralogical reconstruction of lead smelter slag for zinc recovery [J]. Separation Science & Technology, 2014, 49 (5): 783-791.

[23] 黄汝杰，谢建宏，刘振辉. 从锌冶炼渣中回收银的试验研究 [J]. 矿冶工程，2013 (2)：52-55.

[24] 杨志超. 白银难处理锌浸渣中银的回收研究 [D]. 武汉：武汉理工大学，2013.

[25] 贾宝亮. 锌冶炼黄钾铁矾渣中银的回收新工艺及机理 [D]. 长沙：中南大学，2013.

[26] 彭金辉，黄孟阳，李静，等. 一种硫化-浮选联合处理锌窑渣的方法 [P]. 中国专利：

CN101125311A, 2008-2-20.

[27] Ke Y, Chai L Y, Min X B, et al. Sulfidation of heavy-metal-containing neutralization sludge using zinc leaching residue as the sulfur source for metal recovery and stabilization [J]. Minerals Engineering, 2014, 61: 105-112.

[28] Min X, Yuan C, Liang Y, et al. Metal recovery from sludge through the combination of hydrothermal sulfidation and flotation [J]. Procedia Environmental Sciences, 2012, 16 (4): 401-408.

[29] 刘群. 铅锌冶炼渣的资源化研究进展 [J]. 河南化工, 2017 (2): 11-15.

[30] 邹小平, 王海北, 魏帮, 等. 锌冶炼厂铁闪锌矿湿法冶炼浸出渣处理方案选择 [J]. 有色金属 (冶炼部分), 2016 (8): 12-15, 42.

[31] 王福生, 车欣. 浸锌渣综合利用现状及发展趋势 [J]. 天津化工, 2010 (3): 1-3.

[32] 陈学刚. 侧吹浸没燃烧熔池熔炼技术的现状与持续发展 [J]. 中国有色冶金, 2017 (1).

[33] 徐华军, 徐万刚, 蔡广博, 等. 锌浸出渣顶吹处理工程与生产实践 [J]. 有色冶金节能, 2018, 34 (2).

[34] 彭容秋. 铅锌冶金学 [M]. 北京: 科学出版社, 2003.

[35] 杨钢, 赵宝军, 王吉坤, 等. 富铅渣与铅烧结块在还原反应中的差异研究 [J]. 有色金属 (冶炼部分), 2006 (4): 10-13.

[36] 李初立, 袁培新. 鼓风炉熔炼高铅氧化渣的生产实践 [J]. 中国有色冶金, 2007 (3): 40-43.

[37] 李凯茂, 崔雅茹, 王尚杰, 等. 铅火法冶炼及其废渣综合利用现状 [J]. 中国有色冶金, 2012, 41 (2): 70-73.

[38] 李卫锋, 杨安国, 陈会成, 等. 液态高铅渣直接还原试验研究 [J]. 有色金属 (冶炼部分), 2011 (4): 10-13.

[39] 杨华锋, 张云雷. 双侧吹液态高铅渣直接还原炼铅工艺试生产总结: 低碳经济条件下重有色金属冶金技术发展研讨会——暨重冶学委会第六届委员会成立大会 [C]. 云南昆明, 2010.

[40] 冉俊铭, 史文革, 郑燕琼, 等. 铅锑冶炼水淬渣综合回收有价金属工艺实践 [J]. 有色金属 (冶炼部分), 2008 (5): 10-12.

[41] 陈槐隆. 综合利用铅渣湿法生产优质黄丹 [J]. 有色金属 (冶炼部分), 1992 (1): 5-8.

[42] 马玉天, 龚竹青, 李宏煦, 等. 用脱碲铅渣制备三盐基硫酸铅的研究 [J]. 矿冶, 2005 (4): 38-41.

[43] 姚根寿. 从烟灰铅渣中提取三盐基硫酸铅的生产实践 [J]. 湖南有色金属, 2002 (6): 8-9.

[44] 李正山, 金鹏, 徐德芳. 氯盐法从含硫铅渣中回收铅 [J]. 成都科技大学学报, 1994 (5): 58-64.

[45] 陆克源, 于红. 铅渣回收新工艺 [J]. 中国物资再生, 1994 (1): 21-22.

[46] 蒋兴荣, 任兴丽, 朱复跃, 等. 铅渣中提取硫工艺条件的研究 [J]. 四川化工, 2012, 15 (2): 1-2.

［47］韦仁周，谢伟东，钱再胜．从铅渣中回收铟的试验研究［J］.中国金属通报，2003（38）：22-25.

［48］刘光华．废铅泥渣的综合利用［J］.无机盐工业，1993（3）：47-48.

［49］杨绍文，曹耀华，李琦，等．铅冶炼烟灰的综合利用［J］.有色金属（冶炼部分），2007（3）：13-14.

3　铅锌冶炼渣的固化及建材化利用

3.1　药剂固化

药剂固化[1]技术通过向废弃物中添加化学试剂使其发生物理化学变化，从而将废弃物中溶解度较高、毒性较大、易发生迁移的目标待处理物转变为稳定性较强的物质。常用的稳定化药剂有石膏、漂白粉、硫代硫酸钠、氢氧化钠、硫化钠和高分子有机稳定剂。使用此方法处理废弃物，可避免体积增容比过大，减少凝结剂使用量，工艺简单，效果明显[2-4]。

汪莉[3]采用硫固定稳定化的方法对含重金属的废渣进行处理，采用机械活化技术，通过硫固定实验、添加剂实验等得到较优的废渣处理条件，将经处理后的固体废弃物开发为一种新型硫黄建材。陈才丽等人[5]以矿渣堆场土壤为对象，研究了骨炭、硫化钠组合制剂对镉锌污染土壤的修复，通过用美国固体废弃物毒性浸出程序（TCLP）评价修复效果，在较优实验条件下，骨炭和硫化钠联合制剂能有效降低土壤中镉锌的浸出毒性，得到较高的稳定化率。吴少林等人[6]研究了对锌渣的药剂稳定化、水泥固化以及二者结合的三种处理方式，结果表明采用二者结合的处理方式效果较好，在水泥、锌渣与细沙质量比值为 1∶0.5∶0.1，KS-IOI 螯合剂用量为 0.01mL/g 的条件下，稳定化处理效果最优，处置后固化体的浸出液毒性较低，远低于国家规定的最高允许浓度。

3.2　硫化固化

硫黄作为石油工业脱硫的副产品[7]，由于成本较低以及具有特殊的化学性质，正日益受到研究人员的关注。有研究发现，将加热的骨料与熔融的硫黄相拌合后形成硫黄混凝土，冷却之后所得的产品具有强度高、快凝、耐腐蚀、抗渗性良好以及可循环利用等优点，可以代替水泥作为一种高性能的建筑材料[8]。研究发现，用硫黄作为联结剂，可以有效地固定工业废渣及垃圾焚烧飞灰等危险废物中的重金属[9-11]，固化过程不仅实现了传统的物理包容作用，而且硫黄和重金属还可能反应生成溶解度极低的重金属硫化物，从而使废物中重金属的浸出毒性大大降低，并且这种固定作用稳定，不容易因固化体的破裂而消失[12]。硫固定法正是结合这两种研究成果，将含重金属的废渣与熔融的硫黄拌合后，压实、冷却成型，不仅得到性能良好的硫黄建材，而且也使废渣里的重金属得到固定，降低了其浸出毒性。

国内外对硫黄混凝土做了大量的研究，在第二次世界大战期间，硫黄混凝土就已经开始作为一种结构材料进行使用。20 世纪 70 年代，美国、加拿大、奥地利等国相继开发了新的硫改性方法，即将不饱和烃类物质如马来酸、苯乙烯、二聚环戊二烯（DCP）等加入硫黄中进行反应之后可制得改性硫，使硫塑化并在硫改性时晶型稳定。此后硫黄混凝土的应用取得突破性进展[13]。

关于硫黄混凝土的性能，已经有大批学者进行了研究，有人用石灰石作为骨料制成硫黄混凝土，其与采用同样骨料制成的水硬性水泥混凝土的比较见表 3-1。研究发现，硫黄混凝土具有很高的力学强度、较高的耐磨强度、略高的弹性模量（尽管可用外加剂来调节）以及极大的耐腐蚀强度（硫黄混凝土的最佳特性之一）。

表 3-1 有聚合物添加剂的硫黄混凝土性能

性能	与 35MPa 水硬性水泥混凝土的比较	实验室	性能	与 35MPa 水硬性水泥混凝土的比较	实验室
抗压强度	较大	1，6，7	导热率	较小	3
抗弯强度	较大	1，6	热循环下的耐久性	相等或较高	3，4
劈裂抗压强度	较大	2，6	耐腐蚀强度	很大	4，9
弹性模量	较大	2	耐火性	略小	4，8
压缩徐变	较小	2	抗疲劳强度	很大	5
钢筋黏结强度	较大	2	渗水性	很小	10
混凝土黏结强度	很大	11	耐磨性	很大	11
线性膨胀系数	相等	2			

注：实验室：1. 加拿大阿尔伯达省加尔盖里市 EBA 工程监理公司；2. 加拿大阿尔盖达省加尔盖里市 R. M. Hardy 联合公司；3. 加拿大安大略省研究基金会；4. 加尔盖里市硫磺新技术公司；5. 美国依阿华州立大学；6. 加尔盖里市 J. A. 斯密斯联合公司；7. 加拿大埃德蒙顿市伯纳德（Bernard）和霍格恩（Hoggan）工程与试验公司；8. 加拿大不列颠哥伦比亚省温哥华市 Warnock Hersey 公司；9. 美国宾夕法尼亚州匹兹堡市 Mellon 研究所；10. 加尔盖里市化学与地质实验室有限公司；11. 美国德克萨斯州自由港（Freeport）道氏（Dow）化学公司。

硫黄混凝土不受盐、酸和弱碱的影响，使用耐酸性的骨料（例如花岗岩和其他硅质材料等）制备成的硫黄混凝土，连续浸泡在高浓度的盐酸和硫酸溶液中不会受到腐蚀的侵害。因为硫黄和聚合物都是憎水性的，所以硫黄混凝土的抗腐蚀性良好，熔融的硫黄可以将骨料颗粒之间的孔隙填满，把硫黄混凝土切成片后，露出两边的骨料来，在 20℃的水中浸泡 24h 后，经检测硫黄混凝土的吸水率几乎为零。硫黄混凝土的抗疲劳性大大优于普通的水硬性水泥混凝土，用硫黄混凝土制备的梁，在 100 万~200 万次反复荷载下，在达到 90%~95% 的断裂模量时也不会发生破坏。如果将硫黄混凝土暴露在明火之中，其表面的硫黄会慢慢燃烧，但在明火移去后又会自行熄灭。硫黄具有热塑性，因此硫黄混凝土可以重复利用，在轧碎后可重新熔化再行浇筑，而不损失其强度和其他性能。硫黄混凝土的这些优异性能注定其是一种极有应用前景的建筑材料[14]。

此外，为了提高硫黄混凝土的性能，有学者将橡胶掺入硫黄混凝土中，制备了硫黄橡胶混凝土（SRC）。实验结果证明 SRC 具有很好的耐腐蚀性能；SRC 的抗压强度随橡胶掺量的增加而降低，但韧性明显增强；添加微填料能够增加 SRC 的抗压强度；在硫黄掺量达到一定的阈值时，SRC 的抗压强度和工作性能最优[15]。

硫固定法处理重金属废渣的技术，在美国、日本和一些欧洲国家研究较早，并取得了一定的成果。日本的 Kayo Sawada 等人[16] 用沥青、硫黄和氢氧化钠来固定飞灰中的重金属。这种固定法有两方面的优点，一是具有沥青固化的优点；二是氢氧化钠与硫黄反应后生成的硫化钠，与飞灰中的重金属反应生成稳定的重金属硫化物，从而使重金属的溶解度大大降低。实验结果表明，经固化后飞灰中铅的浓度低于日本规定的铅排放标准 0.3mg/L。并且通过进一步的实验发现[17]，当用硫黄和氢氧化钠处理 $CuCl$、$CuCl_2 \cdot 2H_2O$、CuO、$CdCl_2 \cdot 2.5H_2O$、$HgCl_2$ 和 HgO 的混合物时，通过 XRD 检测发现，所有的重金属在 403K 时都反应生成了相应的重金属硫化物，而锌的化合物（如 ZnO 和 $ZnCl_2$）没有转换成硫化锌，而是生成了一种不溶性的锌化合物；在反应的过程中，六价铬的氧化物（CrO_3）被还原成三价铬的氧化物（Cr_2O_3）。飞灰中所有的重金属的量决定了硫黄和氢氧化钠的用量，所有的重金属与硫黄和氢氧化钠发生的反应被认为是按照如下机制进行的：

$$2MCl_2 + 3S + 6NaOH \Longrightarrow 2MS + Na_2SO_3 + 4NaCl + 3H_2O$$
$$2MO + 3S + 2NaOH \Longrightarrow 2MS + Na_2SO_3 + H_2O$$

Sheng-LungLin 等人[18] 利用硫黄混凝土抗酸、盐的腐蚀以及优异的抗渗性等优点，研究了采用 SPC（硫黄聚合物水泥）作为黏结剂稳定/固化铅污染土壤。实验发现，在 120~140℃ 的反应条件下，仅仅采用 SPC 作为固定剂对污染土壤进行固定后，TCLP 毒性检测结果表明，土壤中的铅（如 $PbSO_4$ 和 PbO）并不能取得良好的稳定/固化效果。但是，当加入添加剂（如 Na_2SO_3、Na_2S 或 NaOH）后，污染土壤中铅的浓度能降低至 5mg/L 以下。实验还发现，添加剂的用量对污染土壤中铅的稳定性起到至关重要的作用，而 SPC 的用量对浸出毒性的降低却没有什么影响。在实验过程中并没有发现添加剂直接与污染土壤中的铅发生反应，因此可以认为，添加剂的加入可以有效地改变 SPC 的内部结构，加大 SPC 与铅的反应能力，通过物理化学的作用连接污染土壤中铅的化合物，从而降低了铅的浸出毒性,经过 TCLP 毒性检测实验可以发现,污染土壤中铅的浓度从 77.8mg/L 降低至 1.28mg/L,低于标准中规定的最大浸出浓度 5mg/L,经过固定之后的产物在某种形式上可以作为建筑材料而被回收利用。

美国的 M. Fuhrmann 等人[19] 利用 SPC 处理被放射性核素污染的含汞废料,经过处理之后的废料不再具有放射性,达到美国环保署的排放标准,并且具有较低的汞蒸气压。在稳定化/固化过程中,将含汞废料与过量的粉末状 SPC 以及硫黄添加剂混合在一个容器内在 40℃ 的温度下加热数小时,直到废料中的汞完全转化成硫化汞,然后再加入一定量的 SPC,并升高温度至 135℃,熔融后倒入模具内冷却凝固。将最后得到的样品进行 X 射线衍射,发现固化体内部的硫化汞呈六方晶系和斜方晶系状态。通过 TCLP 毒性检测发现,最优工艺条件下处理之后的汞平均浓度为 25.8μg/L,一些样品的浓度甚至低于美国环保署最新发布的汞排放标准 25μg/L。同时也进行了长期浸出毒性的研究,结果表明,长期浸出过程主要是由扩散控制的,测得其平均有效扩散系数为 $7.6×10^{-18} cm^2/s$。在顶端空间静态平衡测试中测得处理后废物中的汞蒸气平均浓度为 0.6mg/m³。

由此可以看出,利用 SPC 处理危险废物的技术已经很成熟。事实证明,SPC 可以很有效地将废物中的重金属转化成稳定的重金属硫化物。因此,结合硫黄混凝土与 SPC 处理危险废物两者的技术优点,用硫固定法处理重金属废渣并制作成性能良好的硫黄建材,对废物的无害化和资源化处理来说,具有广阔的研究价值和应用前景。

3.3　铅锌冶炼渣水泥窑协同处置

水泥窑协同处置固体废弃物是指通过水泥熟料矿物化高温烧结过程实现固体废弃物毒害组分的分解、降解、消除、惰性化、稳定化等目的的废物处置技术手段[20]。固体废弃物的物理化学及含能特点和水泥制备过程中的资源能源需求使二者具有天然互补性。一方面,水泥作为建筑行业的基本材料,需求量巨大,2015 年我国水泥产量约为 24 亿吨,占世界总产量一半左右[21];另一方面,水泥产业也是资源消耗大户,对环境污染严重。随着人们生态环境保护意识的提高,水泥产业进行结构性调整成为大势所趋。水泥窑协同处置固体废弃物,是固废减量化、无害化、资源化利用的有效途径。与传统的固体废弃物处理方式相比,水泥窑协同处置固体废弃物具有明显优势:

(1) 可以利用现有水泥生产设备,节省新建焚烧炉的巨大投资,降低固废处置成本。

(2) 整个水泥生产线具有很多不同的高温投料点,能处置不同性质、不同形态的固体废弃物。

（3）水泥窑的碱性环境能抑制酸性气体的排放，避免大气污染。

（4）处置温度高，停留时间长，燃烧充分，气固混合好，状态易于稳定。分解炉平均温度 900℃，水泥窑内物料温度高达 1450℃，有机物能充分燃烧和分解，重金属等有毒有害组分能通过固相液相反应固化在水泥熟料中。

（5）可利用固体废弃物化学成分与原材料的相近性及固废所含有的能量热值，以二次原料和二次燃料的形式参与水泥熟料烧成过程生产水泥；也可利用固体废弃物的潜在活性或者火山灰活性，作水泥混合材或混凝土掺合料生产硅酸盐制品；还可利用固体废弃物的力学特性，替代砂、石等集料，与水泥等胶凝材料混合，制成砖、砌块等。

3.3.1　国内外水泥窑协同处置概述

国外对于水泥窑协同处置固体废弃物的研究与应用起步较早，经过多年探索，已建立起关于协同处置的一系列较为完善的法规和标准[22]。污泥是水泥窑协同处置中重要的替代原燃料[23]。法国 G. Aouad 等人将 39% 河道沉积污泥作为原料成功生产出了符合要求的波特兰水泥熟料，平均每一公吨的水泥就可利用 390kg 的污泥，所得熟料主要矿物组成和普通硅酸盐水泥熟料相同，大大减少了自然资源的消耗。2007 年瑞士水泥行业使用污泥作为替代燃料的量达 5.7 万吨；2001 年日本太平洋水泥株式会社兴建了世界上第一座生态水泥厂，水泥窑协同处置固体废弃物产业的发展迅速，全国超过 50% 的水泥厂能协同处置各种固体废弃物，实现了对固废的无害化、资源化处理[24-26]。但也有一些专家要求严格控制固体废弃物在水泥工业的应用[27]。如 Politecnicodi Torino 认为使用废弃物做二次原燃料时对污染物的氧化分解有影响，需要考虑带入的氯、碱、硫冷凝和重金属挥发，防止对环境造成二次污染[28, 29]。欧盟《废弃物焚化指令》要求水泥厂协同处置时应当安装在线监测系统，对协同处置固体废弃物过程中排放的 NO_x、HCl、CO、粉尘量、TOC、HF、SO_2、重金属等进行持续测量[30]。

与国外相比，我国水泥工业协同处置固体废弃物起步较晚。早期，水泥厂把铅锌渣、铜渣等工业废弃物作为主要处置对象，一般用作水泥生产中的矿化剂、助熔剂或替代原料。例如，南宁五象水泥有限公司采用铅锌渣作矿化剂生产 P·O 525 水泥；浙江双鹰水泥厂也利用铜铅锌矿渣低熔点、强氧化、高潜能、多矿化剂的物化特性，烧制快硬高强特种水泥。但城市生活固体废弃物在水泥工业协同处置的技术有待提高和完善。2009 年 10 月，北京市第一条水泥窑协同处置污泥生产线投产，处置量可达 22 万吨/a。"十一五"期间，水泥窑的协同处置取得了较大发展，涌现出一批代表性优秀企业[31]。琉璃河水泥有限公司采用增钙热干化协同水泥窑技术处置污泥，将污泥与石灰、改性剂均匀混合，发生化学反应，并通过热蒸汽干燥污泥降低含水率后，由输送系统直接送至水泥窑协同处置。城市垃圾焚烧飞灰则采用逆流漂洗工艺，通过共沉淀、调节 pH 值、多级过滤、蒸发结晶等处理后，由气力输送装置直接输送到窑尾高温段，进入水泥窑。在共处置过程中二噁英完全分解，重金属有效固化在熟料晶格中，实现了污泥的循环再利用。

宁波科环公司与清华大学合作，对"无害化综合利用电镀和不锈钢行业污泥"项目进行试验研究，2007 年获得浙江省环保厅核发的危险废物经营许可证，年处置量六万吨以上，成功利用了水泥窑协同处置电镀重金属污泥[32]。

《"十二五"节能减排综合性工作方案》指出，到 2015 年全国大宗固废综合利用量要求达到 16 亿吨，综合利用率要求达到 50%。水泥工业生产能力巨大，可以实现大量固体废弃物安全无害化处置，是值得大力倡导推广的前沿性技术手段，得到了我国政府的高度重视。2010 年国家住房和城乡建设部颁布了《水泥窑协同处置工业废物设计规范》（GB 50634-2010），对工业废物的接收、运输与贮存，工业废物预处理系统，水泥窑协同处置工业废物的接口设计等做了强制性规定。2014 年国家质检总局颁布了《水泥窑协同处置固体废物技术规范》（GB 30760—2014）对可协同处置的固体废物的种类、水泥生料、熟料的重金属限值、烟气与废水的排放等做了具体规定[33-35]。

总体而言，我国在水泥工业协同处置固体废弃物方面取得了不少喜人成绩，但与国外相比仍相差甚远，现阶段主要存在如下问题：法律法规的可操作性方面存在不足，相关政策、标准、技术、监督等方面都有待建立和完善；固体废弃物衍生燃料的运输、转运没有明确规定，导致相关项目测评困难，发展受到限制；水泥窑协同固体废弃物的研究仍处于初级阶段，许多关键技术与基础理论需要深入探讨；固废中的重金属等有毒有害组分对水泥窑工况、水泥熟料质量以及水泥厂的污染物排放均有显著影响，制约了水泥窑处置能力的充分发挥。

我国工业废渣、废矿的年排放量约为 6 亿吨，由于技术设备和管理水平有限，大量主矿产资源选矿不彻底而残留其中。广西南丹采矿区铅锌渣堆存量高达两千万吨，含有大量的铜、锑、铅、锌、金、银、镉等重金属。这些重金属含量较高的固废与空气接触后风化，在雨水作用下发生氧化反应，会产生酸性矿山废水（acid mine drainage，AMD）。重金属既可以通过吸附、沉淀、离子交换进入二级矿产，也可以与 AMD 发生物理化学反应以溶解态形式进入土壤河流参与物质循环，对采矿区附近的生态环境造成严重破坏[36, 37]。

卓莉等人研究了我国各地区的 32 座废矿库，认为铅锌渣中重金属组分的主要赋存状态依次为残渣态、铁锰氧化态、碳酸态、有机态和交换态，迁移性由强到弱依次为 Cr、Mn、Zn、Hg、Cd、As、Pb、Cu[38]。Stnoe 研究了加拿大安大略采矿区的河流沉积物，发现沉积物中 Zn、Pb 的主要存在形态是有机质结合态；Cd 可被碳酸根沉淀，存在于黏土类矿物晶格中。Cu 与 Cd 相似，在酸性水体中

易分解释放出 Cu^{2+}，并在合适的化学条件下富集在黏土矿物中，造成土壤 Cu 污染[39]。

3.3.2 水泥窑协调处置过程中重金属组分的挥发

近年来，各国学者对重金属在水泥窑协同处置固体废弃物过程中的挥发固化和作用机理方面做了大量工作。利用铅锌尾矿作为水泥原料有利于节省资源和能源，但需要注意的是，随着铅锌尾矿加入水泥原料，其中的有害组分如 Pb、Zn、Cd 等也被引入，部分还会在生产过程中排放出来，形成新的环境污染，其中易挥发的 Pb 等元素更值得注意。

当铅锌尾矿用于煅烧水泥熟料时，重金属会随烟气排放污染环境。我国对这方面的研究开始较晚，许多发达国家特别重视此类问题并进行了相关研究，但对重金属在水泥生产过程中的化学反应和排放机理的研究仍不够深。并且国外主要是以回转窑作为研究对象，而我国很长一段时间内是以立窑生产为主，不同窑型的重金属排放率存在很大的差异；此外，我国的重金属废物与国外也不相同。因此，我国在借鉴国外经验的同时，应结合自身的实际开展对重金属逸放污染的研究。

重金属随水泥原料进入水泥窑后的去向主要是：与熟料矿物相结合；伴随烟气以气相形式排放；随粉尘颗粒以固相的形式排放；在窑灰中沉积下来。不同的重金属由于挥发性的差异，在水泥窑中的去向千差万别。以装有炉篦子加热机和悬浮预热器的回转窑为研究对象，德国对微量重金属的挥发性进行了研究，把元素的挥发性分为四个级别，即不挥发类，如 Zn、Cu、V、Be、Mn、As、Ni、Co、Cr、Sn、Sb；难挥发类，如 Pb、Cd；易挥发类，如 Tl；高挥发类，如 Hg。

不挥发类重金属元素可能被误认为可以完全结合到熟料中，从而对环境的影响甚微。实际上，这些不挥发类元素虽不能随烟气以气相形式排放，但可通过粉尘以固相形式排放，依然会对环境造成危害。

Pb、Cd 等难挥发类重金属的排放率在不同的窑中存在的差异较大，需要作具体的分析。Pb、Cd 在装有悬浮预热器的回转窑中的排放率非常低[40]，因为窑内具有强氧化氛围，它们会在煅烧过程中分别形成硫酸盐与氯化物，并能在一定的温度下冷凝，在窑内循环，基本不会被带出窑外。在立窑中，生料球对热烟气的冷凝吸附能力远不及回转窑中的粉料，再加上较低的窑内循环，所以重金属具有较高的外排率。我国的立窑使用仍占据了半壁江山，且相当一部分水泥窑的收尘设备较为落后，重金属大量排放到空气中，造成环境污染。此外，Pb 的排放率还与它生料中的含量密切相关，Pb 在生料中含量越高，则它的排放比例也越高，当 Pb 在生料中的含量达到 100mg/kg 以上时，则 Pb 被吸收的比例很小[41]。所以，不能忽视 Pb、Cd 等难挥发元素对环境的影响。

易挥发类与高挥发类重金属元素大部分会随窑废气排放。如元素 Hg 及其化合物在水泥窑中基本上以气态的形式存在，且在任何类型的水泥窑中，尾气里都含有大量 Hg 蒸气。因此，必须高度重视这类重金属的排放。

研究铅锌尾矿作为水泥烧制时的矿化剂对水泥凝结时间的影响，通过多次烧制实验得出，以 ZnS 和 ZnO 为主要组成的铅锌尾矿矿化效果在掺入量大于 1% 时比较明显，但使凝结时间延迟，后期通过进行对比试验发现，掺入萤石（CaF_2）能够降低 Zn^{2+} 对水泥凝结时间延迟的影响。因此，在实际生产中，可以采用铅锌尾矿和萤石复合矿化剂的双掺方案。

Shih 等人[42] 将电镀行业污泥用作替代原料烧制水泥熟料，分析检测了煅烧前后样品中的重金属含量，认为高挥发性的重金属组分（如 Pb）超过 90% 会在高温煅烧过程中挥发，只有低挥发性重金属组分（如 Cu、Cr、Ni）能大量被水泥熟料所固化。苏达根等人[43] 模拟水泥窑煅烧条件，发现在实验电炉 1400℃ 焙烧的条件下，当 Pb、Cd、Zn、Cu 的掺量为 0.05% 时，各重金属组分的挥发率分别为 Pb 94.50%、Cd 96.62%、Zn 43.61%、Cu 36.03%。杨力远[44] 研究了掺烧城市垃圾残渣煅烧出的水泥熟料，认为 Cu、Zn、Pb、Cr 四种重金属在熟料烧成过程中的挥发率分别为 14.3%、25.4%、18.8%、8.1%。崔素萍[45] 对混合废弃物烧制水泥熟料过程进行研究，主要重金属挥发率分别是 Pb 11.1% ~ 16.3%、Cd 6.3% ~ 17.4%、Cu 11.0%、Ni 13.5%、Zn 25.7%。

崔敬轩[46] 对氧化铅、氧化镉进行了热重、熟料煅烧及消解等实验，以挥发率为衡量标准，研究了水泥工业协同处置过程中铅、镉的挥发率，认为这两种重金属的挥发率均随温度的升高、时间的增加而增大，趋向平衡后 Pb 的挥发率为 96%，Cd 的挥发率为 98%。陈懿懿[47] 分别采用铅精矿、电炉灰和纯化学试剂引入 PbS、PbClF、PbO 三种化合物形式的铅，分析了 1450℃ 下烧成的水泥熟料中铅含量，发现 Pb 的挥发量随废弃物增加而增大，但三者挥发率差别不大。另外，不同重金属元素之间可以相互影响，如 Cd 的挥发随 Pb 的掺入量增加而有所减少，F 会促进 Pb、Cd、Zn、Cu 的挥发。M. Murat[48] 研究认为铅在 750℃ 下开始挥发，当水泥生料中氯含量偏高时，挥发量增大。外掺 $PbCl_2$ 后，水泥熟料固化铅的能力降低。崔敬轩[46] 指出重金属组分存在的化学形态不同，会影响在水泥熟料烧成过程中挥发反应的温度区间、反应过程，从而导致挥发规律各不相同。例如砷酸钠在水泥生产涉及的温度区间内基本上不挥发；硫化亚砷在水泥窑共处置的过程中，温度低于 1000℃ 时，砷的挥发率随温度的升高而增大，高于 1000℃ 时，挥发率随温度的增大而减小[49]。曹晓非[50] 考虑了铅锌尾矿用来生产水泥熟料时 SiO_2 掺加量对水泥熟料挥发性质的影响，发现 SiO_2 掺量低于 16% 时，重金属挥发率随掺量增加而减少；SiO_2 掺量超过 16% 后，重金属挥发率随掺量增加而增加。

事实上，影响重金属在熟料烧成过程中挥发行为的因素很多，包括煅烧温度、煅烧时间、废弃物种类与掺量、重金属引入形式、不同种类重金属的相互作用、碱氯硫的含量等，而现有成果在这方面的研究较为缺乏。

3.3.3   水泥窑协同处置过程中重金属组分的固化

针对重金属在水泥熟料中的固化，现有研究主要集中在三方面：

（1）重金属组分对水泥熟料烧成的影响。水泥工业协同处置固体废弃物引入的重金属等微量组分，在煅烧过程中能与熟料中的 Fe_2O_3、MgO 和 Al_2O_3 等熔剂矿物反应生成中间产物，降低体系的最低共熔点，使液相提前出现，改善易烧性，促进熟料矿物的形成。同时一部分重金属元素进入铁相中，一定程度上降低了液相黏度；另一部分重金属元素进入硅酸盐相中，置换出 C_3S 中的 Ca^{2+}，与 C_2S 反应生成 C_3S，增加了熟料中的 A 矿含量，提高了 C_3S 的活性。N. Gineys[51] 研究了含铜量较高的铁矿石、电镀污泥等工业废弃物，认为在水泥熟料煅烧过程中，氧化铜作为一种矿化剂，使熔融温度下降了至少 50℃，有利于结合 f-CaO 生成 A 矿。但掺量过大时，C_3S 会分解成为 C_2S 和 CaO[40]。张江[52] 利用工业废渣制备高 C_3S 水泥熟料，认为工业废渣中大量存在的微细晶体在 C_3S 形成过程中起到了"晶核作用"，能明显降低 C_3S 的表观形成反应活化能，促进 C_3S 在较低过饱和度下的生成。废渣中含量较多的玻璃体不仅可以降低高温液相出现的温度，而且增加了液相量[41]。

（2）重金属在熟料中的形态及分布。现有研究普遍认为熟料矿物对重金属的固溶具有选择性。锌、铬集中分布在中间体中；钒集中分布在贝利特中；砷、钴、铜和镍大部分分布在中间体中，少量分布在 C_3S 和 C_2S 中；铅、镉在硅酸盐矿物与中间体的分布差别不大，可以认为较均匀地固溶到了熟料矿物中。F. R. D Andrade[53] 指出重金属在主要矿物组成中的扩散和替代与晶体结构的晶胞参数、重金属离子半径价态有关，铅聚集在 C_3S 周围的球状区域，可能原因是形成了不一样的新相。Yang[54] 对镍、镉在水泥熟料中的固化机理进行分析，认为 Cd^{2+} 能以类质同晶的方式替代 C_3S 中的 Ca^{2+}，或者以间隙固溶的方式结合到 C_4AF 中；镍主要和镁结合形成化合物 $MgNiO_2$（分布率 61.2%），另外 Ni^{2+} 能进入 C_4AF 晶格间隙中形成填隙式固溶体且 Fe^{3+} 容易被相似价态与结构的 Ni^{2+} 替代，C_3S 中的 Ca^{2+} 也能被 Ni^{2+} 取代，从而使 Ni 在 C_4AF、C_3S 中分布率分别为 10.3%、24.9%。余其俊等人[49] 教授对水泥熟料中铬离子进行研究，指出熟料中的铬离子以 Cr^{3+}、Cr^{5+} 形式存在，主要置换硅酸盐矿物中的硅离子，铬离子进入水泥熟料矿物晶格后，使水泥水化活性提高、强度增强。

（3）重金属在熟料中的固溶极限。重金属在水泥熟料中的固溶限值各不相同。N. Gineys[51] 研究了一种标准组成的水泥熟料，发现铜、镍、锌和锡的最大固溶量分别是 0.35%、0.5%、0.7%、1%。当掺量超过固溶极限，就会影响熟料矿物相的稳定。例如，锌掺量大于 0.7% 时，C_3A 含量降低，出现了 $Ca_6Zn_3Al_4O_{15}$；当锌掺量超过 2% 时，C_3A 完全消失，全部被 $Ca_6Zn_3Al_4O_{15}$ 取代。姜雪丽[55] 对铅、镉在水泥单矿中的固溶极限进行研究，结果表明，Cd 在 C_2S、C_4AF 的固溶极限分别为 0.5g/kg 和 1.8g/kg；Pb 在 C_2S 和 C_4AF 单矿中的固溶极限分别为 3.0g/kg 和 2.6g/kg。

3.3.4 铅锌尾矿制水泥

传统的水泥原料除石灰石外，还有黏土、铁质原料、钙质原料、矿化剂、混合材等。尾矿的主要化学成分为二氧化硅、氧化铝和氧化钙，可用来替代黏土配制生料，尾矿中同时还含有较高的铁，在代替黏土的同时也可取代传统的铁质原料和铅质原料。尾矿大都含有大量的氧化物和丰富的微量元素，且大多数尾矿本身熔点也很低，这些特性使得尾矿成为良好的矿化剂。尾矿经过物理化学改性激发后，水化活性大为增加，且尾矿本身粒度细，容易磨细，如果作为混合材使用将有助于提高水泥的强度并降低水泥粉磨电耗[56]。

铅锌尾矿作矿化剂应用广泛，特别是在立窑水泥生产中。它的主要作用机理包括如下几个方面[57]：

（1）在 900 ~ 1000℃ 时，Pb^{2+}、Zn^{2+} 等微量成分会与熟料中的氧化物如 Al_2O_3、Fe_2O_3 等发生反应生成以中间体形式存在的含铅、锌矿物，这使液相提前出现。

（2）当温度继续上升至 1100℃ 时，含有铅锌的中间化合物逐渐呈现熔融状态，增加了液相量，从而使生料的易烧性得到了改善，熟料矿物提前形成。

（3）熟料中一部分 Pb^{2+} 和 Zn^{2+} 微量元素进入中间相（以铁相为主），在液相量增加的同时液相黏度也有所降低，C_2S 和 CaO 加速溶解，C_3S 提前形成。

（4）剩下的 Zn^{2+} 等微量组分则熔入以 A 矿为主的硅酸盐相，Ca^{2+} 被置换出来，随后与 SiO_2 反应生成 C_3S，增加了 A 矿的数量，同时导致 C_3S 晶格缺陷，活性得到提高。

（5）微量离子具有稳定 A 矿的作用，使它在慢冷时不被分解掉。

尾矿作为矿化剂使用的例子较多，林伟等人研究了用铅锌尾矿废渣作为铁质原料生产水泥，发现熟料的烧成温度降低且水泥的质量有所提高，原因是尾矿中含有的 Pb、Zn、微量元素和晶体降低了液相出现的温度，扩大了熟料的形成范围，从而使熟料在低温下得以烧成[58, 59]。刘永刚等人研究了利用铅锌尾矿等固废在水泥窑内煅烧生产水泥熟料，结果表明，在废渣如铅锌尾矿中，由于铁和微量元素生成了温度较低的共熔相，熟料烧成温度降低，热耗减少，熟料中的 f-CaO 含量降低，有利于水泥的安定性，对矿化产生了积极作用[60, 61]。钟明亮等人曾研究利用铅锌矿与萤石作复合矿化剂提高立窑水泥的质量，研究表明复合矿化剂在起矿化作用的同时还有明显的助熔作用，从而降低液相出现的温度，使熟料矿物加速形成，改善了生料的易烧性，提高了立窑的质量[62]。

铅锌尾矿还可以代替黏土、铁粉或作为铁质校正原料使用。尾矿代替黏土时，SiO_2 的含量应当大于 50%，可与一般的高钙或中钙石灰石搭配，Al_2O_3 大于 10%，Fe_2O_3 小于 10%；分解点、熔点较黏土低，同时液相黏度低，易烧性优于黏土[63,64]。当尾矿作为铁质和铝质校正原料使用时，分别要求 Fe_2O_3 大于 40%，Al_2O_3 大于 30%。近年来，有不少学者致力于这方面的研究并取得了可喜的成果。如吴振清等人利用铅锌尾矿代替黏土和铁质校正原料进行试生产，结果表明，熟料质量稳定，28d 平均抗压强度为 59.9MPa，与利用黏土配料时的熟料强度非常接近，基本没有区别[65]。朱建平等人采用铅锌尾矿和页岩配制高 C_3S 硅酸盐并应用 XRD 对水泥熟料中的 C_3S 进行了研究，结果表明，1500℃下可以制备出 C_3S 含量高达 74.52% 的熟料，而普通硅酸盐水泥中 C_3S 的含量仅占 55% 左右[66]。并且，高阿利特硅酸盐水泥熟料在正常的煅烧温度情况下就能烧成，其烧成后的熟料中的 C_3S 最高可达 70.71%。用加入 4% 的石膏的熟料制成水泥，强度很高，能达到硅酸盐水泥 52.5R 的等级要求，而掺加 20% 和 30% 尾矿粉后的水泥强度分别可达到普通水泥 42.5R、32.5R 的强度要求。

尾矿在经过物理化学改性激发后，可以具备很好的水化活性，并且性能优越，质量稳定。当作为水泥混合材使用时，金属尾矿混合材会在水泥水化中参与二次反应，也就是尾矿中的活性物质与熟料水化生成物进一步作用，溶解度降低的水化硅酸钙、水化铝酸钙等具有胶凝作用的矿物得以生成，从而提高了水泥强度。尾矿做混合材使用时，f-CaO 水化产物可迅速与之主要成分反应形成新生矿物，产生强度，而不产生体积膨胀，影响安定性。并且，传统活性混合材的使用超过一定的量时，会使水泥的凝结时间延长，这样就限制了水泥混合材的使用量，而尾矿的参与可明显改善水泥的凝结时间。傅圣勇等人对铜铅锌尾矿做混合材进行试验，虽然试验所用熟料的强度较低，28d 强度只有 50MPa 左右，但实验效果仍然较好，尾矿掺量为 30% 的试样与未掺尾矿试样的 28d 抗压强度的比值都在 70% 左右，最高可达 76.54%[67]。

水泥生产所需要的大部分原料和铅锌尾矿中的氧化物成分非常相近[68]，其中含有少量的铅、锌等金属元素对水泥熟料在烧制过程中起到了很好的矿化和助熔作用[69]。最近几年，许多专家学者对铅锌尾矿用于水泥生产进行诸多的研究和探索，取得了丰硕的技术成果和良好的社会经济效益。

贵州省建材研究院权胜民[70]针对铅锌尾矿用作硅酸盐水泥烧制时的矿化剂进行研究，不仅对此项工作的可行性进行评估验证，还细致找寻其可以添加的最佳添加量。通过进行相关实验，当按照最佳掺入量 1% 添加时，试样的抗折、抗压强度均有较大幅度提高，同时，铅锌尾矿加入水泥中起到的矿化和助熔作用，降低了最低共熔温度、改善了易烧性，使得液相提前出现，由此通过降低熟料的烧成温度来达到使烧制成本降低的目的。

南京工业大学朱建平[71]通过对铅锌尾矿进行差热分析、X 射线衍射、岩相分析、力学性能测试等理论数据的检测结果来推断其用于水泥掺料的可能性，还通过进行易烧性实验和分析尾矿晶体结构等相关研究，都表明了尾矿添加到水泥熟料中来替代部分黏土，对熟料中的阿利特矿物品型无任何改变。添加尾矿后烧制完成的水泥，和未添加的水泥相比，凝结时间稍有延长，但是各龄期强度均有所提高。宣庆庆等人[72]利用铅锌尾矿为原料烧制成了硅酸盐水泥，通过砂浆试块检测，相关指标符合 GB 200—2003 规定的 42.5 水泥的各项标准，并且 28d 的强度要高于黏土烧制的水泥。

云南省建材研究院张平[73]研究铅锌尾矿作为水泥烧制时的矿化剂对水泥凝结时间的影响，通过多次烧制实验得出，以 ZnS 和 ZnO 为主要组成的铅锌尾矿矿化效果在掺入量大于 1% 时比较明显，但使凝结时间延迟，后期通过进行对比试验发现，掺入萤石（CaF_2）能够降低 Zn^{2+} 对水泥凝结时间延迟的影响。因此，在实际生产中，可以采用铅锌尾矿和萤石复合矿化剂的双掺方案。

林细光[74]对铜、铅、锌等尾矿进行详细分析后，对尾矿代替黏土和矿化剂进行了不同温度下的煅烧实验，通过检测煅烧后的熟料中游离氧化钙和 X 衍射线分析，不仅确定了尾矿可以替代黏土和矿化剂的最佳添加比例，还找到了合适的煅烧工况，也为后续大规模开展工业生产奠定了扎实的基础。通过高温煅烧实验发现，铅锌尾矿中含有的某些铁、铅、锌的硫化物，在煅烧过程中可氧化放热，有效降低了煅烧的能耗支出。尾矿作为水泥的混合材料，当把添加量控制到最大值以下时，生产出的水泥各项指标值均能满足国家 32.5 标准水泥的各项限值。

郴州东江水泥公司吴振清[65]利用桥口铅锌尾矿替代黏土质原料和铁质校正原料，通过在干法窑上进行实际生产熟料的实验得出如下结论：添加尾矿对水泥熟料的各项性质无任何影响，后期的强度检测数据显示，该水泥和用黏土作配料的强度数值非常接近，基本上可以替代黏土进行生产。

3.3.5 铅锌冶炼渣制水泥

生产水泥的主要原料为黏土质原料、石灰质原料和校正原料，其中校正原料包括硅质、铝质和铁质校正原料。生产水泥的黏土质原料要求其中影响水泥性能的有害成分 MgO、K_2O+Na_2O 和 S 的含量分别不能高于 3%、4% 和 2%。

冶炼废渣的主要成分一般是 SiO_2、CaO、Al_2O_3、Fe_2O_3 等，根据具体成分，废渣可以作为水泥生产中的石灰质原料、校正原料及矿化剂等。李文亮等人[58]

利用铅锌冶炼厂排出的水淬渣作为铁质原料取代铁矿石生产 32.5R 普通硅酸盐水泥，取得了较好的效果。该铅锌废渣的主要成分为 39%Fe_2O_3、24%SiO_2、13%Al_2O_3、21%CaO、5%MgO，显著改善了生料的易烧性，废渣中的 Zn、Pb 等组分固熔到 A 矿和铁相中，提高它们的活性，起到矿化助熔作用。杨延宗等人[75] 采用铅锌尾矿渣全代生料中的复合矿化剂和铁质原料，成功地烧制出水泥熟料，提高了窑产量，并降低了能耗，获得了很好的经济效益。何小芳等人[76] 利用锌冶炼废渣作铁质校正原料生产硅酸盐水泥。锌渣含铁 48%，其主要成分与铁粉相似，在熟料的烧成过程中，锌渣中的亚铁起到矿化作用，可降低熟料的烧成温度和烧成热耗。添加锌渣改善了水泥的安定性和抗侵蚀性，提高了水泥强度，并降低了水泥的生产成本。吴清仁等人[77] 研究了冶炼锌、铅工业废渣的化学特性，并在水泥熟料烧成中应用，利用冶炼锌铅的湿废渣中铁、硅、铝、碳含量较高的特点，代替了约 20%的硅质原料和 100%的铁质原料，生料中的碳、硫及铅锌等微量组分，在生料浆制备过程中起到改善料浆流动性的作用，并在熟料烧成过程中起到了矿化剂的作用，烧成了优质熟料，获得性能指标符合国家标准的水泥。凡口水泥厂自 1997 年 7 月使用该铅锌渣以来，已利用废渣 5.8 万吨，生产优质水泥近 50 万吨。唐声飞等人[61] 利用铅锌渣和煤矸石等工业废渣代替全部黏土、铁粉和部分石灰石，生产水泥熟料。林博[78] 利用铅锌渣生产普通硅酸盐水泥获得成功，并且生产实践证明，可节能降耗并使熟料质量稳中有升。

　　铅锌废渣在水泥行业中除了作原料生产水泥外，还可以作为水泥的混合材料使用。周端倪等人[79] 利用铅渣代替部分混合材料用于水泥生产中，可以提高水泥的耐磨性，减少干缩，使颜色较深。肖忠明等人[80] 研究了焦作水淬铅锌渣用作混合材料对水泥性能的影响，研究表明焦作铅锌渣是一种高铁（Fe 为 22%）、以玻璃相为主的高活性潜在水硬性材料，对水泥胶砂流动度、水泥与减水剂相容性等使用性能具有改善作用。

3.4　铅锌冶炼渣制备免烧砖

　　制备建筑用砖是铅锌冶炼副产物的重要资源化路径之一。免烧砖又称非烧结砖或新型墙砖，它是指一大类不经烧结的符合利废、节土、节能、绿色环保、可持续发展方向的，符合建筑墙体承重、安全、耐久技术要求的新型实心或空心墙体砖[81,82]。它的概念由于时期不同、技术状况不同，有狭义和广义两种提法[83]。

　　狭义的免烧砖是指硅酸盐混凝土免烧砖。它是指采用硅铝为主要成分的废渣、砂子，加入石灰等，必要时加入外加剂，有时还加入少量水泥，经坯料制备，然后压制或振动、浇注成型，蒸压养护或蒸养、自然养护而成的实心或空心承重墙体砖。其主要成分为各种水热合成的水化硅酸钙，结石中没有 $Ca(OH)_2$。广义的免烧砖包括水泥混凝土免烧砖及硅酸盐混凝土免烧砖两大类别。其中，水泥混凝土免烧砖是以水泥为主要胶结材料，以砂石和废渣为骨料，必要时加入外加剂，经坯料制备，然后压制或振动、浇注成型，再经自然养护或蒸气养护而成的实心或空心承重墙体砖。其以各种水化硅酸钙为主要成分。

3.4.1 免烧砖的概况

3.4.1.1 免烧砖的分类

免烧砖的种类很多，概括起来讲可以按结构形态、固体废物的种类、生产工艺等来分类。

A 按结构分

(1) 实心免烧砖。实心免烧砖是免烧砖的主要品种。砖体没有孔洞，为密实结构，外形及规格和传统实心黏土烧结砖相同。它的优点是易于成型、易于砌筑，缺点是密度大、用料多、成本较高。其是我国最早开发生产的免烧砖品种，目前仍有 70% 的免烧砖为实心免烧砖。

(2) 空心免烧砖。空心免烧砖又名多孔砖，是我国免烧砖的新型品种。它的结构特征是砖体上有许多圆孔或方孔，孔洞率一般为 20%~50%。空心免烧砖重量轻、用料少、成本低，可大幅度降低建筑自重，提高建筑的保温隔热效果，因此，空心免烧砖代表了免烧砖的发展方向。随着免烧砖的轻质化的发展，空心免烧砖的比例将会日益上升。

(3) 微孔发泡砖。微孔发泡砖是采用发泡工艺浇注成型的新型免烧砖。砖体的内部具有孔径小于 1mm 的微细球形封闭气孔。它的密度低，保温性好，适用于作保温墙体材料。

B 按固体废弃物种类分

(1) 粉煤灰砖。粉煤灰砖是采用粉煤灰，加入石灰和水泥为黏结剂所制成的免烧砖。在各种废弃物免烧砖中，它目前的产量最大。

(2) 煤渣砖。煤渣砖是我国最早生产的免烧砖品种之一，它以煤渣和水泥为原料，经压制成型，采用各种养护方式所制成。近年，由于煤渣供应紧张，煤渣砖的产量已逐步下降。

(3) 其他种类的废渣免烧砖。这些免烧砖是采用煤矸石、钢渣、矿渣、铅锌渣等活性废渣，或者硫酸渣、尾矿渣、河砂、污泥、垃圾、秸秆粉等固体废弃物为主要原料，所制成的免烧砖。这些废渣或固体废弃物可以一种单用，也可以多种并用。

C 按生产工艺分

(1) 蒸压免烧砖。蒸压免烧砖是以各种固体废弃物为主要原料，经成型后，采用蒸压釜在高温高压条件下养护而成。蒸压免烧砖在高温高压下所形成的强度更高、品质更好，性能优于蒸养养护砖或自然养护砖。我国传统的免烧砖大部分是蒸压养护生产的。从发展的观点看，蒸压免烧砖仍将是免烧砖的主要品种。

（2）蒸养免烧砖。蒸养免烧砖是在免烧砖成型以后，采用常压蒸气养护。它的质量不如蒸压免烧砖，生产效率也低于蒸压免烧砖。但它的投资较小，易于实施。

（3）免烧免蒸砖。免烧免蒸砖是近几年出现的新型水泥混凝土免烧砖品种。它在成型后采用常温常压自然养护，因此，养护期较长，产品质量不如蒸压养护或者蒸气养护。但根据哥本哈根会议及京都议定书关于提倡各国降低高能耗污染设备以减少温室气体 CO_2 排放，加之免烧免蒸砖生产过程中不需要高耗能的养护设备，投资小，生产成本低，容易被企业所接受，免烧免蒸砖将会成为未来新型墙体材料中的主力军。

3.4.1.2 免烧砖的制备

尾矿免烧砖一般工艺过程是：以细尾砂为主要原料，配入少量的骨料、钙质胶凝材料及外加剂，加入适量的水，搅拌均匀后振动或压制成型，脱模后常温常压养护，即成尾矿免烧砖成品。尾矿免烧砖具有生产工艺简单、投资少见效快、经济环保的特点，符合我国的经济发展政策，因此，近年来我国在这个领域的研究较多。

免烧砖的主要技术指标是抗压强度和耐久性。因此，免烧砖的生产以抗压强度和耐久性为中心。要生产好免烧砖，首先就要研究其抗压强度和耐久性产生原理。

许多固体废弃物能用于生产免烧砖，免烧砖的抗压强度和耐久性产生机理是十分复杂的。简单地说，免烧砖的抗压强度和耐久性主要来自两个方面：成型时成型机的物理作用，成型后胶凝材料或黏结材料的化学作用。免烧砖的抗压强度和耐久性，一般是这两种因素共同作用的结果，而不是其中单方面因素的作用结果。有了这种作用，几乎所有固体废弃物都可以用于生产免烧砖[84, 85]。

A 物理作用

物理作用就是不发生化学变化而依靠机械作用力所产生的作用。

免烧砖产生抗压强度和耐久性的物理作用力有成型机的压力、振动力、真空成型时的真空作用力等，另外还有轮碾、搅拌对物料所产生的匀化、塑化等辅助作用力。这些作用力有些是单作用力，如只采用压制成型或只采用振动成型，有些是复合作用力。目前压制成型、振动成型、压振结合成型三种成型方式都获得了十分广泛的推广应用。

B 化学作用

化学作用是不依靠机械力，只通过化学变化所产生的作用。

免烧砖产生抗压强度的化学作用有直接化学作用和间接化学作用两种。这两种作用有时单独存在，有时复合存在。

（1）直接化学作用。直接化学作用是指依靠胶凝材料如水泥、石膏等的胶结力，或依靠胶黏剂如酚醛树脂、不饱和聚酯等的黏结力，将其他材料颗粒结合为一个整体，从而形成满足技术要求的抗压强度和耐久性。这种化学作用是直接产生的，对绝大多数固体废弃物均有效。直接化学作用在免烧砖的成型中使用最广。

（2）间接化学作用。间接化学作用是其所产生的结合力并非所使用的激发材料直接产生，而是通过这些激发材料对活性固体废弃物产生激发作用，使活性固体废弃物具有胶凝性。例如，活化剂对活性工业废渣的活化，就属于间接化学作用。间接化学作用不是对所有固体废弃物均有效，而是仅对活性固体废弃物有效。因此，间接化学作用的应用相对受到限制。

（3）复合化学作用。在免烧砖的实际生产过程中，活性固体废弃物一般采用直接化学作用与间接化学作用相结合的方法，即不仅使用水泥等胶凝材料，而且还使用活化剂激发活性废渣的活性，使胶凝材料的胶凝性与活性废渣的胶凝性共同发挥作用。而对活性固体废弃物之外的其他多数固体废弃物，一般只采用直接化学作用。

上述物理作用和化学作用，在单独使用时，不能达到需要的效果，或者成本高，或者性能差。因此，在现实生产中，大多数采用的均是物理作用与化学作用相结合的方法，即免烧砖的抗压强度和耐久性，一部分来源于物理机械作用，一部分来自化学胶结作用。在有些工艺中，物理作用大一些，而在有些工艺中，物理作用小一些，应视废弃物的实际情况及免烧砖的技术要求而定。

C 物理作用与化学作用的关系

在赋予免烧砖抗压强度和耐久性的过程中，物理作用与化学作用是相互协同、相互叠加的配合关系，而不是孤立的。在一般情况下，只有二者良好的配合，且这种配合恰到好处，才能使免烧砖既有高性能，又有低成本。免烧砖技术的核心，就是使物理作用与化学作用最好地配合[85,86]。

物理作用与化学作用的关系可归纳为以下几点：

（1）免烧砖理想强度和耐久性的产生，必须依靠物理作用与化学作用的良好配合，二者是不可分割的统一整体。单独依靠物理加压作用，或单独依靠水泥石灰等的化学作用，均不能满足技术要求。

（2）加大成型压力可以减少水泥等的用量，所以采用大吨位的成型压力，有利于降低免烧砖成本。

（3）对于有活性的固体废弃物，直接化学作用如使用水泥胶结必须与间接化学作用如废渣的活化或硅钙水热反应等相结合。这样有利于降低水泥或石灰的用量。尽可能利用废渣或硅质本身产生的胶凝性，这对实现免烧砖低成本生产是非常有益的。

(4) 对于没有活性的固体废弃物，生产免烧砖时，应适当加大其物理作用，加大成型压力，以弥补废渣本身不具有胶凝性的不足。

(5) 对于高硅固体废弃物，应尽量采用钙质材料（主要是石灰）与之在蒸压下反应，形成硅酸钙，充分发挥其间接化学作用，降低成型压力，在较低压力下生产高强度免烧砖。

(6) 对于通过煅烧可以产生胶凝性的固体废弃物，应该充分利用间接化学作用，将其进行煅烧处理（如煤矸石、硼泥、淤泥或污泥、生活垃圾等），以降低成型压力和水泥用量。

(7) 对于活性固体废弃物，其强度形成的理想模式是：物理加压（或振动）+微量水泥的直接胶凝+固体废弃物活化间接胶凝。

(8) 对于没有活性的固体废弃物，其强度形成的理想模式是：较大成型压力+少量水泥的直接胶凝+合理的级配。

(9) 对于高硅固体废弃物，其强度形成的理想模式是：较大的成型压力+少量石灰或其他钙质材料+蒸压或蒸养。

3.4.1.3   免烧砖的优点

随着我国对环境及资源越来越重视，免烧砖将会替代烧结砖而成为墙体材料的主流，这是不可逆转的大趋势。工业废渣免烧砖制品与烧结砖相比具有很多优越性[87]：

(1) 成本低。免烧砖利用成本低的工业废渣为主要原料，不需烧结和蒸养，在利用合理的工艺和设备的基础上，适量使用各种外加剂，成本比烧结砖低。

(2) 产品性能好。免烧砖外观漂亮，棱角整齐，尺寸准确，其力学强度在7.5~20MPa 之间，抗冻性能合格，软化系数在 0.65~0.85 之间，产品吸水性小。它的产品质量可与烧结砖相媲美。

(3) 经济、环境和社会效益好。工业废渣免烧砖以赤泥、粉煤灰等工业废渣为主要原料，吃渣量大，是工业废渣综合开发利用的新途径，同时能保护良田及环境，经济、环境、社会效益突出。

3.4.2   铅锌尾矿制备建筑用砖

虽然我国利用尾矿研制生产建筑材料已取得大量成果，尾矿免烧砖企业也发展得如火如荼，但是与国际先进水平相比还有非常明显的差距，还存在不少问题。总体来说，应用于生产免烧砖等墙体材料时，尾矿砂绝大多数只作为原材料（细骨料）来使用。因尾矿所特有的性质，尾矿免烧砖普遍存在以下几点问题[81]：

(1) 尾矿作为细骨料使用掺量很低。

（2）水泥胶凝材料用量大。

（3）由于尾矿成分的复杂性和特有性质，尾矿免烧砖在水泥用量小、尾矿掺量大时强度偏低，为了提高制品的抗压强度，常需要加入一定的外加剂（减水剂、激发剂或缓凝剂等），这就增加了生产成本。

高春梅等人[82]以镁质矽卡岩型铁矿尾矿砂25%、水泥10%、水12%、外加剂3%（占水泥用量）为配比，生产出性能指标满足国家要求的免烧砖。牛福生等人[88]以铁尾矿为主要材料，通过掺加适量的水泥（普通硅酸盐水泥）、粉煤灰（唐山电厂二级干排灰）、粗骨料（唐钢石人钩铁矿采剥岩加工而成的细碎石块）和一定的外加剂（AS减水剂：粉末硫酸钠作为激发剂），经常温常压养护28d后，制备了铁尾矿砖，抗压强度可达到28.30MPa。黄世伟等人[89]以梅山铁尾矿为原料，配以自制的胶结料轻质集料——市售硅藻土、陶粒，外加剂——市售JA1、JA2型外加剂，自来水，制出性能满足GB 5101—2003及GB 6566—2001要求的铁尾矿免烧免蒸砖，其抗压强度达24.89MPa。刘凤春等人[90]采用金岭铁矿选矿厂的尾矿，配以石灰、水泥、炉渣、砂子，并且分析加入不同的外加剂，压制成规格φ50mm×20mm的圆饼形砖样，自然养护28d可制得抗压强度为10MPa以上的免烧免蒸砖。何廷树等人[91]以质量比为1.25:1.00的陕西某铁尾矿与河砂，在固体干料总量中占10%的水泥，固体干料总量8%的用水量，水泥掺量0.8%，萘系高效减水剂及水泥掺量0.03%的葡萄糖酸钠缓凝剂制得28d抗压强度达到16.4MPa、各项性能指标符合《非烧结垃圾尾矿砖》（JC/T 422—2007）的铁尾矿免烧砖。鞍钢以铁尾矿粉、水泥、粉煤灰、石灰比例分别为6:1.5:1.5:1或7:1:1:1配料[92]加入石膏激发剂干拌混均匀，后加入水和自制的复合外加剂K剂湿混搅拌，经陈化、成型养护一个月后制成的样品在水中的强度比在空气中高20%~30%。

李伟光[93]以某铅锌冶炼废水中和渣资源化综合利用制备免烧免蒸砖。正交试验，通过极差和方差分析得到不同制砖组分对免烧免蒸砖7d和28d强度的作用规律和制备免烧砖的最佳试验配方，然后在最优配方下研究成型压力和水灰比与免烧免蒸砖性能的关系。研究结果表明，影响免烧免蒸砖7d抗压强度的配比组成用量因素排名为水泥、水渣微粉、混合中和渣、粉煤灰、石屑；影响免烧免蒸砖28d抗压强度的配比组成用量因素排名为混合中和渣、水渣微粉、石屑、粉煤灰、水泥。最佳试验配方为混合中和渣31.43%、水泥14.29%、水渣微粉31.43%、粉煤灰13.33%、石屑9.52%；最佳水灰比为0.14，合适的成型压力为20MPa，最终制备的免烧免蒸砖28d抗压强度为27.7MPa，吸水率为11.5%，软化系数为0.89，抗冻指标为F25，达到《非烧结垃圾尾矿砖》（JC/T 422—2007）的要求。

李冲利用铅锌尾矿、硅微粉和水泥制备免烧砖，研究了硅微粉、水泥等胶结物对重金属离子的固化行为，并探究该免烧砖作为重金属离子吸附剂的可能性，采用 X 射线荧光光谱仪、电感耦合等离子发射光谱仪及扫描电子显微镜研究了免烧砖在不同条件（pH 值吸附时间及初始浓度）对废水中 Pb^{2+} 的吸附行为。结果表明：铅锌尾矿掺量为 70%，硅微粉为 20%，制备的免烧砖强度符合 MU20 等级；水化产物与尾矿中的重金属形成沉淀物，有效固化重金属离子；同时，该免烧砖可作为优良的吸附基体，对废水中的铅具有高效的去除能力，在 pH 值为 5、吸附时间为 90min、含铅废水初始质量浓度 50mg/L 时，免烧砖对 Pb^{2+} 的吸附效率达到 96%。因此，适量的硅微粉及水泥可以提高尾矿免烧砖对 Pb^{2+} 的吸附，该免烧砖有望用在江河堤坝等场合[94]。

冯启明[95] 对青海某铅锌矿选别尾矿的化学成分、矿物组成及相对含量、粒度及其分布进行测试分析，结果表明，该尾矿的矿物组成主要是石英、方解石、黄铁矿及绿泥石，粒度集中分布在 83～109μm。以该尾矿作骨料，适量水泥作胶结料，石灰作激发剂，加入混凝土发泡剂和废弃聚苯泡沫粒作预孔剂，通过浇注、捣打成型、养护等工艺制备轻质免烧砖，对不同原料配比和养护条件下制品容重和抗压强度等性能进行研究。当尾矿用量达 70%～80% 时，制品干燥容重仅为页岩实心砖的 2/3，抗压强度最高可达到 9.3MPa，适用于建筑物承重和非承重填充砌块，属低能耗环保型墙体材料。用该铅锌矿尾矿制作轻质墙体材料部分原料，尾矿掺量大，能耗低，该产品属低能耗环保型墙体材料，实现了尾矿的资源化，符合尾矿综合利用应立足于能大量消耗尾矿、利用较彻底、产品销路广、能耗低、生产工艺简单的原则，并具有节能、节土的优势，符合我国可持续发展的政策。

梁嘉琪[96] 以贵州盛源矿业有限责任公司定东锌尾矿粉为主要原料，以山砂为骨料，以普通水泥为胶结料，锌尾矿、砂子与水泥的质量比为 60∶25∶15，采用圆盘压砖机压制成型和震动台座法人工脱模成型和自然养护等工序，可以生产出合格的锌尾矿水泥标砖和锌尾矿水泥空心砌块，其力学强度、物理性能和放射性指标均达到质量标准要求。由于锌尾矿渣的粒度过细，必须添加 20% 以上的粗颗粒骨料，建议采用锅炉煤渣替代试验采用的建筑山砂，从而降低产品的体积密度。在利用锌尾矿渣之前，对其进行脱硫处理，降低锌尾矿中的含硫量，以利于提高制品的早期强度。该方法为锌尾矿渣的综合利用找到了一个新的利用途径。

王志瑞等人[97] 对铅锌尾矿及其他配料进行理化测试，确定了各自的组分，运用不同原料及原料配比、不同温度、不同保留时间进行了焙烧试验，使尾矿的利用最大化、产品达到质量要求。利用铅锌尾矿制备烧结砖的最佳工艺参数为尾矿、硅矿、煤矸石、页岩与粉煤灰的配比 3∶3∶1.2∶2∶0.8，焙烧温度范围 1050～1080℃，保温时间 45min。按最佳工艺参数制备的烧结砖的性能测试结果表明，其各项指标均能达到国家建材行业的质量要求。在不利用黏土资源的情况下制备出合格的烧结砖，符合国家的政策要求，消除了尾矿对安顺市饮用水源的威胁，解决了企业的后顾之忧，是一项利国利民的重要项目。

闫亚楠[98]利用炼锌尾渣生产混凝土路面砖，既利用工业固体废弃物、保护环境，又推进建筑节能，有巨大的综合效益。其以贵州毕节赫章炼锌尾渣为主要原料制备混凝土路面砖，并对制品性能的主要影响因素进行了考察，试验结果表明：混凝土路面砖 28d 抗压强度随着炼锌尾渣掺量增加而降低，炼锌尾渣掺量为 40%时可达 32MPa 以上。当尾矿细砂掺量在 70%以下时，砂浆的抗压、抗折强度变化不大，尾矿细砂掺量在 60%、70%时保水性明显提高。适宜的外加剂掺量，可以提高砂浆保水性、改善柔韧性、保证尾矿细砂砂浆的性能。外加剂复掺比例为：纤维素醚掺量为 0.02%、减水剂掺量为 0.30%、可再分散乳胶粉掺量为 0.05%。尾矿细砂代替天然砂应用到砂浆中，既可以做到废弃物的再利用，又可以缓解天然砂的紧缺，而且还可以降低材料成本，是一种绿色、环保、经济、可持续的再生资源利用途径。

3.4.3 锌冶炼渣制备建筑用砖

1988 年，林承焕[99]申请专利以铅锌矿尾砂为主要原料生产釉面砖。铅锌矿尾砂配比在 25%~75%，黏土用料 75%~25%，1000℃左右烧成，产品满足建筑装饰用釉面砖的质量要求。王伟等人[100]针对陕西旬阳县地区铅锌矿选矿产生的大量尾矿渣，配以黏土用来生产烧结砖，焙烧温度为 1050~1070℃，于 2003 年投产，实现工业产值 510 万元，利税 60 万元。实践证明，利用铅锌选矿尾渣生产的烧结砖，具有力学强度高、隔热性能好等特点，产品质量符合 GB/T 5101—1998 建筑砖标准，并取得了产品合格证书。徐光荣等人[101]先采用重选法回收 Zn，得到锌精矿品位为 11.02%，锌的总回收率较低，仅 53.85%；重选后的二次尾矿含 SiO_2 为 77.02%，Al_2O_3 为 9.32%，Fe 为 3.54%，Zn 为 0.39%，Pb 为 0.064%，添加 40%的黏土后在 1080℃下焙烧，得到性能合格的烧结砖。田昕[102]以铅锌尾矿渣为原料、硼泥为黏结剂，混合生产烧结砖，铅锌渣添加量 30%~50%。铅锌尾矿渣中含 Zn 质量分数为 0.55%，含 PbO 质量分数为 0.25%，焙烧温度 1050~1250℃，硼泥添加量为 45%~70%，铅锌尾矿添加量 30%~55%。其还通过试验研究了利用铅锌渣生产混凝土多孔砖，铅锌渣添加量可达 80%，水泥占 20%[103]。2012 年，西班牙 Natalia Quijorna、Alberto Coz 等人[104]报道了用工业废弃物铸砂和威尔兹渣（电弧炉回收易挥发金属后产生的高铁渣，含 Pb 2.19%、Zn 5.73%）代替部分黏土生产黏土红砖，并进行了半工业规模试验，添加 20%~40%的工业废弃物，8%的木浆，加入黏土及水混合成型烧结，最高温度 850℃，显著减少了烧结过程中 CO_2 和 NO_x 的排放，降低了威尔兹渣及铸造砂中 Ba、Cr 及 Pb 化合物的可浸出性。但为满足 Mo 的浸出限制标准，必须控制威尔兹渣的添加量（质量分数）低于 30%。

3.5　铅锌冶炼渣制备碱激发胶凝材料

碱激发胶凝材料为绿色环保材料，具有潜在的应用前景。碱激发胶凝材料的研究最早可以追溯到 20 世纪 30 年代，Feret 在 1939 年首次将高炉矿渣应用于硅酸盐水泥的生产。1940 年，比利时的 Purdon 最早提出了将 NaOH 加入高炉矿渣中，使高炉矿渣中的玻璃体结构解体，从而提出"碱激发"理论。到 20 世纪 50 年代，苏联的 Glukhovsky 通过对古罗马和古埃及的建筑研究发现，这些至今还保留着的建筑物所使用的建筑材料都由水化硅铝酸钙组成，这与硅酸盐水泥的水化产物相似[105, 106]。由此，Glukhovsky 利用矿渣、碎石等工业废渣和 NaOH 研制出了一种性能良好的材料，称之为"土壤水泥"，这是早期的碱激发胶凝材料，并在之后进行了一系列的试验研究，在 1964 年开始进行工业化生产碱矿渣水泥。随后，法国的 Davidovits[107] 在 20 世纪 70 年代使用偏高岭土，并用碱化合物作为碱激发剂，在常温条件下获得的产物 28d 强度达 70~100MPa，首次提出了"Geopolymer"的概念，推动了国内外学者对碱激发胶凝材料的深入研究。

高炉矿渣是冶炼生铁时产生的一种废渣，主要成分为 CaO、SiO_2、Al_2O_3。将高炉矿渣与碱激发剂混合可以制备性能良好的碱矿渣胶凝材料。碱矿渣胶凝体的主要反应为：

(1) 玻璃体结构解体，产生 SiO_4^{4-}、AlO_4^{5-}、Ca^{2+} 等离子基团。

(2) 重新组合，$[SiO_4]^{4-}$ 单体减少，高聚物含量增多。

(3) 胶凝化，浆体里发生缩聚反应形成 C–S–H 凝胶。

(4) 硬化，得到性能良好的碱矿渣胶凝材料。

与传统硅酸盐水泥相比，碱矿渣胶凝材料具有较高的机械强度、低渗透性、耐酸侵蚀性和化学侵蚀性等优越性能，在建筑领域有望成为优良的替代材料。刘璐[108] 选用高炉矿渣为胶凝材料的原材料，研发了一种具有低密度的固井液，使一些低压易漏地层等非目的层的固封、填充作业得以顺利进行。碱矿渣胶凝材料由于使用钠水玻璃或氢氧化钠为碱激发剂，未反应的 Na^+ 将随着水分的挥发暴露在胶凝材料的表面与空气中的 CO_2 接触反应生成 Na_2CO_3 附着在胶凝材料表面，此为泛碱现象，李方淑[109] 和邓倩倩[110] 对此现象做了相应研究并提出抑制措施，促进了碱矿渣胶凝材料在工程上的应用。碱矿渣胶凝材料的力学性能受多种因素的影响，例如高炉矿渣的比表面积、碱激发剂种类、碱激发剂浓度、水玻璃模数、搅拌时间和养护机制等。Fernández-Jiménez A 等人[111] 研究发现碱矿渣胶凝材料的强度跟矿渣的比表面积有关，随着矿渣比表面积的增加，碱矿渣胶凝材料的强度表现出先增加后降低的趋势。Atis 等人[112] 通过加入不同的碱激发剂制备碱矿渣胶凝材料，对其力学强度进行测试，结果发现，采用水玻璃为激发剂时碱矿渣胶凝材料的力学强度最优，NaOH 次之，而 Na$_2$CO$_3$ 则最差。Puertas F 等人[113] 研究了搅拌时间对碱矿渣胶凝材料力学性能的影响，他们发现搅拌时间延长会使胶凝体的强度提高，这是由于搅拌越久，浆体混合得越均匀，得到的胶凝体内部结构越致密。马倩敏等人[114] 使用水玻璃激发粒化高炉矿渣，研究水玻璃的模数和浓度对碱矿渣胶凝材料水化产物的影响，结果表明，水玻璃模数增加时，水化产物中的 C-S-H 凝胶增加，C-A-S-H 凝胶相应减少，碱矿渣胶凝材料的力学性能有所提高。综上所述，多种因素均会对碱矿渣胶凝材料的力学性能产生影响。因此，对碱矿渣胶凝材料在不同因素下的表征进行分析，寻求制备碱矿渣胶凝材料的最优参数组合具有重要意义，可实现资源的最大化利用。

工业化生产在一定程度上推动了社会经济的快速前进，但同时伴随产生工业废弃物。近年来，危险废弃物给多地造成环境污染，随之引发当地居民出现一系列疾病，造成了严重的后果。碱激发胶凝材料具有较高机械强度、低渗透性、耐酸侵蚀性和耐化学侵蚀性等优越性能[115-117]，用于危险废弃物的固化可以使危险废弃物安全填埋或用于建筑行业。Huang 等人[118] 用高炉矿渣制备碱激发胶凝材料对铬渣进行了固化/稳定化处理，研究发现，当铬渣的添加量不超过 60% 时，铬渣固化体中六价铬的浸出毒性均低于规定的限制，可实现铬渣的无害化处置。He 等人[119] 用高炉矿渣作为污染土壤的固化剂，固化 90d 后发现，水化产物主要为 C-S-H 凝胶，固化体内部结构致密，有利于重金属的吸附和包裹固化，经固化后的土壤中重金属 Zn、Cd 和 Pb 含量较原始污染土壤分别下降 64.08%、66.37% 和 57.15%。赵剑[120] 先使用稳定剂对城市生活垃圾焚烧飞灰进行预处理，然后通过碱激发胶凝材料对处理过的飞灰进行固化，结果表明，当飞灰掺量不超过 40% 时，固化体的浸出浓度均能达到国家标准。毛林清[121] 在处理含铬电镀污泥时使用碱激发胶凝材料固化的方式，取得了令人满意的结果，固化体强度较高，铬浸出浓度满足《地表水环境质量标准》中 V 类水的要求，有望在建筑材料方面得到资源化利用。

碱激发胶凝材料在固化铬渣、飞灰和电镀污泥等方面都获得了很好的固化效果。此外，碱激发胶凝材料用于处理含放射性元素的危险废弃物，有良好的成效。铅锌冶炼渣作为一种危险废弃物，具备一定的胶凝活性，与高炉矿渣混合在碱激发剂的作用下能形成高强度的固化体。铅锌冶炼渣中所含的重金属通过吸附、沉淀、络合、离子交换作用和物理包裹等被稳定在胶凝材料结构中[118] 达到固化的目的。因此，从理论上讲，利用碱矿渣胶凝材料来固化铅锌冶炼渣是可行的。

毛雁鸿[122] 以铅锌冶炼渣为研究对象，利用碱矿渣胶凝材料对其进行了固化/稳定化处理，探讨了铅锌冶炼渣固化体的安全性，同时添加膨润土强化了碱矿渣胶凝材料的力学性能并提高了碱矿渣胶凝材料对铅锌冶炼渣的固化效率。通过实验室实验，研究成果如下：

（1）通过单因素实验和正交实验优化了碱矿渣胶凝材料的制备参数，实验表明，在水玻璃模数为 1.4、液固比为 0.26 和养护温度为 25℃ 的条件下制备的碱矿渣胶凝材料抗压强度可达 92.89MPa。此外，在碱矿渣胶凝材料中添加膨润土以提高其力学性能的强化实验表明，4% 的膨润土添加量可使碱矿渣胶凝材料的抗压强度提高至 94.57MPa。

（2）铅锌冶炼渣的浸出毒性实验结果表明，Pb^{2+} 的浸出浓度超过 TCLP 毒性特性溶出程序溶出标准，Zn^{2+} 和 Mn^{2+} 的浸出浓度较高（Zn^{2+} 为 368.60mg/L；Mn^{2+} 为 71.83mg/L）。用铅锌冶炼渣部分替代高炉矿渣制备固化体，随着铅锌冶炼渣（高达 70%）的增加，固化体的抗压强度降低，但仍然超过 60MPa，可满足地质填埋和建筑材料对抗压强度的要求（≥10MPa）。对铅锌冶炼渣固化体进行浸出毒性实验，结果表明，铅锌冶炼渣固化体中重金属离子的浸出浓度显著减小，并且添加了膨润土的固化体中重金属离子的浸出浓度小于未添加膨润土的固化体。重金属的形态分析结果表明，铅锌冶炼渣经固化后，重金属由相对不稳定状态（可交换态、碳酸盐结合态和铁锰氧化物结合态）向相对稳定状态（有机物和硫化物结合态和残渣态）迁移，含膨润土的固化体中迁移得更多，表明碱矿渣胶凝材料对铅锌冶炼渣的固化/稳定化效果良好。

（3）对铅锌冶炼渣固化体进行 X 射线衍射（XRD）、傅里叶变换红外光谱（FTIR）和扫描电子显微镜（SEM）分析，结果表明碱矿渣胶凝材料对铅锌冶炼渣的固化机理包括物理包封和化学固定作用。在碱矿渣胶凝材料中添加膨润土对铅锌冶炼渣固化时，膨润土与部分重金属离子发生离子交换作用使重金属更稳定，同时又有碱矿渣胶凝材料对重金属的物理包裹和化学固定作用，其双重效应提高了碱矿渣胶凝材料对铅锌冶炼渣的固化/稳定化效果。

北京科技大学张深根团队[123] 以铅冶炼烟化渣和锌冶炼挥发窑渣为原料，制备地质聚合物。通过对地质聚合物的原料配比和养护制度的优化，发现烟化渣和挥发窑渣都可与粉煤灰配合制备地质聚合物。地质聚合物能有效固化两种废渣中的重金属。烟化渣和挥发窑渣制备的地质聚合物的 7d 抗压强度分别可达 82.81MPa 和 60.39MPa。该研究在开发出铅锌冶炼渣制备微晶玻璃和地质聚合物工艺方法的基础上，进一步探究了浸毒性超标元素 Pb 和 Cd 的固化机理。其以 PbO 和 CdO 等物质模拟了冶炼渣中的重金属污染物，研究了 Pb 和 Cd 在地质聚合物中的固化形态。Pb 在地质聚合物中的固化机理与 Pb 的化学形态有关。碱性可溶含 Pb 污染物能参与地质聚合反应，通过形成 Pb—O—Si 或 Pb—O—Al 键进入地质聚合物胶凝相中。地质聚合物对这类含 Pb 污染物既能起到物理包覆的作用，又能起到化学稳定化的作用。碱性不可溶 Pb 不参与地质聚合反应，地质聚合物对该类污染物仅能起到物理包覆的作用。CdO 在碱性溶液中不发生溶解，缺乏参与形成地质聚合物的先决条件。地质聚合物对 CdO 仅能起到物理包覆的作用。

3.6 铅锌冶炼渣制备微晶玻璃

微晶玻璃，又称玻璃陶瓷，是由特定组成的基础玻璃经控温晶化热处理后，得到的多晶固体材料，是微晶体和残余玻璃组成的复相材料。对于微晶体尺寸，程金树认为粒径在 $0.1 \sim 0.5 \mu m$，而其他资料对此少有述及。因此，微晶玻璃应是以制造工艺流程和相应内部结构变化特点来区别于其他材料。此外，晶体是由玻璃基体转变形成，生长发育阻力大，粒径普遍小于其他材料，这或许也是称之为微晶的原因所在。

工业用微晶玻璃最早由美国于 1957 年发明，20 世纪 60 年代苏联成功利用高炉渣研制出矿渣微晶玻璃，此后各种冶金渣微晶玻璃研究层出不穷。按所用原料，微晶玻璃可分为技术微晶玻璃和矿渣微晶玻璃，前者一般以天然矿石为原料，后者则以各种冶金炉渣、燃料灰渣、矿渣、尾矿等固废资源为原料。

微晶玻璃在各种工业固废综合利用方面具有很大潜力，为解决环境污染和资源再生利用提供了一条有效途径。在 2010 年国家远景规划中，微晶玻璃作为国家综合利用行动的战略发展重点和环保治理重点，被称为跨世纪的综合材料。协同利用各种工业废渣，将钢渣制备成微晶玻璃或陶瓷等材料，具有如下优势：

（1）保护环境，一方面代替天然矿石原料，减少资源开采和生态破坏，另一方面变废为宝，消除废渣对环境和人类的不良影响。

（2）价格便宜，工业废渣基本可免费替代部分工业原料，属环保项目，可享受国家减免税收待遇，而且就近应用还可节省运费。

（3）冶金渣微晶玻璃本身污染小，还可固化废渣中可溶性重金属有毒离子，放射性一般也低于天然石材。

（4）微晶玻璃具有许多优良性能，如耐磨性高、硬度高、耐腐蚀、机械强度高等优点，可广泛应用于建材、管道、化工、机械等领域。

（5）及时利用熔渣余热，减少能源浪费，将熔渣直接产品化处理，可减少传统处理流程和降低社会总资源投入量，实现源头化生产。

3.6.1 微晶玻璃制备工艺

微晶玻璃种类繁多，生产工艺多样化，归纳起来主要有熔铸法、烧结法和溶胶-凝胶法三大类。

（1）熔铸法。熔铸法或称整体析晶法，其工艺过程为：在原料中加入一定量晶核剂，于 1400 ~ 1600℃ 熔化均匀后，将玻璃液倒出成型，经不同温度下退火、核化、晶化和再退火热处理后，获得晶粒细小且结构均匀的微晶玻璃制品。

（2）烧结法。其基本工艺为：将混合均匀的配合料于1400~1600℃熔化均匀后，将合格玻璃液倒入冷却水中，水淬成一定颗粒大小的基础玻璃料，经破碎、粉磨、分级后，压制成型并进行烧结核化和晶化热处理，其温度视基础玻璃材料性质而定。

（3）溶胶-凝胶法。这是低温合成材料的一种新工艺，其原理是将金属有机物或无机化合物作为先驱体，经水解形成凝胶，再在较低温度下烧结热处理，得到微晶玻璃材料。

冶金渣微晶玻璃主要制备工艺流程（烧结法和熔铸法）不同于玻璃和陶瓷生产工艺，如图3-1所示。类似于玻璃生产工艺，微晶玻璃需先熔制成均质玻璃液。此后，在熔铸法中，玻璃经过热成型后再经退火晶化等热处理后，可获得结构致密、质地坚硬、孔隙率小的微晶玻璃材料。该法最大特点是可以沿用任何一种玻璃成型工艺，适合于自动化操作和制备形状复杂的制品。

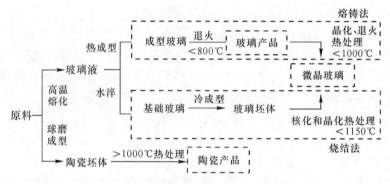

图3-1 玻璃、陶瓷和微晶玻璃制备工艺流程

在烧结法中，玻璃颗粒经冷压成型后，再经高温烧结和晶化热处理工序后可制得微晶玻璃材料。该法类似于陶瓷生产工艺，适合于熔制温度高和难于形成玻璃的微晶玻璃制备。因为烧结法中玻璃颗粒细小，比表面积大，比熔铸法制得的玻璃更易于发生析晶，所以可不加或少加晶核剂，并可获得与天然大理石和花岗岩十分相似的花纹，装饰效果好，但残留气孔多，成品率较低。

3.6.2 铅锌冶炼渣制备微晶玻璃的实例

郭艳平等人[124]以铅锌尾矿和CRT玻璃固体废弃物为主要原料，采用烧结法制备微晶玻璃材料。为确定基础玻璃的成分，尾矿、CRT玻璃及各化工原料的用料比例，设计了正交实验；研究了CaO、Al_2O_3、MgO等氧化物添加量对微晶玻璃结构及性能的影响规律。通过差热分析（DTA）、X射线衍射（XRD）、扫描电镜（SEM）等分析方法，考察了微晶玻璃产品的晶相、晶体形貌特征及性能。

结果表明，利用铅锌尾矿、CRT 玻璃废弃物制备微晶玻璃的最佳配方为：尾矿 20%、CRT 玻璃 30%、添加辅料石英砂 29.7%、方解石 25%、Al_2O_3 12%、晶核剂 TiO_2 1%。由 SEM 和 XRD 分析可知，微晶玻璃的主晶相为透辉石；打磨抛光处理后，平均显微硬度为 8.76GPa，平均抗折强度为 223.1MPa；经酸、碱浸蚀后，质量变化分别为 0.43% 和 0.58%，耐酸碱腐蚀性良好。

钟高辉等人[125] 以韶关乐昌铅锌矿尾矿为主要原料，采用烧结法制得 CaO-Al_2O_3-SiO_2 系尾矿微晶玻璃，通过对差热曲线、X 射线衍射、扫描电镜、密度和抗压强度的表征，研究了不同 CaO 与 SiO_2 质量比对微晶玻璃结构和性能的影响。结果表明，在一定范围内，随着 CaO 与 SiO_2 质量比的增加，基础玻璃的晶化温度逐渐降低，有利于晶化，主晶相为透辉石，微晶玻璃的密度增大，抗压强度增强；而当 CaO 与 SiO_2 质量比超过 0.3，基础玻璃的晶化温度范围逐渐变窄，不利于晶化过程的控制，而且晶粒尺寸逐渐增大，微晶玻璃的密度和抗压强度降低。该研究团队[126] 还以铅锌尾矿和 CRT 玻璃固体废弃物为主要原料，采用烧结法制备尾矿微晶玻璃，考察了不同热处理制度对铅锌尾矿制备微晶玻璃的影响。熔化阶段，通过观察混合料在两种升温熔化方式下的熔化现象和熔化效果，确定混合料需在 1200℃ 左右保温 1h，以排除 SO_2、CO_2 等气体，升温至 1500℃ 左右，原料完全熔化；晶化阶段，根据差热曲线，以晶化温度和晶化时间为影响因素，设计热处理正交实验，通过试样的表观形貌、抗压强度、结合极差分析，确定晶化温度对尾矿微晶玻璃硬度的影响要明显大于晶化时间。根据 XRD 测试和曲线图可知，不同热处理制度下制备的尾矿微晶玻璃，主晶相均为透辉石，但结晶程度有所不同，因此强度存在差异，合适的热处理制度为：晶化温度 1080℃，晶化时间 1.5h，制得的尾矿微晶玻璃性能优良，试样平均抗压强度为 218.7MPa，吸水率在 0.05% 以下。

李克庆等人[127] 利用正交实验设计方法，进行了利用冶炼渣回收铁及生产微晶玻璃建材制品的实验室研究，探讨了不同原料配比时渣铁分离的效果，通过光学显微镜、X 射线衍射分析、物理化学性能测试等手段确定了微晶玻璃试样的物相组成及性能特征，提出了可供工业实验的原料配比及工艺制度。

北京科技大学张深根团队[123] 以铅冶炼烟化渣和锌冶炼挥发窑渣为原料，制备微晶玻璃。通过对微晶玻璃的成分配方和热处理制度的优化，发现铅锌冶炼渣适合制备普通辉石微晶玻璃。适宜的热处理制度为一步法热处理，850℃ 条件下保温 2h。烟化渣制备微晶玻璃的配方为（质量分数）：烟化渣 46%、粉煤灰 46%、不锈钢渣 8%。优化后的烟化渣微晶玻璃的抗弯强度、耐酸度和耐碱度分别为 146.26MPa、≥99% 和 ≥99%，均高于《工业用微晶板材》（JC/T 2097—2011）规定的抗弯强度不小于 70MPa、耐酸度不小于 96% 和耐碱度不小于 98% 的要求。该微晶玻璃的 Pb 和 Cd 的浸出浓度分别为 1.342mg/L 和 0.021mg/L，均低于 TCLP（Toxicity Characteristic Leaching Procedure）浸出毒性标准规定的 Pb 不大于 5mg/L，Cd 不大于 1mg/L 的要求。挥发窑渣制备微晶玻璃的配方为（质量分数）：挥发窑渣 36%、粉煤灰 52%、不锈钢渣 12%。该微晶玻璃的抗弯强度、耐酸度和耐碱度分别为 128.31MPa、≥99% 和 ≥99%，Pb 和 Cd 的浸出浓度分别为 1.087mg/L 和 0.032mg/L，各项指标同样能达到上述标准的要求。以 PbO 和 CdO 等物质模拟冶炼渣中的重金属污染物，研究了 Pb 和 Cd 在微晶玻璃中的固化形态。微晶玻璃中 Pb 的可固化量约为 2%，当微晶玻璃中的 Pb 含量低于该值时，Pb 在微晶玻璃固化体中同时进入残余玻璃相和普通辉石微晶相。Pb 通过替代价态相同、半径接近的 Ca，进入普通辉石微晶相中，形成置换型固溶体。Cd 在残余玻璃相中的溶解度可能较低。微晶玻璃中 Cd 的可固化量约为 1%，当微晶玻璃中的 Cd 含量低于该值时，大部分 Cd 同样通过替代价态相同、半径接近的 Ca，进入微晶相中，形成置换型固溶体。

3.7 铅锌冶炼渣制备充填材料

矿山开采过程中产生的大量采空区，选矿后遗留的尾矿、矿山废石以及冶炼过程中产生的冶炼渣、收集的粉尘和污泥等，严重破坏了矿区的生态平衡。这些矿区固体废弃物的堆存不仅降低了土地资源的有效利用，而且伴随其中金属和非金属的流失，周围土壤、水系和大气环境都会被严重污染[128, 129]。最近 20 年来，充填技术作为摆脱矿山危机行之有效的途径得到了快速发展。人们越来越关注充填技术和充填工艺技术的应用。

充填工艺按照充填物料是否含水，分为干式充填和非干式充填。

3.7.1 干式充填

将相对干燥的充填物料充入采空区的充填方法称为干式充填。20 世纪 50 年代以前国外普遍采用此法，如澳大利亚的塔司马尼亚蒙特莱尔矿采用将废石充入采空区的干式充填法，加拿大诺兰达公司霍恩矿采用将粒状炉渣加磁铁矿混合进行采空区充填的干式充填技术。

同样，国内早期也采用这种方法，将废石等作为充填介质进行干式充填。这种方法具有作业安全性高、贫化率低、矿石回收率高以及能适应矿体产状的复杂变化等优点。从 20 世纪 60 年代开始，干式充填采矿法在我国铀矿开采中广泛应用。此外，非煤矿山，如金、银、锡、锰、石棉矿等的开采也采用干式充填方法进行采空区填充。

目前，煤矸石作为主要的填充物用来进行煤矿采空区充填，即利用煤矿开采时产生的煤矸石进行填充。如果煤矸石块体较小，可直接充填到采空区；如果矸石粒径较大，可将现有的煤矸石山升井经过破碎处理后再运送到井下填充采空区。这样不但解决了煤矸石占地问题，保护了环境，消除"掘"带来的煤矸石处理问题，缓解了矿井辅助提升压力，而且对降低开采区工作管理难度、减小采矿工作区顶板下沉量、提升回采作业的安全性意义重大，基本实现了矿石开采的"采、处"结合。最近几年，该技术在我国煤矿开采技术研究中也发展迅速[130]，如中国矿业大学缪协兴教授等人对煤矸石与煤进行置换的技术获得 2008 年国家科学技术进步奖二等奖。

3.7.2 非干式充填

除干式充填之外，以其他介质（包括水砂充填和胶结充填等）进行充填的工艺都称为非干式充填。其中，水砂充填是非干式充填的主要方法，同时有一部分矿井尝试使用电厂粉煤灰或者是煤矸石风力充填。水砂充填技术在 20 世纪 50 年代左右被加拿大、澳大利亚等国使用。波兰采用的水砂充填方法可采出 80% 的建筑物下压煤。非干式充填法具有诸多优势，如砂浆制备操作简单、较少的制备环节和相对固定的设备、简洁的自溜管道输送技术、高压水作用下可一次成浆等，这些都是干式充填所不具备的特点。同时，采用非干式充填制得的接顶质量好、脱水快、强度大，不需胶结即能具有很强的承载能力和稳固性。

20 世纪初期我国首次使用水砂充填技术是在辽宁省抚顺煤矿；1960 年开始，金属矿山开采引入了水砂充填技术；20 世纪 70 年代，尾砂水力充填工艺成功应用到实际生产中；20 世纪 80 年代以后，按照粒径分级的尾砂充填工艺与技术得到了更加广泛的应用，该项工艺技术应用在数十座有色金属、黑色金属和黄金矿山开采中。然而水砂充填工艺较为复杂，如需构筑混凝土隔墙、铺设混凝土底板、砌筑溜矿井和人行滤水井等，同时存在渗出泥水污染附近水源、排水成本高等问题，使其应用存在较大的局限性。

胶结充填技术的应用开始于 20 世纪六七十年代。之后，由于非胶结充填体使用受限，如使用非胶结材料采矿的回采率低、贫化率高，胶结填充技术不断发展，胶结充填法是指将水泥等胶凝类材料作为黏结剂，以砂石（如河砂、碎石、戈壁集料或者尾砂等）作为骨料支撑，经过充分拌合形成浆体，以重力自流或管道泵机械压力输送到采空区，从而对围岩起到支撑作用。与水砂充填工艺相比，胶结充填的优势在于节省了大量的木材，具体体现在去除了充填料与矿柱之间的木质隔板，省去充填料表面的木质底板。而且胶结充填法可以大幅度提高开采强度与劳动生产率。胶结充填体具有充填量大、硬化后强度大、不收缩、充填速度快、工艺简单等优点，有利于改善地压和预防地表塌陷，同时降低矿石耗损和贫化率。

现阶段胶结材料的成分越来越复杂多样，胶结充填发展急速，从目前的研究工作分析，胶结材料可以细分为以下五种：

（1）尾砂胶结充填。从20世纪六七十年代开始，我国尾砂胶结充填技术起步，当时所用的填充体与建筑用的混凝土要求基本相同，将混凝土作为胶结充填材料直接输送到采空区，这种填充材料的骨料颗粒粗大，导致胶结充填输送工艺复杂，因此没有获得广泛的应用。到了20世纪七八十年代的时候，细砂胶结充填工艺开始受到重视，并且得到广泛使用。细砂胶结充填以水泥凝固料作为黏结剂，以棒磨砂、天然砂和尾砂等材料作为黏结骨料，两相搅拌均匀后输送到采场。由于输运过程中采用了两相流管，因此细砂胶结充填便于管道输送。

虽然尾砂胶结充填解决了填充料管道输送的问题，但是仍然具有以下问题：胶结材料的黏结剂为成本较高水泥，大大降低了这种填充技术的经济实用价值；填充料的浓度需要满足一定要求才能使用两相流管道进行输送，因此普通的尾砂胶结充填质量浓度一般低于70%，这就导致填充料充填至采场后需要采用排水设施排除大量水分，在增加整体充填费用的同时还造成了井下环境污染。

（2）块石胶结充填。块石胶结充填是利用自然界块石或矿井开采剩余废石或粗骨料与胶结料浆混合制备充填骨料，充填到采场或采空区后起到控制矿山地压、防止地表塌陷的作用。这种方法巧妙地结合了水泥砂浆充填和干式充填的优点，不仅能够有效利用井下废石，而且充填工艺简单、充填能力大、水泥用量低、充填体强度高。

在澳大利亚伊特艾萨矿成功应用了块石胶结充填以后，块石胶结充填在许多国家得到了全面的发展和应用。块石胶结充填的块石粒径大多数情况下控制在150mm以下。块石胶结充填工艺与尾砂胶结充填工艺相比，大约只需要后者40%的水泥，因此成本降低将近一半，而胶结材料硬化后的抗压强度却能够提高1~2倍[131]。通过合理设计输送线路，将块石与砂浆分两个管道输送，不仅充分利用了砂浆的穿透性进行固结块石，而且不需要进行搅拌，在极大提高充填效率的同时，降低工人劳动强度，同时也进一步节约成本。块石胶结充填当前存在的问题主要是缺乏较好的监测方式及仪器设备，缺乏综合测试和评价手段对块石胶结充填体的强度、稳定性等进行有效监控。

（3）全尾砂胶结充填。20世纪70年代以来，人们开始寻求全尾砂高浓度的充填工艺，来实现尾砂的高利用率和增大充填浓度。20世纪80年代以来，南非在西德瑞方登金矿进行实验，研究了全尾砂胶结充填工艺。在井下，全尾砂失水后的砂浆质量浓度达到70%~78%，甚至更高。全尾砂胶结充填工艺是直接将矿区的尾砂浆，通过高效浓密机和真空过滤机进行真空脱水处理，然后将全粒级尾砂混合适量的水泥和水配置成高浓度的均质胶结充填料，利用振动放矿装置和强力机械搅拌装置进行搅拌，通过管路输送充入采场。整个过程利用计算机处理系统自动检测尾砂流量、水泥流量、加水量和混合料的质量浓度等参数。

20世纪80年代末，我国在广东凡口铅锌矿和金川有色金属公司开始进行全尾砂胶结充填的实验研究。这一阶段主要研究充填料与围岩的相互作用、充填体的稳定性和矿山充填胶凝材料、充填料的性质及其对充填体性能的影响等，陆续出现了一系列的胶结充填材料，如以脱硫石膏、粉煤灰、高水速凝材料、黏土、赤泥、高炉水淬渣等[132]，极大地促进了胶结充填材料的发展。全尾砂胶结充填技术有效解决了矿山充填料不足的问题，也大幅度避免、减轻了环境污染。但是该工艺还有一定的局限性，原因是受胶结材料的性能等的影响，尤其是高浓度全尾砂工艺中尾砂的脱水问题的影响，生产工艺较复杂，成本高。

（4）膏体、似膏体泵送充填。膏体充填技术是一种以高浓度尾矿充填工艺为基础的充填工艺。该技术主要在一些矿业发达的国家大量应用，投入了大量的人力、物力。1978年，联邦德国Preussage金属公司格隆德铅锌矿第一次尝试膏体充填技术的实验。6年间该矿在建设和系统实验中摸索出泵送充填新工艺，并在全球范围内推广使用。膏体充填工艺是技术含量较高的工艺之一，综合运用了现代工业的多项高新技术。充填工艺可以充分利用全尾矿充填材料进行采场充填，不需要降水，减少地下水污染，进一步降低排水成本。膏体充填工艺具有系统构建相对复杂、输送物料浓度较高、充填管道易堵塞、泵送设备要求功率大等缺点。为了解决这些问题，对于料浆的流体力学性能（如流动性能、临界流速等）及各种因素（包括温度、时间、化学因素等）对膏体料浆的流变性能、强度等的影响等问题的研究占了膏体充填领域的大部分。

（5）高水速凝充填。高水速凝充填工艺利用高水材料具有较好的固水能力实现了高水胶结充填。该工艺以高水材料作胶结材料，使用全尾砂作为充填骨料，按照一定的比例加水混合，形成充填料浆。该工艺可将87%~90%水凝结起来，具有充填料浆凝固快、早期强度高、充填和采场回采周期短以及采场生产效率高等优点。根据工艺设备和现场技术情况，充填料浆浓度可在30%~70%之间变化，充填料浆充填到采场后浆体在不脱水的前提下凝结成固体，没有环境污染[133]。但是高水速凝充填技术还存在很多不足的地方，比如：混合工艺与充填料的输送工艺复杂，容易造成输送管路堵塞等问题，影响凝结；在干燥条件下充填体易失水粉化；原材料来源紧缺，充填成本较高。

张丹[134]利用广东凡口铅锌尾矿和铅锌冶金渣研究制备新型的矿山采空区充填材料，分析研究其胶凝和水化性能、胶凝强度获得机理、重金属Pb^{2+}的溶出行为和充填材料的固定Pb^{2+}能力，研究成果如下：

（1）研究了广东凡口铅锌尾矿和铅锌冶金渣物相特征。铅锌尾砂的主要物相组成为石英和高岭石。石英含量相对较高，主要化学成分为SiO_2、Al_2O_3。铅锌冶金渣中金属元素及其氧化物主要有FeO、CaO、Al_2O_3、MgO，非金属元素及其氧化物主要为SiO_2，主要物相组成包含α-石英、方铁矿、钙铝氧化物的水合物，有潜在的水硬性胶凝特性的物相。

（2）研究了机械激发和化学激发对铅锌尾矿和铅锌冶金渣胶凝性能的影响，发现单靠机械激发难以满足材料强度性能的要求，需要进行化学激发。据此发现，进而研究了四种碱激发剂，并从中优选出硅酸钠。随着硅酸钠添加量的增多，材料的前期抗折强度和抗压强度逐渐变大，但是后期的抗折强度和抗压强度逐渐减小。采用质量比为 5:6 的石膏和硅酸钠复合激发剂，可有效提高材料的胶凝强度，早期抗折强度和抗压强度达到 2.37MPa 和 11.04MPa，后期的抗折强度和抗压强度达到 5.52MPa 和 32.68MPa。

（3）探讨了基于尾矿和铅锌冶金渣为主要原料制备充填材料的胶凝和水化过程。水泥熟料水化生成 $Ca(OH)_2$，冶金渣和尾矿表面形成一层水膜，所生成的 $Ca(OH)_2$ 在尾矿和冶金渣表面上结晶发育，形成碱性薄膜溶液。矿渣表面由于碱性溶液的激发逐渐开始发生反应，生成部分 C-S-H 凝胶和钙矾石，随着龄期延长，碱性薄膜在尾矿和冶金渣表面继续存在并透过水化物间隙进一步激发直至矿渣中活性矿物成分水化完全。

（4）研究了铅锌尾矿和铅锌冶金渣胶凝材料中重金属 Pb^{2+} 的溶出行为。在相同的 pH 值条件下，复合胶凝材料对 Pb^{2+} 的固定能力最强，铅锌尾矿其次，冶炼矿渣对 Pb^{2+} 的固定能力相对较差。随着 pH 值的升高，铅锌尾矿、冶金渣及尾矿冶金渣复合充填胶凝材料中单位质量 Pb^{2+} 的溶出量减小。在较宽的 pH 值范围内（$pH \geqslant 7$）保持较低的 Pb^{2+} 溶出量（约 0.90mg/g），可以使充填材料中 Pb^{2+} 的溶出得到控制，从而控制 Pb^{2+} 溶出可能对自然地下水产生的影响，同时通过分析得到其固定 Pb^{2+} 的机理为硅酸根离子对 Pb^{2+} 的络合作用。

用矿山采空区铅锌尾矿和冶金渣固体废弃物制备充填材料，对尾矿和冶金渣的高效综合利用和保护环境具有重要意义和应用价值。凡口铅锌尾矿中高达 50% 的尾矿用来回填采空区，大大减轻了企业后续处置尾矿的压力。焦家金矿用尾矿来填充采空区，是通过高水材料固定尾矿的方法实现的，尾矿添加比例最高达到 50% 以上。上述成功的实例都表明，回填采空区大大减少了尾矿的堆积量，同时也减轻了尾矿对环境带来的影响[135]。

参 考 文 献

[1] 张孟磊. 富铅渣的资源化及无害化处理工艺研究 [D]. 南宁：广西大学，2016.

[2] Kuppayee M, Nachiyar G K V, Ramasamy V. Synthesis and characterization of Cu^{2+} doped ZnS nanoparticles using TOPO and SHMP as capping agents [J]. Applied Surface Science, 2011, 257 (15): 6779-6786.

[3] 汪莉. 重金属废渣硫固定稳定化研究 [D]. 长沙：中南大学，2009.

[4] Lewis A E. ChemInform abstract: Review of metal sulfide precipitation [J]. Cheminform, 2012, 43 (35).

[5] 陈才丽, 张进, 成应向, 等. 骨炭和硫化钠联用修复镉-锌污染土壤 [J]. 环境工程学报, 2015, 9 (8): 4069-4074.

[6] 吴少林, 钟玉凤, 黄芃, 等. 锌渣的固化处理及浸出毒性试验研究 [J]. 南昌航空大学学报 (自然科学版), 2007 (2): 67-71.

[7] Lin S L, Cross W H, Chian E S K, et al. Stabilization and solidification of lead in contaminated soils [J]. Journal of Hazardous Materials, 1996, 48 (1-3): 95-110.

[8] 许贤敏, 张旻晟. 硫黄混凝土的发展动态 [J]. 工程设计与建设, 2003 (4): 41-45.

[9] Alkemade M M C, Koene J I A. The useful application of sulphur-bound waste materials [J]. Waste Management, 1996, 16 (1): 185-188.

[10] Lin S. Effectiveness of sulfur for solidification/stabilization of metal contaminated wastes [D]. Georgia: Georgia Institute of Technology, 1995.

[11] Colombo P, Kalb P D, Heiser J H. Process for the encapsulation and stabilization of radioactive, hazardous and mixed wastes [Z]. US: 1997.

[12] Kale P D, Heiser J H, Colombo P. Modified sulfur cement encapsulation of mixed waste contaminated incinerator fly ash [J]. Waste Management, 1991, 11 (3): 147-153.

[13] 胡文宾, 高淑美, 郝国阳, 等. 硫黄的几种专门应用 [J]. 精细石油化工, 2000 (5): 23-25.

[14] 杨少辉. 铅锌冶炼污酸体系渣硫固定/稳定化研究 [D]. 长沙: 中南大学, 2011.

[15] 李悦, Sung Lee Jae. 硫黄橡胶混凝土的研究 [J]. 建筑材料学报, 2005 (4): 368-372.

[16] Sawada K, Matsuda H, Mizutani M. Immobilizatoin of lead compunds in fly ash by mixing with asphalt, sulfur and sodium hydroxide [J]. Journal of Chemical Engineering of Japan, 2001, 34 (7): 878-883.

[17] Kayo, Sawada, Dalibor, et al. Heavy metal sulfuration with sulfur and sodium hydroxide for fly ash immobilization [J]. Journal of Chemical Engineering of Japan, 2005, 38: 385-389.

[18] Lin S L, Lai J S, Chian E S K. Modifications of sulfur polymer cement (SPC) stabilization and solidification (S/S) process [J]. Waste Management, 1995, 15 (5-6): 441-447.

[19] Fuhrmann M, Melamed D, Kalb P D, et al. Sulfur polymer solidification/stabilization of elemental mercury waste [J]. Waste Management, 2002, 22 (3): 327-333.

[20] 贾悦, 王震, 夏苏湘, 等. 上海市生活垃圾重金属来源分析及污染风险评价 [J]. 环境卫生工程, 2015, 23 (4): 31-34.

[21] 郑奎, 李林. 我国铅锌矿区的重金属污染现状及治理 [J]. 安徽农业科学, 2009, 37 (30): 14837-14838.

[22] 章骅, 何品晶, 邵立明. 生活垃圾重金属污染源特征: 第五届全国环境化学大会 [C]. 辽宁大连, 2009.

[23] 刘敬勇, 孙水裕, 许燕滨, 等. 广州城市污泥中重金属的存在特征及其农用生态风险评价 [J]. 环境科学学报, 2009, 29 (12): 2545-2556.

[24] 姚金玲, 王海燕, 于云江, 等. 城市污水处理厂污泥重金属污染状况及特征 [J]. 环境科学研究, 2010, 23 (6): 696-702.

[25] 赖才书, 胡显智, 字富庭. 我国矿山尾矿资源综合利用现状及对策 [J]. 矿产综合利用,

2011 (4): 11-14.

[26] 范继涛, 贾文龙, 陈甲斌. 关于尾矿利用现状的思考 [J]. 中国矿业, 2009, 18 (5): 13-15.

[27] 富丽. 我国水泥窑协同处置废弃物现状分析与展望 [J]. 居业, 2012 (4): 68-70.

[28] 张鑫. 安徽铜陵矿区重金属元素释放迁移地球化学特征及其环境效应研究 [D]. 合肥: 合肥工业大学, 2005.

[29] 卓莉. 铅锌尾矿对环境的污染行为研究 [D]. 成都: 成都理工大学, 2005.

[30] Khvatov U A, Armashova Z P, Maly V M, et al. The utilization of the tailings from wet magnetic separation at the krivoy rog gok [J]. Magnetic and Electrical Separation, 1995, 6 (3): 179-184.

[31] 杨元根, 刘丛强, 张国平, 等. 铅锌矿山开发导致的重金属在环境介质中的积累 [J]. 矿物岩石地球化学通报, 2003 (4): 305-309.

[32] 徐晓春, 王军, 李援, 等. 安徽铜陵林冲尾矿库重金属元素分布与迁移及其环境影响 [J]. 岩石矿物学杂志, 2003 (4): 433-436.

[33] 刘奇, 徐颖. 城市污泥处理利用现状研究 [J]. 贵州化工, 2010, 35 (1): 42-44.

[34] 国家环境保护部. 水泥窑协同处置固体废物环境保护技术规范: HJ 662—2013 [S]. 中国环境科学出版社, 2013.

[35] 孔祥忠, 陈柏林. 2015 年水泥行业形势分析及应对措施建议 [J]. 中国水泥, 2015 (8): 20-23.

[36] Trezza M A, Scian A N. Waste with chrome in the Portland cement clinker production [J]. Journal of Hazardous Materials, 2007, 147 (1-2): 188-196.

[37] Kolovos K G. Waste ammunition as secondary mineralizing raw material in Portland cement production [J]. Cement & Concrete Composites, 2006, 28 (2): 133-143.

[38] Cura J J, Bridges T S, Mcardle M E. Comparative risk assessment methods and their applicability to dredged material management decision-making [J]. Human and Ecological Risk Assessment: An International Journal, 2004, 10 (3): 485-503.

[39] 施惠生. 城市垃圾焚烧飞灰处理技术及其在水泥生产中资源化利用 [J]. 水泥, 2007 (10): 1-4.

[40] 乔龄山. 水泥厂利用废弃物的有关问题 (一) ——国外有关法规及研究成果 [J]. 水泥, 2002 (10): 1-5.

[41] 乔龄山. 水泥厂利用废弃物的有关问题 (二) ——微量元素在水泥回转窑中的状态特性 [J]. 水泥, 2002 (12): 1-8.

[42] Shih P H, Chang J E, Lu H C, et al. Reuse of heavy metal-containing sludges in cement production [J]. Cement & Concrete Research, 2005, 35 (11): 2110-2115.

[43] 苏达根, 林少敏. 水泥窑铅镉等重金属的污染及防治 [J]. 硅酸盐学报, 2007 (5): 558-562.

[44] 杨力远, 许艳丽, 马军涛, 等. 污泥配料煅烧水泥对重金属固化行为影响 [J]. 硅酸盐通报, 2008 (5): 1023-1027.

[45] 崔素萍, 兰明章, 张江, 等. 废弃物中重金属元素在水泥熟料形成过程中的作用及其固

化机理 [J].硅酸盐学报, 2004 (10): 1264-1270.

[46] 崔敬轩, 闫大海, 李丽, 等. 水泥窑协同处置危险废物过程中铅-镉的挥发动力学研究 [J].环境科学学报, 2014, 34 (10): 2599-2607.

[47] 陈懿懿. 煅烧水泥熟料过程中 Hg, Pb, Cd 的逸放及其污染防治的研究 [D].广州: 华南理工大学, 2005.

[48] Murat M, Sorrention F. Effect of large additions of Cd, Pb, Cr, Zn, to cement raw meal on the composition and the properties of the clinker and the cement [J].Cement and Concrete Research, 1996, 26 (3): 377-385.

[49] 童大懋, 余其俊, 王善拔. 水泥熟料中铬离子的 XPS 和 ESR 研究 [J].硅酸盐学报, 1988 (4): 370-375.

[50] 曹晓非, 徐觉慧, 李和平, 等. 生态水泥中 SiO_2 掺量对焚烧飞灰中重金属固溶特性的影响 [J].材料导报, 2014, 28 (14): 127-129.

[51] Gineys N, Aouad G, Sorrention F, et al. Incorporation of trace elements in Portland cement clinker: Thresholds limits for Cu, Ni, Sn or Zn [J].Cement & Concrete Research, 2011, 41: 1177-1184.

[52] 张江. 水泥熟料固化危险工业废弃物中重金属元素的研究 [D].北京: 北京工业大学, 2004.

[53] Andrade F R D, Maringolo V, Kihara Y. Incorporation of V, Zn and Pb into the crystalline phases of Portland clinker [J].Cement & Concrete Research, 2003, 33 (1): 63-71.

[54] Yang Y, Xue J, Huang Q. Studies on the solidification mechanisms of Ni and Cd in cement clinker during cement kiln co-processing of hazardous wastes [J].Construction & Building Materials, 2014, 57 (4): 138-143.

[55] 姜雪丽. 水泥熟料矿物中 Cr、Cd、Pb 等有害组分的化学形态及其在水化过程中的迁移转化研究 [D].广州: 华南理工大学, 2011.

[56] 周喜艳. 利用铅锌尾矿作掺料制备水泥研究 [D].长沙: 中南大学, 2013.

[57] 党君灏, 周国新. 铅锌尾矿作矿化剂生产 P·O 525 水泥 [J].建材技术与应用, 2002 (5): 33-34.

[58] 李文亮, 王晓康, 孙章立. 用冶炼铅锌废渣作铁质原料生产水泥 [J].河南建材, 2004 (1): 15-16.

[59] 林伟. 铅锌尾矿渣代替铁粉在立窑生产上的应用 [J].水泥, 2003 (11): 28-29.

[60] 刘永刚. 利用铅渣和磷渣配料提高熟料质量 [J].四川水泥, 2001 (3): 23-25.

[61] 唐声飞, 李伟雄, 郭文定. 用煤矸石、铅锌渣作主要原料生产水泥熟料 [J].四川水泥, 2002 (4): 17-18.

[62] 钟亮明, 叶雪忠. 用铅锌尾矿和萤石作复合矿化剂提高立窑水泥产质量 [J].广东建材, 1999 (7): 3-5.

[63] 傅圣勇, 俞寿苗, 袁小琴, 等. 拓开铜铅锌尾矿在水泥制造中的全面应用 (一) [J].四川水泥, 2007 (2): 5-7.

[64] 傅圣勇, 俞寿苗, 袁小琴, 等. 拓开铜铅锌尾矿在水泥制造中的全面应用 (二) [J].四川水泥, 2007 (3): 5-8.

[65] 吴振清, 周进军, 唐声飞, 等. 利用铅锌尾矿代替黏土和铁粉配料生产水泥熟料的研究 [J]. 新世纪水泥导报, 2006 (3): 31-32.

[66] 朱建平, 宫晨琛, 兰祥辉, 等. 用铅锌尾矿和页岩制备高 C_3S 硅酸盐水泥熟料的研究 [J]. 硅酸盐通报, 2006 (5): 10-16.

[67] 傅圣勇, 秦至刚, 袁小琴, 等. 铜铅锌尾矿作混合材试验 [J]. 四川水泥, 2006 (4): 5-7.

[68] 王宏伟, 左玉明, 柴新新. 尾矿资源回收与利用 [J]. 黄金, 2006 (4): 48-51.

[69] 卢红. 国内铅锌尾矿回收为建筑材料应用概况 [J]. 福建建材, 2013 (9): 19-20.

[70] 权胜民. 利用铅锌尾矿与晶种作复合矿化剂烧制硅酸盐水泥熟料的试验研究 [J]. 云南建材, 1999 (3): 3-5.

[71] 朱建平, 李东旭, 邢锋. 铅锌尾矿对硅酸盐水泥熟料矿物结构与力学性能的影响 [J]. 硅酸盐学报, 2008 (S1): 180-184.

[72] 宣庆庆, 李东旭, 罗治敏. 铅锌尾矿用于中热水泥的制备 [J]. 材料科学与工程学报, 2009 (2): 266-270.

[73] 张平. 铅锌尾矿作矿化剂对水泥凝结时间的影响 [J]. 水泥, 1996 (2): 1-7.

[74] 林细光. 铜铅锌尾矿应用于水泥原料的试验研究 [D]. 杭州: 浙江大学, 2006.

[75] 杨延宗, 张仁荣. 用铅锌渣烧制水泥熟料的实践 [J]. 水泥, 2005 (4): 22-23.

[76] 何小芳, 张义顺, 廖建国. 利用锌渣配料生产硅酸盐水泥 [J]. 西部探矿工程, 2005 (1): 147-148.

[77] 吴清仁, 张拥军, 赖洪光. 冶炼锌铅湿废渣在水泥熟料烧成中的应用 [J]. 水泥, 2000 (10): 16-17.

[78] 林博. 利用铅锌渣配料生产普通水泥 [J]. 水泥工程, 2000 (5): 30-31.

[79] 周端倪. 冶炼铅渣在水泥工业的应用 [J]. 广西冶金, 1992 (2): 46-50.

[80] 肖忠明, 王昕, 霍春明, 等. 焦作铅锌渣用做混合材料对水泥性能的影响 [J]. 广东建材, 2009 (10): 22-25.

[81] 茹晓红. 矿渣磷尾矿免烧砖的开发研究 [D]. 武汉: 武汉理工大学, 2010.

[82] 高春梅, 邹继兴. 镁质矽卡岩型铁矿尾矿免烧砖 [J]. 河北理工学院学报, 2003 (4): 1-7.

[83] 张婷婷. 鄂西赤铁矿尾矿制备免烧砖工艺及机理研究 [D]. 武汉: 武汉理工大学, 2010.

[84] 贾清梅. 利用唐山地区铁尾矿制作尾矿砖的研究 [D]. 唐山: 河北理工学院, 2004.

[85] 闫振甲, 何艳君. 免烧砖生产实用技术 [M]. 北京: 化学工业出版社, 2009.

[86] 邹惟前, 邹菁. 利用固体废物生产新型建筑材料 [M]. 北京: 化学工业出版社, 2004.

[87] 王梅. 赤泥粉煤灰免烧砖的研制 [D]. 武汉: 华中科技大学, 2005.

[88] 牛福生, 吴海军, 吴根, 等. 铁尾矿地砖的制备及其机理分析 [J]. 再生资源研究, 2007 (4): 41-44.

[89] 黄世伟, 李妍妍, 程麟, 等. 用梅山铁尾矿制备免烧免蒸砖 [J]. 金属矿山, 2007 (4): 81-84.

[90] 刘凤春, 刘家弟, 傅海霞. 铁矿尾矿双免砖的研制 [J]. 矿业快报, 2007 (3): 33-35.

[91] 何廷树，王盘龙，陈向军，等．铁尾矿干压免烧砖的制备［J］．金属矿山，2009（4）：168-171．

[92] 郭春丽．利用铁尾矿制造建筑用砖［J］．砖瓦，2006（2）：42-44．

[93] 李伟光，杨航，李崇智，等．铅锌冶炼废水中和渣制备免烧免蒸砖试验研究［J］．中国矿业，2017，26（S2）：141-146．

[94] 李冲，许亚丽，于岩，等．铅锌尾矿免烧吸附砖的制备与研究［J］．材料科学与工艺，2016，24（4）：46-51．

[95] 冯启明，王维清，张博廉，等．利用青海某铅锌矿尾矿制作轻质免烧砖的工艺研究［J］．非金属矿，2011，34（3）：6-8．

[96] 梁嘉琪．利用锌尾矿渣生产非烧结砖的探索［J］．墙材革新与建筑节能，2006（7）：25-27．

[97] 王志瑞，曾程，周顺，等．安顺市某铅锌尾矿烧结砖研究［J］．绿色科技，2015（3）：225-226．

[98] 闫亚楠，晏拥华，贺深阳．利用炼锌尾渣生产混凝土路面砖性能研究［J］．混凝土，2013（7）：121-123．

[99] 林承焕，林海．以铅锌矿尾砂为主要原料的釉面砖及其工艺［P］．中国专利：CN86107821A，1988-6-22．

[100] 王伟，陈春来，刘照忠．铅锌矿尾渣生产烧结砖的研制及工艺设计［J］．砖瓦，2004（9）：16-18．

[101] 徐光荣，王建斌．矿山尾矿资源化与整体综合利用［J］．陕西地质，2006（2）：89-93．

[102] 田昕．用废渣焙烧普通烧结砖的工艺过程及参数控制［J］．砖瓦，2010（9）：7-8．

[103] 田昕，张哲．金属尾矿渣大量利用的适用技术［J］．砖瓦，2011（5）：24-26．

[104] Quijorna N, Coz A, Andres A, et al. Recycling of Waelz slag and waste foundry sand in red clay bricks［J］. Resources, Conservation & Recycling, 2012, 65.

[105] Roy D M. Alkali-activated cements opportunities and challenges［J］. Cement & Concrete Research, 1999, 29（2）：249-254.

[106] Pacheco-Torgal F, Castro-Gomes J O, Jalali S. Alkali-activated binders：A review：Part 1. Historical background, terminology, reaction mechanisms and hydration products［J］. Construction & Building Materials, 2008, 22（7）：1305-1314.

[107] Davidovits J. Geopolymers and geopolymeric materials［J］. Journal of thermal analysis, 1989, 35（2）：429-441.

[108] 刘璐．以矿渣为胶凝材料的低密度固井液体系及其性能改善研究［D］．成都：西南石油大学，2017．

[109] 李方淑．地质聚合物材料泛碱的抑制措施研究［D］．济南：济南大学，2015．

[110] 邓倩倩．碱激发矿渣胶凝材料的收缩与泛霜抑制方法及其机理研究［D］．西安：西安建筑科技大学，2018．

[111] Fernández-Jiménez A, Palomo J G, Puertas F. Alkali-activated slag mortars：Mechanical strength behaviour［J］. Cement & Concrete Research, 1999, 29（8）：1313-1321.

[112] Atis C D, Bilim C, Celik O, et al. Influence of activator on the strength and drying shrinkage of alkali-activated slag mortar [J]. Construction & Building Materials, 2009, 23 (1): 548-555.

[113] Puertas F, González-Fonteboa B, González-Taboada I, et al. Alkali-activated slag concrete: Fresh and hardened behaviour [J]. Cement and Concrete Composites, 2018, 85: 22-31.

[114] 马倩敏, 黄丽萍, 牛治亮, 等. 碱激发剂浓度及模数对碱矿渣胶凝材料抗压性能及水化产物的影响研究 [J]. 硅酸盐通报, 2018, 37 (6): 2002-2007.

[115] Bakharev T, Sanjayan J G, Cheng Y B. Resistance of alkali-activated slag concrete to acid attack [J]. Cement & Concrete Research, 2003, 33 (10): 1607-1611.

[116] Zhang M, Yang C, Zhao M, et al. Immobilization potential of Cr (Ⅵ) in sodium hydroxide activated slag pastes [J]. Journal of Hazardous Materials, 2017, 321 (5): 281-289.

[117] Pacheco-Torgal F, Abdollahnejad Z, Camoes A F, et al. Durability of alkali-activated binders: A clear advantage over Portland cement or an unproven issue? [J]. Construction & Building Materials, 2012, 30 (5): 400-405.

[118] Huang X, Huang T, Li S, et al. Immobilization of chromite ore processing residue with alkali-activated blast furnace slag-based geopolymer [J]. Ceramics International, 2016: 9538-9549.

[119] He Z, Xiao W, Li X. Soil heavy metal solidification/stabilization agent based on blast furnace slag [J]. Zhongnan Daxue Xuebao (Ziran Kexue Ban) /Journal of Central South University (Science and Technology), 2017, 48 (7): 1957-1963.

[120] 赵剑. 城市生活垃圾焚烧飞灰胶凝活性及其固化/稳定化技术研究 [D]. 重庆: 重庆大学, 2017.

[121] 毛林清. 碱激发胶凝材料固化/稳定化含铬电镀污泥研究 [D]. 杭州: 浙江大学, 2018.

[122] 毛雁鸿. 碱矿渣胶凝材料固化铅锌冶炼渣实验研究 [D]. 重庆: 重庆大学, 2019.

[123] 郭斌. 铅锌冶炼渣制备微晶玻璃和地质聚合物及其铅镉固化机理 [D]. 北京: 北京科技大学, 2018.

[124] 郭艳平, 钟高辉, 区雪连, 等. 利用铅锌尾矿和 CRT 玻璃固体废弃物协同制备微晶玻璃工艺 [J]. 再生资源与循环经济, 2014, 7 (5): 30-34.

[125] 钟高辉, 郭艳平, 区雪连, 等. CaO/SiO$_2$ 质量比对铅锌尾矿微晶玻璃结构和性能的影响 [J]. 中国陶瓷, 2014, 50 (12): 71-74.

[126] 钟高辉, 郭艳平, 区雪连, 等. 热处理工艺对铅锌尾矿制备微晶玻璃的影响 [J]. 环境保护与循环经济, 2014, 34 (7): 23-26.

[127] 李克庆, 苏圣南, 倪文, 等. 利用冶炼渣回收铁及生产微晶玻璃建材制品的实验研究 [J]. 北京科技大学学报, 2006 (11): 1034-1037.

[128] 何小龙. 全高钛矿渣混凝土的研究与应用 [D]. 重庆: 重庆大学, 2006.

[129] Kolesnikov A S. Kinetic investigations into the distillation of nonferrous metals during complex processing of metallurgical industry waste [J]. Russian Journal of Non-Ferrous Metals, 2015, 56 (1): 1-5.

［130］ Yamaguchi K, Ueda S, Takeda Y. Phase equilibrium and thermodynamic properties of SiO_2-CaO-FeO_x slags for copper smelting—research achievements of Professor Yoichi Takeda ［J］. Scandinavian Journal of Metallurgy, 2005, 34（2）：164-174.

［131］ 李辕成. 铜冶炼污泥固化/稳定化研究 ［D］. 昆明：昆明理工大学, 2014.

［132］ 喻振贤, 李汇, 姜玉凤, 等. 铁尾矿制备阻燃型轻质保温墙体材料的研究 ［J］. 新型建筑材料, 2013（4）：30-33.

［133］ 李北星, 陈梦义, 王威, 等. 梯级粉磨制备铁尾矿-矿渣基胶凝材料 ［J］. 建筑材料学报, 2014（2）：206-211.

［134］ 张丹. 基于铅锌尾矿/铅锌冶金渣制备矿山采空区充填材料的研究 ［D］. 北京：中国地质大学（北京）, 2016.

［135］ 曾懋华, 龙来寿, 奚长生, 等. 凡口铅锌矿尾矿的综合利用 ［J］. 韶关学院学报（自然科学版）, 2004（12）：56-59.

4 冶金除尘灰与垃圾焚烧灰处置和高值化利用技术

4.1 冶金除尘灰

4.1.1 冶金除尘灰的特点与种类

我国钢铁企业的冶金主要采用"烧结—高炉—转炉—轧钢"的流程。该流程工序多，流程长，产生的粉尘与其他副产品多，这些粉尘与其他副产品统称为冶金除尘灰，它是钢铁冶金工序中所产生的固体杂料，但是由于其往往含有大量的铁、碳、CaO、MgO 等可利用的成分，因此，具有很好的再利用潜力。

冶金除尘灰的主要特点为：

(1) 颗粒粒度偏小，不利于混合料制粒。除尘灰大部分是小于 3mm 的颗粒，将其作为返矿加入烧结混合机后，很难与铁矿粉大颗粒黏结在一起，达不到矿粉制粒的效果。

(2) 除尘灰润湿性能差，难以充分润湿和混合。由于除尘灰粒度细和亲水性极差，因此作为返矿直接参与混合，会降低混合料的透气性，对稳定和提高烧结机利用系数影响较大。

(3) 不同熔点的除尘灰在化学成分含量上相差会比较大，这对烧结配料的平稳性有一定的影响，最终导致烧结矿质量指标出现较大波动。此外，除尘灰经过高温后内部的矿物成分比较复杂，不同时间段内产生的除尘灰作为烧结料添加到烧结混料中极有可能会影响烧结温度、烧结过程液相的产生，从而影响最终烧结产品的质量。

(4) 除尘灰中含有一定量的 K、Na 等有害碱金属，如果这些碱金属进入高炉内，势必会影响生铁的质量。除尘灰如果直接返回到烧结配料系统，灰当中的有害金属元素就会随之进入高炉冶炼系统内，由于生产连续不断，因此有害元素不断在高炉内富集，最终导致高炉冶炼不稳定，产品质量下降，影响高炉的寿命。

除尘灰根据化学成分和物相组成，大致可以分为以下几类：

(1) 高铁灰。根据来源的不同，高铁灰可以分为炼铁联合料仓除尘灰、炼铁炉前除尘灰、烧结台车卸料间、烧结机尾、机头电场除尘灰等。其中在炼铁联合料仓、烧炼铁炉前产生的除尘灰含铁品位高，一般情况下它们的总铁品位可高达 55%~60%，有些甚至更高，通过矿石构造分析可知这两种除尘灰中矿物成分主要以磁铁矿和赤铁矿为主，含有的有害杂质少。烧结机头与机尾除尘灰铁品位相对较低，大部分 TFe 为 50%，根据烧结原料的不同，其有害杂质含量会有所波动，所以对于这一部分除尘灰的处理需要考虑有害元素的去除[1]。

（2）高碳灰。炼铁重力除尘灰是一种典型的高碳灰，这种灰的特点是含铁中等，铁品位在 35%~40% 之间，主要铁矿物是磁铁矿和赤铁矿，含 C 成分比较高，一般都能达到 30% 以上，C 的赋存形式主要是焦粉和不定型碳。另一种常见的高碳灰是炼铁干法除尘灰，这种灰含铁比较低，一般情况下 TFe 品位只有 20% 左右，灰中的铁矿物仍然是以磁铁矿和赤铁矿为主，中间掺杂少量的褐铁矿或菱铁矿，它的含碳量大约为 25%，碳主要以焦碳粉末和不定型碳形式为主，灰中有害元素比较高。

（3）高钙灰。二次除尘灰、炼钢散料间除尘灰、炼钢套筒除尘灰与烧结联合料仓除尘灰等都属于高钙灰，这类灰含钙高，含铁低，铁品位维持在 20%~25% 之间，其他的成分主要是以 CaO 和 MgO 形式存在。铁矿物中磁铁矿与赤铁矿占了绝大部分百分含量，脉石矿物有方解石、白云石和黏土。炼钢散料间除尘灰与套筒窑除尘灰 TFe 品位低，其他成分主要是 CaO 和 MgO，脉石矿物包括石灰石、方解石、白云石和消石灰等。烧结配料间除尘灰铁品位最低，一般只有 20% 左右，烧结厂由于利用 CaO 作为熔剂，因此，烧结配料灰一般会含有 30% 的 CaO。

（4）高碱金属灰。烧结机头电除尘器二、三电场除尘灰含铁低，一般为 20% 左右，但是灰中还含有部分碱金属，所以它们又称为高碱金属灰。

（5）OG 泥。其 TFe 在 50% 左右，含 CaO 20% 左右。铁以金属铁、浮氏体、磁铁矿等形式存在，CaO 主要以 $Ca(OH)_2$、方解石、白云石等形式存在。

4.1.2 冶金除尘灰的处理技术

早期除尘灰的处理一般为简单的堆放和填埋处理，该方法简单，节省成本，但是其对环境的污染相当大。现今国际与国内都极力倡导节能减排的工业发展路线，钢铁行业正着手对冶炼过程中产生的固体粉尘进行环境友好化处理，对有回收价值的废弃物进行处理加工使其变成工业原料或者二次资源加以利用。目前的处理路线主要是将这些废弃物重新调质利用或是直接返回到钢铁生产中循环，这一方面减少排放、节约成本，另一方面通过研究利用除尘灰中的有利元素为企业带来利润增长。目前已经成熟的运用处理技术有以下几种：

（1）直接返烧结[1]。由于除尘灰中含有一定的铁与碳，因此可以作为烧结含铁原料和燃料配入烧结混合料中，这既回收利用了除尘灰当中的铁，还降低了烧结过程中燃耗。目前这种方法已被大部分钢厂接受并使用。早在 20 世纪 90 年代中期我国的昆钢、梅钢、鞍钢等钢铁企业就已经开始采用这种方法处理生产当中所产生的除尘灰，经过长期的生产实践，目前已获得了一定成效。但是除尘灰如果配入过多，会引起烧结料透气性下降，最终导致烧矿质量降低。此外除尘灰中的有害元素在冶炼中进行循环富集，影响高炉的使用寿命。鉴于此种情况，大部分钢厂已经开始限制烧结工序中配入除尘灰的量。

（2）火法处理。该工艺是在一定的高温下，采用粉尘中的碳粉还原剂还原粉尘中的金属氧化物并回收部分有价元素或者全部有价元素的一种处理方法。火法处理的种类较多，下面为几种主要的较为成熟的工艺：

1）还原焙烧法。在还原气氛中，矿石与还原剂发生一系列反应，最终金属氧化物被还原成其相应的低价金属氧化物或者单质金属。还原焙烧主要是将除尘灰中的 Fe_2O_3 和 $Fe_2O_3 \cdot nH_2O$ 与适量还原剂 C、CO、H_2 发生反应，还原成 Fe_3O_4。

2）铁浴熔融还原法[2]。该法是将粉尘直接吹入高温炉内，其中有焦炭作为还原剂，将除尘灰中的金属氧化物还原成金属。工艺具体内容为：用小块的焦炭作为还原剂，目的是增大其与除尘灰的反应接触面积。焦炭从炉顶进入炉内的焦炭填充层，粉尘从熔融炉上下风口直接吹入时，与焦炭发生反应被还原成金属，从炉顶出来的煤气则可用作钢厂的燃料。

3）Fastmet 工艺[3]。该工艺由 Midrex 公司与神户联合开发。将铁精矿粉或钢铁厂粉状固体废弃物与粉状还原剂（煤粉）配入适当的黏结剂混匀后造球，这样的球团就是含碳球团，可作为 Fastmet 工艺的生产原料。球团是在转底炉内被加热还原，最终产生海绵铁。Fastmet 也是直接还原技术当中的一种，运用这种技术，可以省去常规的烧结、焦化工序，简化了钢铁生产流程。

4）Inmetco 工艺。这种工艺与 Fastmet 工艺相似，也属于直接还原技术的一种，所不同的是 Inmetco 工艺是将含铁尘泥与煤粉混匀制成球置入旋转加热炉中进行加热反应，炉内有 CO 作为还原气氛，球团中的煤粉和 CO 共同对除尘灰进行还原，外部有燃料的平衡加热，这样 Fe 就被还原出来成为金属铁，而碱金属也在铁的还原过程中被还原与挥发。还原完成后的球团原料放入水冷装置中冷却，这样就得到了海绵铁[4]。

以上方法由于都需要外部环境的加热以促使粉尘发生一系列的物理化学变化最终得以处理，被统称为除尘灰的火法处理工艺，这种工艺的特点是：回收处理生产率高，粉尘中的铁、锌、铅等金属被大部分回收，产生良好的效益。实际应用中火法处理工艺较多。但是其不足之处在于：火法处理工艺设备投资大，工艺要求高，劳动条件差。

（3）湿法处理技术。除尘粉尘的另一种常见处理技术为湿法处理，它利用湿法冶金原理来对除尘灰进行加工处理。工艺中常会用酸、碱或氨盐溶液来浸取除尘灰当中的锌、铅等物质，得到高质量的锌、铅化合物，然后对浸取液继续进行处理，将浸取液当中的铁以盐的形式加以回收[5-7]。如 Zincex 法，该工艺主要包括浸出、萃取、反萃取 3 个阶段。冶炼粉尘在 40℃的常压下用稀硫酸进行酸浸，反应后剩下的残渣通过过滤与酸浸液分离。浸出液加入石灰石或石灰进行中和处理，反应完全后浸出液中的铅和铁都开始析出。中和液与 DEHPA 的煤油溶液在 pH 值为 2.5 的酸性条件下充分混合进行萃取，中和液中的 Zn 进入萃取液中的有机相，萃余液又返回浸出装置循环使用。萃取后有机相进入电解锌车间通过电解回收粉尘中的锌[8, 9]。

（4）火法-湿法联合处理工艺。除尘灰高效利用技术一直在不断发展延伸，从以前的单一处理技术发展到目前的联合处理技术。实践证明，部分难处理的除尘灰采用单一处理方法已经很难达到理想的效果，而采用联合工艺则能够发挥两种工艺的特长使处理效果达到最好。目前发展较为成熟的火法-湿法联合处理技术是 MRT（HST）处理法。这种技术主要是对电弧炉烟尘进行处理加工，方法是采用转底炉对电弧炉烟尘等物料进行直接还原焙烧。通过这一道工序，烟尘中的 Fe 会与 Zn、Pb、Ge 等元素分离，得到的海绵铁再返回电弧炉中循环使用[10, 11]。而烟尘中的 Pb、Ge、Cu、Ag 等金属的氧化物则进入氯化铵的浸出槽中，进行铵盐浸出。浸出完成后使用连续过滤机过滤，渣液分离。液相处理后可回收 Pb 和 Ge，沉淀过滤干燥最终得到两种金属的氧化物。在这一过程当中，转底炉还原焙烧属于火法处理技术，粗氧化锌热铵浸出净化深沉属于湿法处理技术。

（5）固化或玻化处理技术。固化处理技术目前处理的主要对象是电炉除尘灰，但是由于技术还不够成熟，应用还不够广泛，世界上只有少部分重点钢铁企业在技术可行的情况下进行小范围的应用。固化与玻化处理技术都是将粉尘中的重金属离子包裹起来，使其与外界环境不能直接接触，将环境危害降到最低水平。但是这两种处理技术都有一个很明显的缺点，就是不能对粉尘中有价元素进行有效的回收利用，资源被浪费。

（6）选冶处理技术。选冶处理技术是目前高炉粉尘处理技术最常用的一种处理工艺，它常会用到相关的选矿方法和冶金方法，其中用到的常规的选矿方法有浮选、螺旋分级、摇床重选、磁选等。胡永平采用浮选-螺旋粗选工艺流程处理济钢高炉瓦斯泥，以煤油作为捕收剂，2 号油为起泡剂浮选选炭，可以获得含炭 80.49%的炭精矿产品，回收率达到 49.81%；经过螺旋溜槽粗选、摇床精选，铁精矿品位由瓦斯泥中的 37.49%提高到 60%，回收率为 45%[12]。

彭志坚、张斌、郑银珠等人利用水钢混合型除尘灰造小球进行二次资源利用。混合型除尘灰造小球掺和烧结，不仅可以改善料层透气性、稳定水碳，而且可以增加产量和改善质量。他们研究表明：以水钢除尘灰为原料，小球掺和量以

6%~8%为宜[13]。

佟志芳、杨光华等人研究了利用高炉瓦斯泥制备金属化球团工艺。其研究表明：当焙烧温度为1250℃、焙烧时间在20min以上时，球团锌含量均小于0.1%，产品金属化率均大于80%，全铁含量均大于65%，球团抗压强度大于78kg/球，得到的金属化球团能满足转炉炼钢用冷却剂或高炉炼铁使用的工业要求[14]。

4.1.3 冶金除尘灰的资源化利用技术

4.1.3.1 制备铁红颜料

除尘灰中铁矿物含有大量的氧化铁和氧化亚铁，这两种铁矿物都是制取氧化铁红颜料非常理想的原材料。我国的攀钢、武钢等一些大型钢铁企业在利用除尘灰制取铁系颜料方面做了不少科研工作，通过不懈的努力，目前已经取得了应用性成果，有些企业已经建设了铁系颜料生产车间，以除尘灰为原材料生产各种涂料，真正将除尘灰利用做到了产业化。攀枝花钢铁公司研究院申请的氧化铁红制取新技术专利已经在行业里取得了显著的应用成果。该技术是以除尘灰为生产原料，先对其进行两次湿式磁选，磁场强度设定在400~1200kA/m，然后将磁选精矿在450~700℃温度下进行焙烧，0.5~2.5h之后，将焙烧产品磨矿至粒度小于2μm，这样就得到了氧化铁红产品。这种产品可作为涂料和建材的着色剂或添加剂，也可作为磁性产品的原材料。这种方法运用了火法处理技术，没有涉及酸的使用，如此在环境保护与污染控制上都较容易实现。此外该技术还具有工艺简单、技术熟练、生产流程短、投资少、收益大、产品质量稳定等优点。

4.1.3.2 提取活性炭

目前，国内重点大型钢铁企业如攀钢、首钢、武钢、鞍钢等都已经加大力度研究除尘灰的利用，但是在技术上突破还比较有限，目前研究的内容仅仅局限于如何将除尘灰进行制粒后返回到烧结系统中，或者将其作为建材的生产原料，如水泥生产、颜料生产等一些技术含量不高的副产业。日本、美国、西欧等国家和地区对除尘灰的回收利用相当重视，并且借助其先进的技术开发平台，已经研究出将除尘灰制成高性能的活性炭，或者回收除尘灰当中的碳作为橡胶生产当中的补强填料等。

活性炭是一种优良的吸附物质，表面具有发达的孔隙结构，具有很大的比表面积和吸附能力。在工业上，活性炭既可以作吸附剂，也可以作为催化剂和还原剂广泛地运用于生产中。同时活性炭性能稳定，作为吸附剂可以不断地循环再生。由于这些优点，制药业、化工业、食品加工业以及冶金行业对活性炭的需求都非常之大。

活性炭按照其粒径大小可以分为颗粒活性炭和粉末活性炭。颗粒活性炭密度高，具有一定的强度；粉末活性炭粒径小比表面积大。从目前工业运用量来说，颗粒活性炭的使用范围更广。颗粒活性炭易于运输和使用，在水和空气净化方面现在已经有了非常深入的应用，并且效果显著。吸附后的颗粒活性炭可以通过脱附作业进行再生处理。采用物理化学方法对除尘灰进行脱碳，而后对脱除的碳进行提纯，提纯之后的碳是一种非常好的颗粒活性炭制备原料。确定黏结剂及最佳的活化工艺，提高活性炭的活化均匀性和成品率，开发出满足市场需求的活性炭产品是目前不少活性炭生产企业追求的目标。

4.1.3.3　制备铁氧体磁性材料

炼钢烟尘也属于除尘灰中的一种，目前在工业上较多地用它来制备磁铁氧体材料，制备过程是将主晶相为 Fe_3O_4、$\gamma-Fe_2O_3$ 和 FeO 的氧化铁转变成主晶相为 $\alpha-Fe_2O_3$、次晶相为 Fe_3O_4 的铁氧体原料。

制备磁性材料的工艺，可利用硫酸浸取除尘灰的方法将除尘灰中的 Fe 变成 $FeSO_4$ 和 $Fe_2(SO_4)_3$ 混合溶液，然后将其中的 Fe^{3+} 用铁屑还原成 Fe^{2+}，此时溶液变成 $FeSO_4$ 溶液，再运用传统的方法或一步水热合成法制备出 $\gamma-Fe_2O_3$，这样就制得了磁性材料。磁性材料再经过必要的加工就可以生产铁氧体，铁氧体可用于电器生产行业中[15]。

4.1.3.4　生产水泥

除尘灰含有多种有用元素，包括 Fe、Ca、Mg、Si 等，同时除尘灰的粒度比较细，它的这种理化性能可以作为水泥熟料。除尘灰中含有一部分铁，这一性质使其可作为铁质校正原料。此外高炉除尘灰还含有较高的 Al_2O_3，但是 SiO_2 含量低，这又满足了水泥熟料铝质校正原料的要求。上海五钢集团田玉洪等人利用上海五钢电炉除尘配入水泥生产添加剂进行了工业试生产，获得了成功，降低了企业生产成本，节约含铁资源，防止二次污染，具有环境和经济双重效益[16]。

4.1.3.5　制备化工原料

以包钢为主的钢企研制了利用平炉烟尘直接生产三氯化铁的新技术。此技术可以将含铁粉尘直接合成制备三氯化铁，产品质量达到国家相应标准。这种生产技术工艺简单、操作方便、投资要求少、见效快、经济附加值高。生产的三氯化铁一般作为化工原料使用，稀土生产中去磷可以加入三氯化铁作为去除剂，生产实践证明去除率可高达96%以上。以炼钢烟尘、钢渣、废硫酸为生产原料，经过配料、溶解、过滤、氧化、中和、水解和聚合等工序最终生产出聚合硫酸铁。该产品具有非常好的絮凝和吸附作用。此外这种产品无毒无害，化学腐蚀性小，自来水厂、污水处理厂以及造纸厂工业废水处理都大量地使用它作为净水剂，有很好的净化效果[17]。

4.1.3.6　用于烧结配料

烧结过程产生的除尘灰主要由矿粉和熔剂组成，有些还含有未完全烧结燃料粉末，主要成分为 Fe、SiO_2、CaO、MgO 以及少量的有害杂质如 As、Zn、K、Na

等。对于铁品位达到50%以上的除尘灰，通过前期的选矿处理，精矿品位拉高，有害元素含量降低，便可作为含铁原料配入烧结料中，这样在一定程度上缓解了成本压力，减轻了环境污染[17]。但是除尘灰选矿处理后得到的精矿指标是烧结系统需要重点考核的内容。目前我国多数钢企对于除尘灰的选矿处理技术并不高，再加上除尘灰本身粒度细，成分复杂属于难选矿种，所以除尘灰经选矿处理后应用于烧结系统产生了一系列的问题，如造成烧结料柱透气性变差从而降低了烧结矿的质量指标，这不仅对烧结矿的生产造成了损害，而且还增加了企业的生产成本。烧结除尘灰中有害元素在炼铁高炉内进行富集循环，对生铁质量也带来了不利影响。根据目前世界高炉精料的发展趋势，高炉炼铁要求高铁低硅无害出炉矿石。烧结除尘灰含有高的铁分，这是其有价值之处，同时作为一种固体废弃物，如果能二次利用这是它的潜在价值。

小球烧结作为一项新的烧结技术在最近几年获得广泛关注。重点大型钢铁企业开始研究如何加强除尘灰造球的性能，将除尘灰造小球配入烧结料中，这样就改善了烧结料柱的透气性，提升了烧结矿的质量。

4.1.3.7 提取铁粉

除尘灰通过沉降、还原和磁选，可以从中提取铁粉。具体工艺过程是：将富集起来的除尘灰先进行强力球磨，以将其中的铁和氧化铁与包裹的杂质分开；再用水进行重力沉降分选，将铁及其氧化物杂质分离，获得含铁量为90%左右的铁粉末；然后对其进行脱硫、改性、还原等处理，获得高质量的还原铁粉。结果表明，所研究的工艺技术经济可行，能有效地改善环境，提高经济效益[18]。

4.2 垃圾焚烧灰

4.2.1 垃圾焚烧灰的种类和特点

城市生活垃圾焚烧灰根据其收集位置的不同，主要分为底灰和飞灰。底灰占垃圾焚烧灰总量的80%左右，主要由熔渣、黑色及有色金属、陶瓷碎片、玻璃和其他一些不可燃物质组成，呈灰黑色且散发出类似腐败的难闻气味，底渣常结团成块，粒径大且范围广。飞灰是指在垃圾焚烧厂的烟气净化系统中收集而得的残余物，一般包括除尘器飞灰和吸收塔飞灰或洗涤塔污水污泥。飞灰中含有烟道灰、加入的化学药剂及化学反应产物。

焚烧底灰大部分由碱金属及碱土金属构成，微量部分的金属多是焚烧过程中富集在底灰上的，含有部分重金属和溶解性盐类，能对环境造成危害。焚烧底灰中主要组成依次为 SiO_2、CaO、Al_2O_3、Fe_2O_3；其次还有 Na_2O、K_2O、MgO 等。焚烧底灰中重金属质量浓度最高的为 Zn，其次是 Mn、Cu、Pb、Cr，质量浓度最低的为 Ni。重金属在灰中的分布与其自身的特性有关，不同重金属其分布特性亦不同。

焚烧飞灰给环境带来的污染主要有重金属污染、二噁英污染和溶解盐污染。飞灰中的主要重金属污染元素为 Pb、Cd 和 Zn 等，在酸性环境条件下这些元素较易浸出。飞灰的溶解盐质量分数可高达 22.1%，主要为氯化物。它的存在会影响飞灰的固化和稳定化效果。飞灰中的二噁英和呋喃等剧毒有机污染物会对环境和人类健康造成严重危害。

4.2.2　底灰的资源化利用技术

底灰的资源化利用已被证实是可行的，但由于底灰中含有一些有毒有害的污染物，如重金属，直接利用可能会对人类健康和环境造成不利影响，并且未经处理的灰渣不一定能满足建筑材料所规定的技术要求，因此，底灰渣在利用前，须进行预处理，满足一定要求后方可进行利用。针对底灰物质组成多样复杂、毒性小的特点，底灰处理一般采用如下流程：首先采用人工分选方法选出底灰中比较大的石头、砖块、陶瓷碎片和玻璃碎片等物。这些物质没有什么毒性，可直接用作路基。然后用磁选分选出底灰中有回收利用价值的铁质金属。接着灰渣通过锤式破碎机，在此过程中，一些大的熔融块被破碎成小粒度熔渣。最后，底灰通过滚筒筛，得到 3 个粒度范围的组分，一是粒度比较大的有色金属等物质，可回收再利用；一是粒度最小的灰分，其由于 P、K 含量较高，可用作农肥；剩下的就是介于二者之间的熔渣，可直接送入垃圾填埋场填埋或用作路基[19]。

4.2.3　飞灰的主要处理技术

4.2.3.1　水泥固化技术

水泥固化飞灰的机理是：在水泥的水化过程中，金属可以通过化学吸附、吸收沉降、离子交换、钝化等多种方式与水泥发生反应，最终以氢氧化物或络合物的形式停留在水泥水化形成的水化硅酸盐中。

近年来，大部分水泥固化研究是关于水泥固化法与其他方法的联合使用，譬如水洗预处理、与螯合剂综合使用等。张清等人[20] 采用水泥混合固化的方法来处理飞灰，经过水洗预处理、绿矾溶液处理、飞灰与水泥直接混合固化处理，结果表明，飞灰在与水泥质量相同的条件下，先用绿矾处理飞灰再进行固化的处理方式，不但稳定重金属的效果好，而且试件强度最高。刘彦博等人[21] 探讨了水泥固化和药剂稳定化相结合处理垃圾焚烧飞灰的可行性，单独采用普通硅酸盐水泥固化处理垃圾焚烧飞灰，水泥掺量需控制在质量分数 35% 左右；若药剂稳定化与水泥固化联合使用，则药剂添加为质量分数 3.0%、水泥掺量为质量分数 15% 时，飞灰固化体即可达到垃圾填埋场入场、控制标准。

水泥固化技术是目前国际上最常用的危险废物固化技术，原材料来源丰富，在常温下操作处理费用低廉，被固化的废渣不要求脱水；但处理后固化体增容比较大，水泥耗费量大，产生更多的二氧化碳，固化体易受酸性介质浸蚀，飞灰中的二噁英依然存在，飞灰中含有特殊的盐类会造成固化体破裂，增加渗透性，降低结构强度。

4.2.3.2　玻璃化/熔融固化技术

飞灰熔融的主要原理是：在高温 1200~1400℃ 状况下，飞灰中的有机物发生热分解、燃烧及气化，而无机物则熔融形成玻璃态熔渣。玻璃化就是在飞灰熔融过程中加入其他添加剂，使其形成均一的玻璃体。飞灰经熔融处理后，其中的二噁英等有机物受热分解被破坏；飞灰中所含的沸点较低的重金属盐类转移到气体中并以熔融飞灰的形式捕集下来，其余的金属则转移到玻璃熔渣中，大大降低了重金属的浸出特性。

近年来，国内外使用旋风炉和等离子体炉熔融固化飞灰的研究比较多。别如山[22] 提出了一种已获得国家发明专利的垃圾焚烧飞灰旋风炉高温熔融处理及再生利用新技术，并在一台 75t/h 旋风炉上进行试验，结果证明，该项技术能够分解飞灰中 99.9% 以上的二噁英，急冷熔渣及静电除尘器捕集灰中的重金属，浸出毒性远低于国家环保标准。王学涛等人[23] 也在自行设计的旋风炉实验台上对焚烧飞灰进行熔融实验，结果表明，熔融后的玻璃态熔渣重金属浸出率明显低于熔融前的焚烧飞灰，且均低于美国 EPA 的标准限值。浙江大学能源清洁利用国家重点实验室利用热等离子体发生器装置对垃圾焚烧飞灰进行熔融固化处理[24]，并对熔融得到的产品的重金属浸出特性进行实验研究。结果表明，各种重金属浸出浓度远远低于国家标准的规定值，也低于飞灰水泥固化体的浸出浓度。Zhao等人[25] 在缺氧条件下采用新型的坩埚等离子炉处理城市生活垃圾焚烧飞灰，得到的玻璃熔渣与原飞灰相比，处理后的体积小于原体积的 2/3，质量减少了约36%。他们还对玻璃熔渣进行了重金属毒性浸出测试，结果完全符合标准。该玻璃熔渣可以作为建筑材料使用。Rani 等人[26] 对飞灰、硅石和矾土的混合物使用等离子电弧技术，得到了完全无定形均一的玻璃体。有一些研究[27, 28] 是在玻璃固化中添加添加剂（SiO_2、B_2O_3、CaF_2、硼砂、焦炭等），改变了飞灰的物理和化学状态，然后降温使之形成玻璃固化体，该固化体对重金属具有较好的固化效果，并且完全可以资源化利用。

玻璃化/熔融固化技术具有高的减容率、稳定的熔渣、重金属浸出率低、能分解二噁英等优点，但是采用这种高温处理技术需要消耗大量的能源，同时由于其中的 Pb、Cd、Zn 等重金属元素高温易挥发，因此还需进行严格的后续烟气处理。

4.2.3.3　化学药剂稳定法

化学药剂稳定法是利用化学药剂将重金属离子变成不溶于水的高分子络合物

或者无机矿物质,把飞灰中的有毒物质转变成低毒性、低迁移性物质的过程。药剂一般分为有机药剂和无机药剂。有机药剂主要以螯合剂为主,它与重金属离子反应形成不溶于水的高分子络合物,使重金属固定下来。目前各国都在寻找具有通用性、稳定效果好、处理费用低的化学试剂。

Bontempi 等人[29] 提出了一种固化城市生活垃圾焚烧飞灰的新方法,即使用硅胶作为金属的化学稳定剂,得到一种新的惰性材料 COSMOS,由碳酸钙、硫酸钙、二氧化硅以及一系列不溶的无定型化合物组成。Marga Jida 等人[30] 研究了使用 $NaHS \cdot nH_2O$、H_3PO_4、Na_2CO_3、$C_5HONNaS_2 \cdot 3H_2O$、$Na_2O \cdot SiO_2$ 作为化学试剂对烟气净化系统飞灰的固化稳定。这几种添加剂都能够改善几种有毒重金属的稳定性。相关浸出测试表明,经过化学试剂稳定之后,垃圾飞灰成为了无危险物质。蒋建国等人[31] 用实验室合成的多胺类螯合剂对垃圾焚烧飞灰的稳定化工艺及处理效果进行了实验研究。结果表明,添加螯合剂质量分数为 0.6% 时,飞灰中重金属的捕集效率高达 97% 以上,且处理后的飞灰能达到重金属废物的填埋控制标准,其效果显著优于石灰和无机稳定化药剂 Na_2O。

化学药剂稳定化处理焚烧飞灰不仅具有无害化、少增容或不增容、处理成本比高温处理技术低廉等优点,而且还可以通过改进螯合剂的结构和性能,强化其与重金属之间的化学螯合作用,进而提高固化产物的长期稳定性。但由于城市生活垃圾焚烧飞灰组分及重金属形态的复杂多样性以及缺乏对螯合反应机理足够的认识,因此很难找到一种普遍适用的化学稳定剂,导致该技术很难进行规模化应用。该技术对二噁英的稳定作用也很小;飞灰处理后的脱水滤液中含溶解性盐类及悬浮状重金属,还需要进行二次处理,不然会造成二次污染。

4.2.4 飞灰的资源化利用技术

飞灰处置后的利用价值主要取决于其技术及工艺可行性、经济性和环保性。目前,飞灰的资源化利用途径主要是建材,此外,在其他一些行业也开始涌现出新的应用前景。

4.2.4.1 水泥、混凝土和轻骨料

由于飞灰中含有 CaO、SiO_2、Fe_2O_3 和 Al_2O_3,其组成成分与水泥生产原料相似,因此,飞灰可替代生产水泥的原料用于生产水泥。水泥生产过程是石灰石(主要成分是 $CaCO_3$)、黏土混合物与其他材料混合经回转窑高温煅烧后研磨成品,不仅需要消耗大量的能源和原料,而且排放巨量的温室气体 CO_2(每吨水泥约产生 1 吨 CO_2)。鉴于飞灰和底灰中含有大量 CaO 而非 $CaCO_3$,若替代部分石灰石,不但可以大幅降低煅烧过程石灰石消耗的能量,而且还可以减少石灰石分解释放的 CO_2,对减缓全球气候变暖有着积极的影响,同时煅烧过程中的高温(高达 1500℃)能彻底摧毁飞灰中的有机污染物。但是利用飞灰生产水泥仍然面

临一些问题。飞灰中高质量分数的氯化物会影响产品质量，危害主要表现在三个方面[32]：

（1）降低水泥品质；

（2）降低水泥窑的运行性能；

（3）飞灰中较高浓度的氯，容易在水泥窑的低温段形成二噁英等有机污染物。

因此，飞灰的高氯性成为其大规模用于制备水泥的一个瓶颈，脱氯研究迫在眉睫。另外，重金属的富集同样会导致环境问题，可通过飞灰预处理（如水洗）来有效去除氯化物和降低重金属的质量分数，并且严格控制飞灰投加量保证处理的安全性和产品质量。

由于飞灰中具有似水泥类物质，因此可以利用飞灰制备混凝土及骨料[33]。高性能的轻骨料混凝土已成为当今建材领域的主要发展方向之一。与传统的混凝土相比，其具有以下优势：强度高，质量轻，耐久性好，在建造大跨径结构（桥梁等）高层建筑、软土地基、多地震等工程时，结构的负重大，用材少，基础载荷低，综合经济性好。因此，轻骨料是未来有望取代砂石的优越材料之一。目前，国内外已有不少学者集中于飞灰制备轻骨料的研究和实验，主要的实验方法是水泥固化和烧结。Formosa J 等人[34] 以黏土和飞灰为原料，经过烧结后制备出性能较高的轻骨料，但是飞灰添加量仅为3%。另外，水洗预处理能够提高飞灰制备混凝土与轻骨料的利用程度，提高飞灰的添加量。但是在实际利用过程中，重金属仍然存在浸出的风险。尽管许多研究结果表明重金属浸出毒性不高，但是一旦结构遭到破坏或雨水淋洗，就无法评估重金属长期的浸出行为对环境的污染风险。

4.2.4.2　路基和堤坝

焚烧底灰在路基上的应用为飞灰的资源化利用提供了一种简单直接的方法。瑞典已经建立了底灰用作路基材料的实验路段，并用底灰作为次基层材料。法国一项关于底灰应用于路基材料的三年实验研究表明：浸出液中的重金属浓度、氟化物质量分数和 pH 值都低于饮用水的标准，说明底灰用于路基建设是安全的，但是飞灰中的重金属质量分数比底灰要高，其浸出毒性比底灰严重。西班牙的相关学者也开展了水泥固化后的飞灰用于路基材料的相关研究，并进行了小规模工业化的道路路基实验，但是仍面临重金属在自然环境中的溶出风险和强度可能不足的问题，因此飞灰大规模用于路基还有待进一步的试验研究。

现代化的堤坝主要分为土石坝和混凝土坝两大类，前者是由泥土和碎石构筑，后者以混凝土等为主。基于飞灰的凝结硬化特性，在堤坝构筑过程中可以利用处理后的飞灰取代部分碎石和水泥。另外，飞灰的密度比碎石、细沙等填充物较小，用作堤坝材料可以减轻负荷，减缓地面沉降。

4.2.4.3 玻璃、微晶玻璃、烧结砖和陶瓷

飞灰可用作生产玻璃、微晶玻璃和陶瓷的原料。由于焚烧飞灰中含有大量 SiO_2、Al_2O_3 和 CaO，因此，可替代部分黏土生产陶瓷，且不需预处理。通过高温达到玻璃化温度可以最有效地处理有害废物，也可以将重金属等有毒物质固定在无定形玻璃体中，同时，二噁英等有毒成分在 1300℃ 高温下发生降解。玻璃化后的灰渣可用于路基材料、喷砂、堤坝，也可用于瓷砖、砖块和透水石块等建筑和装饰材料的生产。微晶玻璃是一种多晶材料。含有一定成分的玻璃被加热时发生受控结晶，形成低能量的结晶态。微晶玻璃的机械性能和热力学性能均比基础玻璃要好。由于其显著的优点，微晶玻璃具有广泛的应用途径。研究表明，焚烧飞灰熔融生产的玻璃，由于其良好的机械性能和热力学特性，适于生产微晶玻璃。

4.2.4.4 农业应用

氮、磷、钾是植物生长的主要营养元素，由于飞灰中含有一定量的钾盐和磷盐，均已被证明可为土壤提供营养成分，因此，可作为部分商用化肥的替代品，以改良土质。此外，飞灰还可以代替石灰加入土壤中，用来调节土壤的酸碱度，具有很显著的效果。无论飞灰是用作植物肥料还是土质改良剂，均需要严格控制飞灰的添加量。一方面，飞灰中的重金属对动植物有毒害性，高盐分会导致植物盐分失调，土壤 pH 值会受到影响；另一方面，重金属浸出对地下水会产生污染等问题仍需要解决。因此，飞灰在农业领域的应用需更深入的研究。有研究表明[35]：焚烧飞灰、底灰的混合物对植物生长具有积极影响，施加灰渣的土壤和施加磷肥、钾肥的土壤相比，苜蓿和唐莴苣的生长情况相似，表明灰渣可为植物生长提供必需的养分，但是如果植物用作牛羊猪的饲料，那么 Mo 浓度和 Cd 的摄取问题须引起重视，而且当灰渣添加量较多时，灰渣中高浓度的溶解盐能给敏感性的植物带来极大的危害。

4.2.4.5 污泥调节剂

生活垃圾焚烧飞灰作为污泥调理剂的研究较早。新加坡 TayJoo Hwa 等人[36]开展了垃圾焚烧飞灰调节含油污泥的研究，结果表明：在飞灰添加量低于 3% 时，能够显著降低污泥的比阻和毛细管吸收时间，克服污泥中油对脱水的副作用；超过 3% 后，调节效果变化很小；对于含油量在 1.8% ~ 12% 的污泥，飞灰最佳添加量相同，在最佳添加量时，污泥的浸出毒性满足新加坡污泥排放标准。飞灰用作调节剂的缺点是过滤后污泥中重金属浓度增加。此外，利用飞灰作为固化/稳定化的黏合剂来处理重金属质量分数高的污泥，研究发现：固化/稳定化的最佳混合比例为 45% 的飞灰、50% 的污泥和 5% 的水泥，这种"以废治废"的协同处置方法能够减少垃圾的增容，并能有效稳定重金属。

4.2.4.6 吸附剂

吸附技术被广泛用于脱除废水中的污染物，开发和研究经济及性能优于活性

炭的吸附剂已成为当前的热点之一。垃圾焚烧的底灰已经被用于除去废水中的染料和重金属以及氨离子。垃圾焚烧后混合灰渣可作为污水和农业径流中磷素的吸附剂，而且吸附效果好，富集的磷素可用作后续的土壤改良剂[37]。但是利用飞灰作吸附剂处理废水的问题是存在重金属的浸出风险，这是因为浸出液中重金属的毒性很高。另外，利用飞灰作为吸附剂较底灰少。这是因为飞灰浸出液中含有更多的重金属，限制了其作为吸附剂的利用价值。

参 考 文 献

[1] 邹方敏，张茂林，孙金玲，等. 炼钢炼铁除尘污泥直接应用于烧结配料的实践 [J]. 工业安全与防尘，2000 (3)：16-17.

[2] 吴铿，窦力威，姚克虎，等. 高炉粉尘在铁浴熔融还原发泡过程的研究 [J]. 中国环境科学，2001，21 (4)：335-338.

[3] 刘彦丽. 浅谈 FASTMET 炼铁技术 [J]. 河北冶金，2005 (5)：3-4.

[4] R S, H B L. State of the art technology of direct and smelting-reduction of iron ores [J]. Revue de Métallurgie, 2004, 101 (3) .

[5] 王献科，李玉萍. 利用炼钢烟尘钢渣生产聚合硫酸铁 [J]. 钢铁研究，1995 (5)：44-47.

[6] 汪文生，冯莲君，潘旭方，等. 某铁厂高炉瓦斯泥分选技术研究：2005 年全国选矿高效节能技术及设备学术研讨与成果推广交流会 [C]. 中国新疆，2005.

[7] 李志峰，林七女，董晓春，等. 烧结机头除尘灰生产氯化钾的应用研究 [J]. 中国资源综合利用，2010 (2)：13-15.

[8] 庞文杰，曾子高，刘卫平，等. 国外电弧炉烟尘处理技术现状及发展 [J]. 矿冶工程，2004 (4)：41-43.

[9] 路海波，袁守谦. 电弧炉炉尘综合处理技术及应用 [J]. 钢铁研究学报，2006 (7)：1-5.

[10] Palencia I, Romero R, Iglesias N, et al. Recycling EAF dust leaching residue to the furnace: A simulation study [J]. JOM, 1999, 51 (8)：28-32.

[11] 阮彩群，李芳艳，裴清清. 铸造烟尘治理技术 [J]. 工业安全与环保，2009，35 (6)：13-14.

[12] 李明阳. 电炉粉尘综合利用的研究 [D]. 重庆：重庆大学，2006.

[13] 彭志坚，张斌，郑银珠，等. 水钢混合型除尘灰造小球二次利用试验研究 [J]. 矿产综合利用，2010 (2)：41-46.

[14] 佟志芳，杨光华，康立武. 利用高炉瓦斯泥制备金属化球团工艺实验研究：第十三届 (2009 年) 冶金反应工程学会议 [C]，中国内蒙古包头，2009.

[15] 沈腊珍. 利用钢厂除尘灰合成纳米级磁性氧化铁黑颜料的研究 [D]. 天津：天津大学，2004.

[16] Miller G A, Azad S. Influence of soil type on stabilization with cement kiln dust [J]. Construction & Building Materials, 2000, 14 (2)：89-97.

[17] 林国海. 钢铁厂固体废物环境管理与影响评价 [D]. 沈阳：东北大学，2005.

[18] 张华卫，王连昌，齐东旗，等. 莱钢矿建公司冷固结球团配加除尘灰的研究 [J]. 烧结球

团，1999（6）：3-5.

［19］石云良，邱冠周，陈淳．谈电厂锅炉底灰的综合利用［J］.粉煤灰综合利用，2003（6）：47-48.

［20］张清，陈德珍，王正宇，等．垃圾焚烧飞灰预处理后水泥固化实验研究［J］.有色冶金设计与研究，2007（Z1）：113-116.

［21］刘彦博，商平，刘汉桥，等．垃圾焚烧飞灰固化/稳定化实验研究［J］.环境卫生工程，2010，18（2）：15-18.

［22］别如山．垃圾焚烧飞灰旋风炉高温熔融处理技术［J］.电站系统工程，2010，26（4）：9-10.

［23］王学涛，金保升，徐斌，等．利用旋风炉玻璃化处理垃圾焚烧飞灰实验研究［J］.燃料化学学报，2010，38（5）：621-625.

［24］高飞，马增益，王勤，等．热等离子体喷枪在垃圾焚烧飞灰处理中的应用［J］.环境污染与防治，2010（7）：10-14.

［25］Zhao P, Ni G, Jiang Y, et al. Destruction of inorganic municipal solid waste incinerator fly ash in a DC arc plasma furnace［J］. Journal of Hazardous Materials, 2010, 181（1-3）：580-585.

［26］Amutha R D, Gomez E, Boccaccini A R, et al. Plasma treatment of air pollution control residues［J］. Waste Manag, 2008, 28（7）：1254-1262.

［27］陈德珍，张鹤声，龚佰勋．垃圾焚烧炉飞灰的低温玻璃固化初步研究［J］.上海环境科学，2002（6）：344-349.

［28］Yi-Ming K, Ta-Chang L, Perng-Jy T. Metal behavior during vitrification of incinerator ash in a coke bed furnace［J］. Journal of Hazardous Materials, 2004, 109（1）.

［29］Bontempi E, Zacco A, Borgese L, et al. A new method for municipal solid waste incinerator（MSWI）fly ash inertization, based on colloidal silica.［J］. Journal of Environmental Monitoring：JEM, 2010, 12（11）：2093-2099.

［30］Quina M J, Bordado J C M, Quinta-Ferreira R M. Chemical stabilization of air pollution control residues from municipal solid waste incineration［J］. Journal of Hazardous Materials, 2010, 179（1-3）：382-392.

［31］蒋建国，王伟，李国鼎．重金属螯合剂处理焚烧飞灰的稳定性实验研究［J］.上海环境科学，2001（3）：134-136.

［32］熊祖鸿，范根育，鲁敏，等．垃圾焚烧飞灰处置技术研究进展［J］.化工进展，2013，32（7）：1678-1684.

［33］蒋旭光，常威．生活垃圾焚烧飞灰的处置及应用概况［J］.浙江工业大学学报，2015，43（1）：7-17.

［34］R D V O, J F, J M C, et al. Aggregate material formulated with MSWI bottom ash and APC fly ash for use as secondary building material［J］. Waste Management, 2013, 33（3）.

［35］Ottosen L, Ferreira C, Ribeiro A. Possible applications for municipal solid waste fly ash［J］. Journal of Hazardous Materials, 2003, 96（2/3）：201-216.

[36] TJ H. Conditioning of oily sludges with municipal solid wastes incinerator fly ash [J]. Water Science and Technology, 1997, 35 (8): 231-238 .

[37] Zhang C, Zhang P, Mo C, et al. Cadmium uptake, chemical forms, subcellular distribution, and accumulation in Echinodorus osiris Rataj [J]. Environmental Science: Processes & Impacts, 2013, 15 (7): 1459.

附录　铅锌行业相关政策

附录1　中华人民共和国固体废物污染环境防治法

第一章　总　　则

第一条　为了保护和改善生态环境，防治固体废物污染环境，保障公众健康，维护生态安全，推进生态文明建设，促进经济社会可持续发展，制定本法。

第二条　固体废物污染环境的防治适用本法。

固体废物污染海洋环境的防治和放射性固体废物污染环境的防治不适用本法。

第三条　国家推行绿色发展方式，促进清洁生产和循环经济发展。

国家倡导简约适度、绿色低碳的生活方式，引导公众积极参与固体废物污染环境防治。

第四条　固体废物污染环境防治坚持减量化、资源化和无害化的原则。

任何单位和个人都应当采取措施，减少固体废物的产生量，促进固体废物的综合利用，降低固体废物的危害性。

第五条　固体废物污染环境防治坚持污染担责的原则。

产生、收集、贮存、运输、利用、处置固体废物的单位和个人，应当采取措施，防止或者减少固体废物对环境的污染，对所造成的环境污染依法承担责任。

第六条　国家推行生活垃圾分类制度。

生活垃圾分类坚持政府推动、全民参与、城乡统筹、因地制宜、简便易行的原则。

第七条　地方各级人民政府对本行政区域固体废物污染环境防治负责。

国家实行固体废物污染环境防治目标责任制和考核评价制度，将固体废物污染环境防治目标完成情况纳入考核评价的内容。

第八条　各级人民政府应当加强对固体废物污染环境防治工作的领导，组织、协调、督促有关部门依法履行固体废物污染环境防治监督管理职责。

省、自治区、直辖市之间可以协商建立跨行政区域固体废物污染环境的联防联控机制，统筹规划制定、设施建设、固体废物转移等工作。

第九条　国务院生态环境主管部门对全国固体废物污染环境防治工作实施统

一监督管理。国务院发展改革、工业和信息化、自然资源、住房城乡建设、交通运输、农业农村、商务、卫生健康、海关等主管部门在各自职责范围内负责固体废物污染环境防治的监督管理工作。

地方人民政府生态环境主管部门对本行政区域固体废物污染环境防治工作实施统一监督管理。地方人民政府发展改革、工业和信息化、自然资源、住房城乡建设、交通运输、农业农村、商务、卫生健康等主管部门在各自职责范围内负责固体废物污染环境防治的监督管理工作。

第十条 国家鼓励、支持固体废物污染环境防治的科学研究、技术开发、先进技术推广和科学普及，加强固体废物污染环境防治科技支撑。

第十一条 国家机关、社会团体、企业事业单位、基层群众性自治组织和新闻媒体应当加强固体废物污染环境防治宣传教育和科学普及，增强公众固体废物污染环境防治意识。

学校应当开展生活垃圾分类以及其他固体废物污染环境防治知识普及和教育。

第十二条 各级人民政府对在固体废物污染环境防治工作以及相关的综合利用活动中做出显著成绩的单位和个人，按照国家有关规定给予表彰、奖励。

第二章 监督管理

第十三条 县级以上人民政府应当将固体废物污染环境防治工作纳入国民经济和社会发展规划、生态环境保护规划，并采取有效措施减少固体废物的产生量、促进固体废物的综合利用、降低固体废物的危害性，最大限度降低固体废物填埋量。

第十四条 国务院生态环境主管部门应当会同国务院有关部门根据国家环境质量标准和国家经济、技术条件，制定固体废物鉴别标准、鉴别程序和国家固体废物污染环境防治技术标准。

第十五条 国务院标准化主管部门应当会同国务院发展改革、工业和信息化、生态环境、农业农村等主管部门，制定固体废物综合利用标准。

综合利用固体废物应当遵守生态环境法律法规，符合固体废物污染环境防治技术标准。使用固体废物综合利用产物应当符合国家规定的用途、标准。

第十六条 国务院生态环境主管部门应当会同国务院有关部门建立全国危险废物等固体废物污染环境防治信息平台，推进固体废物收集、转移、处置等全过程监控和信息化追溯。

第十七条 建设产生、贮存、利用、处置固体废物的项目，应当依法进行环境影响评价，并遵守国家有关建设项目环境保护管理的规定。

第十八条 建设项目的环境影响评价文件确定需要配套建设的固体废物污染

环境防治设施，应当与主体工程同时设计、同时施工、同时投入使用。建设项目的初步设计，应当按照环境保护设计规范的要求，将固体废物污染环境防治内容纳入环境影响评价文件，落实防治固体废物污染环境和破坏生态的措施以及固体废物污染环境防治设施投资概算。

建设单位应当依照有关法律法规的规定，对配套建设的固体废物污染环境防治设施进行验收，编制验收报告，并向社会公开。

第十九条　收集、贮存、运输、利用、处置固体废物的单位和其他生产经营者，应当加强对相关设施、设备和场所的管理和维护，保证其正常运行和使用。

第二十条　产生、收集、贮存、运输、利用、处置固体废物的单位和其他生产经营者，应当采取防扬散、防流失、防渗漏或者其他防止污染环境的措施，不得擅自倾倒、堆放、丢弃、遗撒固体废物。

禁止任何单位或者个人向江河、湖泊、运河、渠道、水库及其最高水位线以下的滩地和岸坡以及法律法规规定的其他地点倾倒、堆放、贮存固体废物。

第二十一条　在生态保护红线区域、永久基本农田集中区域和其他需要特别保护的区域内，禁止建设工业固体废物、危险废物集中贮存、利用、处置的设施、场所和生活垃圾填埋场。

第二十二条　转移固体废物出省、自治区、直辖市行政区域贮存、处置的，应当向固体废物移出地的省、自治区、直辖市人民政府生态环境主管部门提出申请。移出地的省、自治区、直辖市人民政府生态环境主管部门应当及时商经接受地的省、自治区、直辖市人民政府生态环境主管部门同意后，在规定期限内批准转移该固体废物出省、自治区、直辖市行政区域。未经批准的，不得转移。

转移固体废物出省、自治区、直辖市行政区域利用的，应当报固体废物移出地的省、自治区、直辖市人民政府生态环境主管部门备案。移出地的省、自治区、直辖市人民政府生态环境主管部门应当将备案信息通报接受地的省、自治区、直辖市人民政府生态环境主管部门。

第二十三条　禁止中华人民共和国境外的固体废物进境倾倒、堆放、处置。

第二十四条　国家逐步实现固体废物零进口，由国务院生态环境主管部门会同国务院商务、发展改革、海关等主管部门组织实施。

第二十五条　海关发现进口货物疑似固体废物的，可以委托专业机构开展属性鉴别，并根据鉴别结论依法管理。

第二十六条　生态环境主管部门及其环境执法机构和其他负有固体废物污染环境防治监督管理职责的部门，在各自职责范围内有权对从事产生、收集、贮存、运输、利用、处置固体废物等活动的单位和其他生产经营者进行现场检查。被检查者应当如实反映情况，并提供必要的资料。

实施现场检查，可以采取现场监测、采集样品、查阅或者复制与固体废物污染环境防治相关的资料等措施。检查人员进行现场检查，应当出示证件。对现场检查中知悉的商业秘密应当保密。

第二十七条　有下列情形之一，生态环境主管部门和其他负有固体废物污染环境防治监督管理职责的部门，可以对违法收集、贮存、运输、利用、处置的固体废物及设施、设备、场所、工具、物品予以查封、扣押：

（一）可能造成证据灭失、被隐匿或者非法转移的；

（二）造成或者可能造成严重环境污染的。

第二十八条　生态环境主管部门应当会同有关部门建立产生、收集、贮存、运输、利用、处置固体废物的单位和其他生产经营者信用记录制度，将相关信用记录纳入全国信用信息共享平台。

第二十九条　设区的市级人民政府生态环境主管部门应当会同住房城乡建设、农业农村、卫生健康等主管部门，定期向社会发布固体废物的种类、产生量、处置能力、利用处置状况等信息。

产生、收集、贮存、运输、利用、处置固体废物的单位，应当依法及时公开固体废物污染环境防治信息，主动接受社会监督。

利用、处置固体废物的单位，应当依法向公众开放设施、场所，提高公众环境保护意识和参与程度。

第三十条　县级以上人民政府应当将工业固体废物、生活垃圾、危险废物等固体废物污染环境防治情况纳入环境状况和环境保护目标完成情况年度报告，向本级人民代表大会或者人民代表大会常务委员会报告。

第三十一条　任何单位和个人都有权对造成固体废物污染环境的单位和个人进行举报。

生态环境主管部门和其他负有固体废物污染环境防治监督管理职责的部门应当将固体废物污染环境防治举报方式向社会公布，方便公众举报。

接到举报的部门应当及时处理并对举报人的相关信息予以保密；对实名举报并查证属实的，给予奖励。

举报人举报所在单位的，该单位不得以解除、变更劳动合同或者其他方式对举报人进行打击报复。

第三章　工业固体废物

第三十二条　国务院生态环境主管部门应当会同国务院发展改革、工业和信息化等主管部门对工业固体废物对公众健康、生态环境的危害和影响程度等作出界定，制定防治工业固体废物污染环境的技术政策，组织推广先进的防治工业固体废物污染环境的生产工艺和设备。

第三十三条　国务院工业和信息化主管部门应当会同国务院有关部门组织研

究开发、推广减少工业固体废物产生量和降低工业固体废物危害性的生产工艺和设备，公布限期淘汰产生严重污染环境的工业固体废物的落后生产工艺、设备的名录。

生产者、销售者、进口者、使用者应当在国务院工业和信息化主管部门会同国务院有关部门规定的期限内分别停止生产、销售、进口或者使用列入前款规定名录中的设备。生产工艺的采用者应当在国务院工业和信息化主管部门会同国务院有关部门规定的期限内停止采用列入前款规定名录中的工艺。

列入限期淘汰名录被淘汰的设备，不得转让给他人使用。

第三十四条　国务院工业和信息化主管部门应当会同国务院发展改革、生态环境等主管部门，定期发布工业固体废物综合利用技术、工艺、设备和产品导向目录，组织开展工业固体废物资源综合利用评价，推动工业固体废物综合利用。

第三十五条　县级以上地方人民政府应当制定工业固体废物污染环境防治工作规划，组织建设工业固体废物集中处置等设施，推动工业固体废物污染环境防治工作。

第三十六条　产生工业固体废物的单位应当建立健全工业固体废物产生、收集、贮存、运输、利用、处置全过程的污染环境防治责任制度，建立工业固体废物管理台账，如实记录产生工业固体废物的种类、数量、流向、贮存、利用、处置等信息，实现工业固体废物可追溯、可查询，并采取防治工业固体废物污染环境的措施。

禁止向生活垃圾收集设施中投放工业固体废物。

第三十七条　产生工业固体废物的单位委托他人运输、利用、处置工业固体废物的，应当对受托方的主体资格和技术能力进行核实，依法签订书面合同，在合同中约定污染防治要求。

受托方运输、利用、处置工业固体废物，应当依照有关法律法规的规定和合同约定履行污染防治要求，并将运输、利用、处置情况告知产生工业固体废物的单位。

产生工业固体废物的单位违反本条第一款规定的，除依照有关法律法规的规定予以处罚外，还应当与造成环境污染和生态破坏的受托方承担连带责任。

第三十八条　产生工业固体废物的单位应当依法实施清洁生产审核，合理选择和利用原材料、能源和其他资源，采用先进的生产工艺和设备，减少工业固体废物的产生量，降低工业固体废物的危害性。

第三十九条　产生工业固体废物的单位应当取得排污许可证。排污许可的具体办法和实施步骤由国务院规定。

产生工业固体废物的单位应当向所在地生态环境主管部门提供工业固体废物的种类、数量、流向、贮存、利用、处置等有关资料，以及减少工业固体废物产生、促进综合利用的具体措施，并执行排污许可管理制度的相关规定。

第四十条　产生工业固体废物的单位应当根据经济、技术条件对工业固体废物加以利用；对暂时不利用或者不能利用的，应当按照国务院生态环境等主管部门的规定建设贮存设施、场所，安全分类存放，或者采取无害化处置措施。贮存工业固体废物应当采取符合国家环境保护标准的防护措施。

建设工业固体废物贮存、处置的设施、场所，应当符合国家环境保护标准。

第四十一条　产生工业固体废物的单位终止的，应当在终止前对工业固体废物的贮存、处置的设施、场所采取污染防治措施，并对未处置的工业固体废物作出妥善处置，防止污染环境。

产生工业固体废物的单位发生变更的，变更后的单位应当按照国家有关环境保护的规定对未处置的工业固体废物及其贮存、处置的设施、场所进行安全处置或者采取有效措施保证该设施、场所安全运行。变更前当事人对工业固体废物及其贮存、处置的设施、场所的污染防治责任另有约定的，从其约定；但是，不得免除当事人的污染防治义务。

对 2005 年 4 月 1 日前已经终止的单位未处置的工业固体废物及其贮存、处置的设施、场所进行安全处置的费用，由有关人民政府承担；但是，该单位享有的土地使用权依法转让的，应当由土地使用权受让人承担处置费用。当事人另有约定的，从其约定；但是，不得免除当事人的污染防治义务。

第四十二条　矿山企业应当采取科学的开采方法和选矿工艺，减少尾矿、煤矸石、废石等矿业固体废物的产生量和贮存量。

国家鼓励采取先进工艺对尾矿、煤矸石、废石等矿业固体废物进行综合利用。

尾矿、煤矸石、废石等矿业固体废物贮存设施停止使用后，矿山企业应当按照国家有关环境保护等规定进行封场，防止造成环境污染和生态破坏。

第四章　生活垃圾

第四十三条　县级以上地方人民政府应当加快建立分类投放、分类收集、分类运输、分类处理的生活垃圾管理系统，实现生活垃圾分类制度有效覆盖。

县级以上地方人民政府应当建立生活垃圾分类工作协调机制，加强和统筹生活垃圾分类管理能力建设。

各级人民政府及其有关部门应当组织开展生活垃圾分类宣传，教育引导公众养成生活垃圾分类习惯，督促和指导生活垃圾分类工作。

第四十四条　县级以上地方人民政府应当有计划地改进燃料结构，发展清洁能源，减少燃料废渣等固体废物的产生量。

县级以上地方人民政府有关部门应当加强产品生产和流通过程管理，避免过度包装，组织净菜上市，减少生活垃圾的产生量。

第四十五条 县级以上人民政府应当统筹安排建设城乡生活垃圾收集、运输、处理设施，确定设施厂址，提高生活垃圾的综合利用和无害化处置水平，促进生活垃圾收集、处理的产业化发展，逐步建立和完善生活垃圾污染环境防治的社会服务体系。

县级以上地方人民政府有关部门应当统筹规划，合理安排回收、分拣、打包网点，促进生活垃圾的回收利用工作。

第四十六条 地方各级人民政府应当加强农村生活垃圾污染环境的防治，保护和改善农村人居环境。

国家鼓励农村生活垃圾源头减量。城乡结合部、人口密集的农村地区和其他有条件的地方，应当建立城乡一体的生活垃圾管理系统；其他农村地区应当积极探索生活垃圾管理模式，因地制宜，就近就地利用或者妥善处理生活垃圾。

第四十七条 设区的市级以上人民政府环境卫生主管部门应当制定生活垃圾清扫、收集、贮存、运输和处理设施、场所建设运行规范，发布生活垃圾分类指导目录，加强监督管理。

第四十八条 县级以上地方人民政府环境卫生等主管部门应当组织对城乡生活垃圾进行清扫、收集、运输和处理，可以通过招标等方式选择具备条件的单位从事生活垃圾的清扫、收集、运输和处理。

第四十九条 产生生活垃圾的单位、家庭和个人应当依法履行生活垃圾源头减量和分类投放义务，承担生活垃圾产生者责任。

任何单位和个人都应当依法在指定的地点分类投放生活垃圾。禁止随意倾倒、抛撒、堆放或者焚烧生活垃圾。

机关、事业单位等应当在生活垃圾分类工作中起示范带头作用。

已经分类投放的生活垃圾，应当按照规定分类收集、分类运输、分类处理。

第五十条 清扫、收集、运输、处理城乡生活垃圾，应当遵守国家有关环境保护和环境卫生管理的规定，防止污染环境。

从生活垃圾中分类并集中收集的有害垃圾，属于危险废物的，应当按照危险废物管理。

第五十一条 从事公共交通运输的经营单位，应当及时清扫、收集运输过程中产生的生活垃圾。

第五十二条 农贸市场、农产品批发市场等应当加强环境卫生管理，保持环境卫生清洁，对所产生的垃圾及时清扫、分类收集、妥善处理。

第五十三条 从事城市新区开发、旧区改建和住宅小区开发建设、村镇建设的单位，以及机场、码头、车站、公园、商场、体育场馆等公共设施、场所的经营管理单位，应当按照国家有关环境卫生的规定，配套建设生活垃圾收集设施。

县级以上地方人民政府应当统筹生活垃圾公共转运、处理设施与前款规定的收集设施的有效衔接，并加强生活垃圾分类收运体系和再生资源回收体系在规划、建设、运营等方面的融合。

第五十四条　从生活垃圾中回收的物质应当按照国家规定的用途、标准使用，不得用于生产可能危害人体健康的产品。

第五十五条　建设生活垃圾处理设施、场所，应当符合国务院生态环境主管部门和国务院住房城乡建设主管部门规定的环境保护和环境卫生标准。

鼓励相邻地区统筹生活垃圾处理设施建设，促进生活垃圾处理设施跨行政区域共建共享。

禁止擅自关闭、闲置或者拆除生活垃圾处理设施、场所；确有必要关闭、闲置或者拆除的，应当经所在地的市、县级人民政府环境卫生主管部门商所在地生态环境主管部门同意后核准，并采取防止污染环境的措施。

第五十六条　生活垃圾处理单位应当按照国家有关规定，安装使用监测设备，实时监测污染物的排放情况，将污染排放数据实时公开。监测设备应当与所在地生态环境主管部门的监控设备联网。

第五十七条　县级以上地方人民政府环境卫生主管部门负责组织开展厨余垃圾资源化、无害化处理工作。

产生、收集厨余垃圾的单位和其他生产经营者，应当将厨余垃圾交由具备相应资质条件的单位进行无害化处理。

禁止畜禽养殖场、养殖小区利用未经无害化处理的厨余垃圾饲喂畜禽。

第五十八条　县级以上地方人民政府应当按照产生者付费原则，建立生活垃圾处理收费制度。

县级以上地方人民政府制定生活垃圾处理收费标准，应当根据本地实际，结合生活垃圾分类情况，体现分类计价、计量收费等差别化管理，并充分征求公众意见。生活垃圾处理收费标准应当向社会公布。

生活垃圾处理费应当专项用于生活垃圾的收集、运输和处理等，不得挪作他用。

第五十九条　省、自治区、直辖市和设区的市、自治州可以结合实际，制定本地方生活垃圾具体管理办法。

第五章　建筑垃圾、农业固体废物等

第六十条　县级以上地方人民政府应当加强建筑垃圾污染环境的防治，建立建筑垃圾分类处理制度。

县级以上地方人民政府应当制定包括源头减量、分类处理、消纳设施和场所布局及建设等在内的建筑垃圾污染环境防治工作规划。

第六十一条 国家鼓励采用先进技术、工艺、设备和管理措施，推进建筑垃圾源头减量，建立建筑垃圾回收利用体系。

县级以上地方人民政府应当推动建筑垃圾综合利用产品应用。

第六十二条 县级以上地方人民政府环境卫生主管部门负责建筑垃圾污染环境防治工作，建立建筑垃圾全过程管理制度，规范建筑垃圾产生、收集、贮存、运输、利用、处置行为，推进综合利用，加强建筑垃圾处置设施、场所建设，保障处置安全，防止污染环境。

第六十三条 工程施工单位应当编制建筑垃圾处理方案，采取污染防治措施，并报县级以上地方人民政府环境卫生主管部门备案。

工程施工单位应当及时清运工程施工过程中产生的建筑垃圾等固体废物，并按照环境卫生主管部门的规定进行利用或者处置。

工程施工单位不得擅自倾倒、抛撒或者堆放工程施工过程中产生的建筑垃圾。

第六十四条 县级以上人民政府农业农村主管部门负责指导农业固体废物回收利用体系建设，鼓励和引导有关单位和其他生产经营者依法收集、贮存、运输、利用、处置农业固体废物，加强监督管理，防止污染环境。

第六十五条 产生秸秆、废弃农用薄膜、农药包装废弃物等农业固体废物的单位和其他生产经营者，应当采取回收利用和其他防止污染环境的措施。

从事畜禽规模养殖应当及时收集、贮存、利用或者处置养殖过程中产生的畜禽粪污等固体废物，避免造成环境污染。

禁止在人口集中地区、机场周围、交通干线附近以及当地人民政府划定的其他区域露天焚烧秸秆。

国家鼓励研究开发、生产、销售、使用在环境中可降解且无害的农用薄膜。

第六十六条 国家建立电器电子、铅蓄电池、车用动力电池等产品的生产者责任延伸制度。

电器电子、铅蓄电池、车用动力电池等产品的生产者应当按照规定以自建或者委托等方式建立与产品销售量相匹配的废旧产品回收体系，并向社会公开，实现有效回收和利用。

国家鼓励产品的生产者开展生态设计，促进资源回收利用。

第六十七条 国家对废弃电器电子产品等实行多渠道回收和集中处理制度。

禁止将废弃机动车船等交由不符合规定条件的企业或者个人回收、拆解。

拆解、利用、处置废弃电器电子产品、废弃机动车船等，应当遵守有关法律法规的规定，采取防止污染环境的措施。

第六十八条 产品和包装物的设计、制造，应当遵守国家有关清洁生产的规定。国务院标准化主管部门应当根据国家经济和技术条件、固体废物污染环境防治状况以及产品的技术要求，组织制定有关标准，防止过度包装造成环境污染。

生产经营者应当遵守限制商品过度包装的强制性标准，避免过度包装。县级以上地方人民政府市场监督管理部门和有关部门应当按照各自职责，加强对过度包装的监督管理。

生产、销售、进口依法被列入强制回收目录的产品和包装物的企业，应当按照国家有关规定对该产品和包装物进行回收。

电子商务、快递、外卖等行业应当优先采用可重复使用、易回收利用的包装物，优化物品包装，减少包装物的使用，并积极回收利用包装物。县级以上地方人民政府商务、邮政等主管部门应当加强监督管理。

国家鼓励和引导消费者使用绿色包装和减量包装。

第六十九条　国家依法禁止、限制生产、销售和使用不可降解塑料袋等一次性塑料制品。

商品零售场所开办单位、电子商务平台企业和快递企业、外卖企业应当按照国家有关规定向商务、邮政等主管部门报告塑料袋等一次性塑料制品的使用、回收情况。

国家鼓励和引导减少使用、积极回收塑料袋等一次性塑料制品，推广应用可循环、易回收、可降解的替代产品。

第七十条　旅游、住宿等行业应当按照国家有关规定推行不主动提供一次性用品。

机关、企业事业单位等的办公场所应当使用有利于保护环境的产品、设备和设施，减少使用一次性办公用品。

第七十一条　城镇污水处理设施维护运营单位或者污泥处理单位应当安全处理污泥，保证处理后的污泥符合国家有关标准，对污泥的流向、用途、用量等进行跟踪、记录，并报告城镇排水主管部门、生态环境主管部门。

县级以上人民政府城镇排水主管部门应当将污泥处理设施纳入城镇排水与污水处理规划，推动同步建设污泥处理设施与污水处理设施，鼓励协同处理，污水处理费征收标准和补偿范围应当覆盖污泥处理成本和污水处理设施正常运营成本。

第七十二条　禁止擅自倾倒、堆放、丢弃、遗撒城镇污水处理设施产生的污泥和处理后的污泥。

禁止重金属或者其他有毒有害物质含量超标的污泥进入农用地。

从事水体清淤疏浚应当按照国家有关规定处理清淤疏浚过程中产生的底泥，防止污染环境。

第七十三条　各级各类实验室及其设立单位应当加强对实验室产生的固体废物的管理，依法收集、贮存、运输、利用、处置实验室固体废物。实验室固体废物属于危险废物的，应当按照危险废物管理。

第六章　危险废物

第七十四条　危险废物污染环境的防治，适用本章规定；本章未作规定的，适用本法其他有关规定。

第七十五条　国务院生态环境主管部门应当会同国务院有关部门制定国家危险废物名录，规定统一的危险废物鉴别标准、鉴别方法、识别标志和鉴别单位管理要求。国家危险废物名录应当动态调整。

国务院生态环境主管部门根据危险废物的危害特性和产生数量，科学评估其环境风险，实施分级分类管理，建立信息化监管体系，并通过信息化手段管理、共享危险废物转移数据和信息。

第七十六条　省、自治区、直辖市人民政府应当组织有关部门编制危险废物集中处置设施、场所的建设规划，科学评估危险废物处置需求，合理布局危险废物集中处置设施、场所，确保本行政区域的危险废物得到妥善处置。

编制危险废物集中处置设施、场所的建设规划，应当征求有关行业协会、企业事业单位、专家和公众等方面的意见。

相邻省、自治区、直辖市之间可以开展区域合作，统筹建设区域性危险废物集中处置设施、场所。

第七十七条　对危险废物的容器和包装物以及收集、贮存、运输、利用、处置危险废物的设施、场所，应当按照规定设置危险废物识别标志。

第七十八条　产生危险废物的单位，应当按照国家有关规定制定危险废物管理计划；建立危险废物管理台账，如实记录有关信息，并通过国家危险废物信息管理系统向所在地生态环境主管部门申报危险废物的种类、产生量、流向、贮存、处置等有关资料。

前款所称危险废物管理计划应当包括减少危险废物产生量和降低危险废物危害性的措施以及危险废物贮存、利用、处置措施。危险废物管理计划应当报产生危险废物的单位所在地生态环境主管部门备案。

产生危险废物的单位已经取得排污许可证的，执行排污许可管理制度的规定。

第七十九条　产生危险废物的单位，应当按照国家有关规定和环境保护标准要求贮存、利用、处置危险废物，不得擅自倾倒、堆放。

第八十条　从事收集、贮存、利用、处置危险废物经营活动的单位，应当按照国家有关规定申请取得许可证。许可证的具体管理办法由国务院制定。

禁止无许可证或者未按照许可证规定从事危险废物收集、贮存、利用、处置的经营活动。

禁止将危险废物提供或者委托给无许可证的单位或者其他生产经营者从事收集、贮存、利用、处置活动。

第八十一条 收集、贮存危险废物，应当按照危险废物特性分类进行。禁止混合收集、贮存、运输、处置性质不相容而未经安全性处置的危险废物。

贮存危险废物应当采取符合国家环境保护标准的防护措施。禁止将危险废物混入非危险废物中贮存。

从事收集、贮存、利用、处置危险废物经营活动的单位，贮存危险废物不得超过一年；确需延长期限的，应当报经颁发许可证的生态环境主管部门批准；法律、行政法规另有规定的除外。

第八十二条 转移危险废物的，应当按照国家有关规定填写、运行危险废物电子或者纸质转移联单。

跨省、自治区、直辖市转移危险废物的，应当向危险废物移出地省、自治区、直辖市人民政府生态环境主管部门申请。移出地省、自治区、直辖市人民政府生态环境主管部门应当及时商经接受地省、自治区、直辖市人民政府生态环境主管部门同意后，在规定期限内批准转移该危险废物，并将批准信息通报相关省、自治区、直辖市人民政府生态环境主管部门和交通运输主管部门。未经批准的，不得转移。

危险废物转移管理应当全程管控、提高效率，具体办法由国务院生态环境主管部门会同国务院交通运输主管部门和公安部门制定。

第八十三条 运输危险废物，应当采取防止污染环境的措施，并遵守国家有关危险货物运输管理的规定。

禁止将危险废物与旅客在同一运输工具上载运。

第八十四条 收集、贮存、运输、利用、处置危险废物的场所、设施、设备和容器、包装物及其他物品转作他用时，应当按照国家有关规定经过消除污染处理，方可使用。

第八十五条 产生、收集、贮存、运输、利用、处置危险废物的单位，应当依法制定意外事故的防范措施和应急预案，并向所在地生态环境主管部门和其他负有固体废物污染环境防治监督管理职责的部门备案；生态环境主管部门和其他负有固体废物污染环境防治监督管理职责的部门应当进行检查。

第八十六条 因发生事故或者其他突发性事件，造成危险废物严重污染环境的单位，应当立即采取有效措施消除或者减轻对环境的污染危害，及时通报可能受到污染危害的单位和居民，并向所在地生态环境主管部门和有关部门报告，接受调查处理。

第八十七条 在发生或者有证据证明可能发生危险废物严重污染环境、威胁居民生命财产安全时，生态环境主管部门或者其他负有固体废物污染环境防治监督管理职责的部门应当立即向本级人民政府和上一级人民政府有关部门报告，由人民政府采取防止或者减轻危害的有效措施。有关人民政府可以根据需要责令停止导致或者可能导致环境污染事故的作业。

第八十八条　重点危险废物集中处置设施、场所退役前，运营单位应当按照国家有关规定对设施、场所采取污染防治措施。退役的费用应当预提，列入投资概算或者生产成本，专门用于重点危险废物集中处置设施、场所的退役。具体提取和管理办法，由国务院财政部门、价格主管部门会同国务院生态环境主管部门规定。

第八十九条　禁止经中华人民共和国过境转移危险废物。

第九十条　医疗废物按照国家危险废物名录管理。县级以上地方人民政府应当加强医疗废物集中处置能力建设。

县级以上人民政府卫生健康、生态环境等主管部门应当在各自职责范围内加强对医疗废物收集、贮存、运输、处置的监督管理，防止危害公众健康、污染环境。

医疗卫生机构应当依法分类收集本单位产生的医疗废物，交由医疗废物集中处置单位处置。医疗废物集中处置单位应当及时收集、运输和处置医疗废物。

医疗卫生机构和医疗废物集中处置单位，应当采取有效措施，防止医疗废物流失、泄漏、渗漏、扩散。

第九十一条　重大传染病疫情等突发事件发生时，县级以上人民政府应当统筹协调医疗废物等危险废物收集、贮存、运输、处置等工作，保障所需的车辆、场地、处置设施和防护物资。卫生健康、生态环境、环境卫生、交通运输等主管部门应当协同配合，依法履行应急处置职责。

第七章　保障措施

第九十二条　国务院有关部门、县级以上地方人民政府及其有关部门在编制国土空间规划和相关专项规划时，应当统筹生活垃圾、建筑垃圾、危险废物等固体废物转运、集中处置等设施建设需求，保障转运、集中处置等设施用地。

第九十三条　国家采取有利于固体废物污染环境防治的经济、技术政策和措施，鼓励、支持有关方面采取有利于固体废物污染环境防治的措施，加强对从事固体废物污染环境防治工作人员的培训和指导，促进固体废物污染环境防治产业专业化、规模化发展。

第九十四条　国家鼓励和支持科研单位、固体废物产生单位、固体废物利用单位、固体废物处置单位等联合攻关，研究开发固体废物综合利用、集中处置等的新技术，推动固体废物污染环境防治技术进步。

第九十五条　各级人民政府应当加强固体废物污染环境的防治，按照事权划分的原则安排必要的资金用于下列事项：

（一）固体废物污染环境防治的科学研究、技术开发；

（二）生活垃圾分类；

（三）固体废物集中处置设施建设；

（四）重大传染病疫情等突发事件产生的医疗废物等危险废物应急处置；

（五）涉及固体废物污染环境防治的其他事项。

使用资金应当加强绩效管理和审计监督，确保资金使用效益。

第九十六条 国家鼓励和支持社会力量参与固体废物污染环境防治工作，并按照国家有关规定给予政策扶持。

第九十七条 国家发展绿色金融，鼓励金融机构加大对固体废物污染环境防治项目的信贷投放。

第九十八条 从事固体废物综合利用等固体废物污染环境防治工作的，依照法律、行政法规的规定，享受税收优惠。

国家鼓励并提倡社会各界为防治固体废物污染环境捐赠财产，并依照法律、行政法规的规定，给予税收优惠。

第九十九条 收集、贮存、运输、利用、处置危险废物的单位，应当按照国家有关规定，投保环境污染责任保险。

第一百条 国家鼓励单位和个人购买、使用综合利用产品和可重复使用产品。

县级以上人民政府及其有关部门在政府采购过程中，应当优先采购综合利用产品和可重复使用产品。

第八章 法律责任

第一百零一条 生态环境主管部门或者其他负有固体废物污染环境防治监督管理职责的部门违反本法规定，有下列行为之一，由本级人民政府或者上级人民政府有关部门责令改正，对直接负责的主管人员和其他直接责任人员依法给予处分：

（一）未依法作出行政许可或者办理批准文件的；

（二）对违法行为进行包庇的；

（三）未依法查封、扣押的；

（四）发现违法行为或者接到对违法行为的举报后未予查处的；

（五）有其他滥用职权、玩忽职守、徇私舞弊等违法行为的。

依照本法规定应当作出行政处罚决定而未作出的，上级主管部门可以直接作出行政处罚决定。

第一百零二条 违反本法规定，有下列行为之一，由生态环境主管部门责令改正，处以罚款，没收违法所得；情节严重的，报经有批准权的人民政府批准，可以责令停业或者关闭：

（一）产生、收集、贮存、运输、利用、处置固体废物的单位未依法及时公开固体废物污染环境防治信息的；

（二）生活垃圾处理单位未按照国家有关规定安装使用监测设备、实时监测污染物的排放情况并公开污染排放数据的；

（三）将列入限期淘汰名录被淘汰的设备转让给他人使用的；

（四）在生态保护红线区域、永久基本农田集中区域和其他需要特别保护的区域内，建设工业固体废物、危险废物集中贮存、利用、处置的设施、场所和生活垃圾填埋场的；

（五）转移固体废物出省、自治区、直辖市行政区域贮存、处置未经批准的；

（六）转移固体废物出省、自治区、直辖市行政区域利用未报备案的；

（七）擅自倾倒、堆放、丢弃、遗撒工业固体废物，或者未采取相应防范措施，造成工业固体废物扬散、流失、渗漏或者其他环境污染的；

（八）产生工业固体废物的单位未建立固体废物管理台账并如实记录的；

（九）产生工业固体废物的单位违反本法规定委托他人运输、利用、处置工业固体废物的；

（十）贮存工业固体废物未采取符合国家环境保护标准的防护措施的；

（十一）单位和其他生产经营者违反固体废物管理其他要求，污染环境、破坏生态的。

有前款第一项、第八项行为之一，处五万元以上二十万元以下的罚款；有前款第二项、第三项、第四项、第五项、第六项、第九项、第十项、第十一项行为之一，处十万元以上一百万元以下的罚款；有前款第七项行为，处所需处置费用一倍以上三倍以下的罚款，所需处置费用不足十万元的，按十万元计算。对前款第十一项行为的处罚，有关法律、行政法规另有规定的，适用其规定。

第一百零三条　违反本法规定，以拖延、围堵、滞留执法人员等方式拒绝、阻挠监督检查，或者在接受监督检查时弄虚作假的，由生态环境主管部门或者其他负有固体废物污染环境防治监督管理职责的部门责令改正，处五万元以上二十万元以下的罚款；对直接负责的主管人员和其他直接责任人员，处二万元以上十万元以下的罚款。

第一百零四条　违反本法规定，未依法取得排污许可证产生工业固体废物的，由生态环境主管部门责令改正或者限制生产、停产整治，处十万元以上一百万元以下的罚款；情节严重的，报经有批准权的人民政府批准，责令停业或者关闭。

第一百零五条　违反本法规定，生产经营者未遵守限制商品过度包装的强制性标准的，由县级以上地方人民政府市场监督管理部门或者有关部门责令改正；拒不改正的，处二千元以上二万元以下的罚款；情节严重的，处二万元以上十万元以下的罚款。

第一百零六条 违反本法规定，未遵守国家有关禁止、限制使用不可降解塑料袋等一次性塑料制品的规定，或者未按照国家有关规定报告塑料袋等一次性塑料制品的使用情况的，由县级以上地方人民政府商务、邮政等主管部门责令改正，处一万元以上十万元以下的罚款。

第一百零七条 从事畜禽规模养殖未及时收集、贮存、利用或者处置养殖过程中产生的畜禽粪污等固体废物的，由生态环境主管部门责令改正，可以处十万元以下的罚款；情节严重的，报经有批准权的人民政府批准，责令停业或者关闭。

第一百零八条 违反本法规定，城镇污水处理设施维护运营单位或者污泥处理单位对污泥流向、用途、用量等未进行跟踪、记录，或者处理后的污泥不符合国家有关标准的，由城镇排水主管部门责令改正，给予警告；造成严重后果的，处十万元以上二十万元以下的罚款；拒不改正的，城镇排水主管部门可以指定有治理能力的单位代为治理，所需费用由违法者承担。

违反本法规定，擅自倾倒、堆放、丢弃、遗撒城镇污水处理设施产生的污泥和处理后的污泥的，由城镇排水主管部门责令改正，处二十万元以上二百万元以下的罚款，对直接负责的主管人员和其他直接责任人员处二万元以上十万元以下的罚款；造成严重后果的，处二百万元以上五百万元以下的罚款，对直接负责的主管人员和其他直接责任人员处五万元以上五十万元以下的罚款；拒不改正的，城镇排水主管部门可以指定有治理能力的单位代为治理，所需费用由违法者承担。

第一百零九条 违反本法规定，生产、销售、进口或者使用淘汰的设备，或者采用淘汰的生产工艺的，由县级以上地方人民政府指定的部门责令改正，处十万元以上一百万元以下的罚款，没收违法所得；情节严重的，由县级以上地方人民政府指定的部门提出意见，报经有批准权的人民政府批准，责令停业或者关闭。

第一百一十条 尾矿、煤矸石、废石等矿业固体废物贮存设施停止使用后，未按照国家有关环境保护规定进行封场的，由生态环境主管部门责令改正，处二十万元以上一百万元以下的罚款。

第一百一十一条 违反本法规定，有下列行为之一，由县级以上地方人民政府环境卫生主管部门责令改正，处以罚款，没收违法所得：

（一）随意倾倒、抛撒、堆放或者焚烧生活垃圾的；

（二）擅自关闭、闲置或者拆除生活垃圾处理设施、场所的；

（三）工程施工单位未编制建筑垃圾处理方案报备案，或者未及时清运施工过程中产生的固体废物的；

（四）工程施工单位擅自倾倒、抛撒或者堆放工程施工过程中产生的建筑垃圾，或者未按照规定对施工过程中产生的固体废物进行利用或者处置的；

（五）产生、收集厨余垃圾的单位和其他生产经营者未将厨余垃圾交由具备相应资质条件的单位进行无害化处理的；

（六）畜禽养殖场、养殖小区利用未经无害化处理的厨余垃圾饲喂畜禽的；

（七）在运输过程中沿途丢弃、遗撒生活垃圾的。

单位有前款第一项、第七项行为之一，处五万元以上五十万元以下的罚款；单位有前款第二项、第三项、第四项、第五项、第六项行为之一，处十万元以上一百万元以下的罚款；个人有前款第一项、第五项、第七项行为之一，处一百元以上五百元以下的罚款。

违反本法规定，未在指定的地点分类投放生活垃圾的，由县级以上地方人民政府环境卫生主管部门责令改正；情节严重的，对单位处五万元以上五十万元以下的罚款，对个人依法处以罚款。

第一百一十二条　违反本法规定，有下列行为之一，由生态环境主管部门责令改正，处以罚款，没收违法所得；情节严重的，报经有批准权的人民政府批准，可以责令停业或者关闭：

（一）未按照规定设置危险废物识别标志的；

（二）未按照国家有关规定制定危险废物管理计划或者申报危险废物有关资料的；

（三）擅自倾倒、堆放危险废物的；

（四）将危险废物提供或者委托给无许可证的单位或者其他生产经营者从事经营活动的；

（五）未按照国家有关规定填写、运行危险废物转移联单或者未经批准擅自转移危险废物的；

（六）未按照国家环境保护标准贮存、利用、处置危险废物或者将危险废物混入非危险废物中贮存的；

（七）未经安全性处置，混合收集、贮存、运输、处置具有不相容性质的危险废物的；

（八）将危险废物与旅客在同一运输工具上载运的；

（九）未经消除污染处理，将收集、贮存、运输、处置危险废物的场所、设施、设备和容器、包装物及其他物品转作他用的；

（十）未采取相应防范措施，造成危险废物扬散、流失、渗漏或者其他环境污染的；

（十一）在运输过程中沿途丢弃、遗撒危险废物的；

（十二）未制定危险废物意外事故防范措施和应急预案的；

（十三）未按照国家有关规定建立危险废物管理台账并如实记录的。

有前款第一项、第二项、第五项、第六项、第七项、第八项、第九项、第十二项、第十三项行为之一，处十万元以上一百万元以下的罚款；有前款第三项、第四项、第十项、第十一项行为之一，处所需处置费用三倍以上五倍以下的罚款，所需处置费用不足二十万元的，按二十万元计算。

第一百一十三条　违反本法规定，危险废物产生者未按照规定处置其产生的危险废物被责令改正后拒不改正的，由生态环境主管部门组织代为处置，处置费用由危险废物产生者承担；拒不承担代为处置费用的，处代为处置费用一倍以上三倍以下的罚款。

第一百一十四条　无许可证从事收集、贮存、利用、处置危险废物经营活动的，由生态环境主管部门责令改正，处一百万元以上五百万元以下的罚款，并报经有批准权的人民政府批准，责令停业或者关闭；对法定代表人、主要负责人、直接负责的主管人员和其他责任人员，处十万元以上一百万元以下的罚款。

未按照许可证规定从事收集、贮存、利用、处置危险废物经营活动的，由生态环境主管部门责令改正，限制生产、停产整治，处五十万元以上二百万元以下的罚款；对法定代表人、主要负责人、直接负责的主管人员和其他责任人员，处五万元以上五十万元以下的罚款；情节严重的，报经有批准权的人民政府批准，责令停业或者关闭，还可以由发证机关吊销许可证。

第一百一十五条　违反本法规定，将中华人民共和国境外的固体废物输入境内的，由海关责令退运该固体废物，处五十万元以上五百万元以下的罚款。

承运人对前款规定的固体废物的退运、处置，与进口者承担连带责任。

第一百一十六条　违反本法规定，经中华人民共和国过境转移危险废物的，由海关责令退运该危险废物，处五十万元以上五百万元以下的罚款。

第一百一十七条　对已经非法入境的固体废物，由省级以上人民政府生态环境主管部门依法向海关提出处理意见，海关应当依照本法第一百一十五条的规定作出处罚决定；已经造成环境污染的，由省级以上人民政府生态环境主管部门责令进口者消除污染。

第一百一十八条　违反本法规定，造成固体废物污染环境事故的，除依法承担赔偿责任外，由生态环境主管部门依照本条第二款的规定处以罚款，责令限期采取治理措施；造成重大或者特大固体废物污染环境事故的，还可以报经有批准权的人民政府批准，责令关闭。

造成一般或者较大固体废物污染环境事故的，按照事故造成的直接经济损失的一倍以上三倍以下计算罚款；造成重大或者特大固体废物污染环境事故的，按照事故造成的直接经济损失的三倍以上五倍以下计算罚款，并对法定代表人、主要负责人、直接负责的主管人员和其他责任人员处上一年度从本单位取得的收入百分之五十以下的罚款。

第一百一十九条　单位和其他生产经营者违反本法规定排放固体废物，受到罚款处罚，被责令改正的，依法作出处罚决定的行政机关应当组织复查，发现其继续实施该违法行为的，依照《中华人民共和国环境保护法》的规定按日连续处罚。

第一百二十条　违反本法规定，有下列行为之一，尚不构成犯罪的，由公安机关对法定代表人、主要负责人、直接负责的主管人员和其他责任人员处十日以上十五日以下的拘留；情节较轻的，处五日以上十日以下的拘留：

（一）擅自倾倒、堆放、丢弃、遗撒固体废物，造成严重后果的；

（二）在生态保护红线区域、永久基本农田集中区域和其他需要特别保护的区域内，建设工业固体废物、危险废物集中贮存、利用、处置的设施、场所和生活垃圾填埋场的；

（三）将危险废物提供或者委托给无许可证的单位或者其他生产经营者堆放、利用、处置的；

（四）无许可证或者未按照许可证规定从事收集、贮存、利用、处置危险废物经营活动的；

（五）未经批准擅自转移危险废物的；

（六）未采取防范措施，造成危险废物扬散、流失、渗漏或者其他严重后果的。

第一百二十一条　固体废物污染环境、破坏生态，损害国家利益、社会公共利益的，有关机关和组织可以依照《中华人民共和国环境保护法》《中华人民共和国民事诉讼法》《中华人民共和国行政诉讼法》等法律的规定向人民法院提起诉讼。

第一百二十二条　固体废物污染环境、破坏生态给国家造成重大损失的，由设区的市级以上地方人民政府或者其指定的部门、机构组织与造成环境污染和生态破坏的单位和其他生产经营者进行磋商，要求其承担损害赔偿责任；磋商未达成一致的，可以向人民法院提起诉讼。

对于执法过程中查获的无法确定责任人或者无法退运的固体废物，由所在地县级以上地方人民政府组织处理。

第一百二十三条　违反本法规定，构成违反治安管理行为的，由公安机关依法给予治安管理处罚；构成犯罪的，依法追究刑事责任；造成人身、财产损害的，依法承担民事责任。

第九章　附　则

第一百二十四条　本法下列用语的含义：

（一）固体废物，是指在生产、生活和其他活动中产生的丧失原有利用价值或者虽未丧失利用价值但被抛弃或者放弃的固态、半固态和置于容器中的气态的物品、物质以及法律、行政法规规定纳入固体废物管理的物品、物质。经无害化加工处理，并且符合强制性国家产品质量标准，不会危害公众健康和生态安全，或者根据固体废物鉴别标准和鉴别程序认定为不属于固体废物的除外。

（二）工业固体废物，是指在工业生产活动中产生的固体废物。

（三）生活垃圾，是指在日常生活中或者为日常生活提供服务的活动中产生的固体废物，以及法律、行政法规规定视为生活垃圾的固体废物。

（四）建筑垃圾，是指建设单位、施工单位新建、改建、扩建和拆除各类建筑物、构筑物、管网等，以及居民装饰装修房屋过程中产生的弃土、弃料和其他固体废物。

（五）农业固体废物，是指在农业生产活动中产生的固体废物。

（六）危险废物，是指列入国家危险废物名录或者根据国家规定的危险废物鉴别标准和鉴别方法认定的具有危险特性的固体废物。

（七）贮存，是指将固体废物临时置于特定设施或者场所中的活动。

（八）利用，是指从固体废物中提取物质作为原材料或者燃料的活动。

（九）处置，是指将固体废物焚烧和用其他改变固体废物的物理、化学、生物特性的方法，达到减少已产生的固体废物数量、缩小固体废物体积、减少或者消除其危险成分的活动，或者将固体废物最终置于符合环境保护规定要求的填埋场的活动。

第一百二十五条　液态废物的污染防治，适用本法；但是，排入水体的废水的污染防治适用有关法律，不适用本法。

第一百二十六条　本法自 2020 年 9 月 1 日起施行。

附录2　铅锌冶炼工业污染防治技术政策

一、总则

（一）为贯彻《中华人民共和国环境保护法》等法律法规，防治环境污染，保障生态安全和人体健康，促进铅锌冶炼工业生产工艺和污染治理技术的进步，制定本技术政策。

（二）本技术政策为指导性文件，供各有关单位在建设项目和现有企业的管理、设计、建设、生产、科研等工作中参照采用；本技术政策适用于铅锌冶炼工业，包括以铅锌原生矿为原料的冶炼业和以废旧金属为原料的铅锌再生业。

（三）铅锌冶炼业应加大产业结构调整和产品优化升级的力度，合理规划产业布局，进一步提高产业集中度和规模化水平，加快淘汰低水平落后产能，实行产能等量或减量置换。

（四）在水源保护区、基本农田区、蔬菜基地、自然保护区、重要生态功能区、重要养殖基地、城镇人口密集区等环境敏感区及其防护区内，要严格限制新（改、扩）建铅锌冶炼和再生项目；区域内存在现有企业的，应适时调整规划，促使其治理、转产或迁出。

（五）铅锌冶炼业新建、扩建项目应优先采用一级标准或更先进的清洁生产工艺，改建项目的生产工艺不宜低于二级清洁生产标准。企业排放污染物应稳定达标，重点区域内企业排放的废气和废水中铅、砷、镉等重金属量应明显减少，到 2015 年，固体废物综合利用（或无害化处置）率要达到 100%。

（六）铅锌冶炼业重金属污染防治工作，要坚持"减量化、资源化、无害化"的原则，实行以清洁生产为核心、以重金属污染物减排为重点、以可行有效的污染防治技术为支撑、以风险防范为保障的综合防治技术路线。

（七）鼓励企业按照循环经济和生态工业的要求，采取铅锌联合冶炼、配套综合回收、产品关联延伸等措施，提高资源利用率，减少废物的产生量。

（八）废铅酸蓄电池的拆解，应按照《废电池污染防治技术政策》的要求进行。

（九）要采取有效措施，切实防范铅锌冶炼业企业生产过程中的环境和健康风险。对新（改、扩）建企业和现有企业，应根据企业所在地的自然条件和环境敏感区域的方位，科学地设置防护距离。

二、清洁生产

（一）为防范环境风险，对每一批矿物原料均应进行全成分分析，严格控制原料中汞、砷、镉、铊、铍等有害元素含量。无汞回收装置的冶炼厂，不应使用汞含量高于 0.01% 的原料。含汞的废渣作为铅锌冶炼配料使用时，应先回收汞，再进行铅锌冶炼。

（二）在矿物原料的运输、储存和备料等过程中，应采取密闭等措施，防止物料扬撒。原料、中间产品和成品不宜露天堆放。

（三）鼓励采用符合一、二级清洁生产标准的铅短流程富氧熔炼工艺，要在 3~5 年内淘汰不符合清洁生产标准的铅锌冶炼工艺、设备。

（四）应提高铅锌冶炼各工序中铅、汞、砷、镉、铊、铍和硫等元素的回收率，最大限度地减少排放量。

（五）铅产品及含铅组件上应有成分和再利用标志；废铅产品及含铅、锌、砷、汞、镉、铊等有害元素的物料，应就地回收，按固体废物管理的有关规定进行鉴别、处理。

（六）应采用湿法工艺，对铅、锌电解产生的阳极泥进行处理，回收金、银、锑、铋、铅、铜等金属，残渣应按固体废物管理要求妥善处理。

（七）采用废旧金属进行再生铅锌冶炼，应控制原料中的氯元素含量，烟气应采用急冷、活性炭吸附、布袋除尘等净化技术，严格控制二噁英的产生和排放。

三、大气污染防治

（一）铅锌冶炼的烟气应采取负压工况收集、处理。对无法完全密闭的排放点，采用集气装置严格控制废气无组织排放。根据气象条件，采用重点区域洒水等措施，防止扬尘污染。

（二）鼓励采用微孔膜复合滤料等新型织物材料的布袋除尘器及其他高效除尘器，处理含铅、锌等重金属颗粒物的烟气。

（三）冶炼烟气中的二氧化硫应进行回收，生产硫酸或其他产品。鼓励采用绝热蒸发稀酸净化、双接触法等制酸技术。制酸尾气应采取除酸雾等净化措施后，达标排放。

（四）鼓励采用氯化法、碘化法等先进、高效的汞回收及烟气脱汞技术处理含汞烟气。

（五）铅电解及湿法炼锌时，电解槽酸雾应收集净化处理；锌浸出槽和净化槽均应配套废气收集、气液分离或除雾装置。

（六）对散发危害人体健康气体的工序，应采取抑制、有组织收集与净化等措施，改善作业区和厂区的环境空气质量。

四、固体废物处置与综合利用

（一）应按照法律法规的规定，开展固体废物管理和危险废物鉴别工作。不可再利用的铅锌冶炼废渣经鉴定为危险废物的，应稳定化处理后进行安全填埋处置。渣场应采取防渗和清污分流措施，设立防渗污水收集池，防止渗滤液污染土壤、地表水和地下水。

（二）鼓励以无害的熔炼水淬渣为原料，生产建材原料、制品、路基材料等，以减少占地、提高废旧资源综合利用率。

（三）铅冶炼过程中产生的炉渣、黄渣、氧化铅渣、铅再生渣等宜采用富氧熔炼或选矿方法回收铅、锌、铜、锑等金属。

（四）湿法炼锌浸出渣，宜采用富氧熔炼及烟化炉等工艺先回收锌、铅、铜等金属后再利用，或通过直接炼铅工艺搭配处理。热酸浸出渣宜送铅冶炼系统或委托有资质的单位回收铅、银等有价金属后再利用。

（五）冶炼烟气中收集的烟（粉）尘，除了含汞、砷、镉的外，应密闭返回冶炼配料系统，或直接采用湿法提取有价金属。

（六）烟气稀酸洗涤产生的含铅、砷等重金属的酸泥，应回收有价金属，含汞污泥应及时回收汞。生产区下水道污泥、收集池沉渣以及废水处理污泥等不可回收的废物，应密闭储存，在稳定化和固化后，安全填埋处置。

五、水污染防治

（一）铅锌冶炼和再生过程排放的废水应循环利用，水循环率应达到90%以上，鼓励生产废水全部循环利用。

（二）含铅、汞、镉、砷、镍、铬等重金属的生产废水，应按照国家排放标准的规定，在其产生的车间或生产设施进行分质处理或回用，不得将含不同类的重金属成分或浓度差别大的废水混合稀释。

（三）生产区初期雨水、地面冲洗水、渣场渗滤液和生活污水应收集处理，循环利用或达标排放。

（四）含重金属的生产废水，可按照其水质及处理要求，分别采用化学沉淀法，生物（剂）法，吸附法，电化学法和膜分离法等单一或组合工艺进行处理。

（五）对储存和使用有毒物质的车间和存在泄漏风险的装置，应设置防渗的事故废水收集池；初期雨水的收集池应采取防渗措施。

六、鼓励研发的新技术

鼓励研究、开发、推广以下技术：

（一）环境友好的铅富氧闪速熔炼和短流程连续熔炼新工艺，液态高铅渣直接还原等技术；锌直接浸出和大极板、长周期电解产业化技术；铅锌再生、综合回收的新工艺和设备。

（二）烟气高效收集装置，深度脱除烟气中铅、汞、铊等重金属的技术与设备，小粒径重金属烟尘高效去除技术与装置。

（三）湿法烟气制酸技术，低浓度二氧化硫烟气制酸和脱硫回收的新技术；制酸尾气除雾、洗涤污酸净化循环利用等技术和装备。

（四）从固体废物中回收铅、锌、镉、汞、砷、硒等有价成分的技术，利用固体废物制备高附加值产品技术，湿法炼锌中铁渣减排及铁资源利用、锌浸出渣熔炼技术与装备。

（五）高效去除含铅、锌、镉、汞、砷等废水的深度处理技术，膜、生物及电解等高效分离、回用的成套技术和装置等。

（六）具有自主知识产权的铅锌冶炼与污染物处理工艺及污染物排放全过程检测的自动控制技术、新型仪器与装置。

（七）重金属污染水体与土壤的环境修复技术，重点是铅锌冶炼厂废水排放口、渣场下游水体和土壤的修复。

七、污染防治管理与监督

（一）应按照有关法律法规及国家和地方排放标准的规定，对企业排污情况进行监督和监测，设置在线监测装置并与环保部门的监控系统联网；定期对企业周围空气、水、土壤的环境质量状况进行监测，了解企业生产对环境和健康的影响程度。

（二）企业应增强社会责任意识，加强环境风险管理，制定环境风险管理制度和重金属污染事故应急预案并定期演练。

（三）企业应保证铅锌冶炼的污染治理设施与生产设施同时配套建设并正常运行。发生紧急事故或故障造成重金属污染治理设施停运时，应按应急预案立即采取补救措施。

（四）应按照有关规定，开展清洁生产工作，提高污染防治技术水平，确保环境安全。

（五）企业搬迁或关闭后，拟对场地进行再次开发利用时，应根据用途进行风险评价，并按规定采取相关措施。

（中华人民共和国环境保护部公告 2020 年第 18 号）

附录3 铅锌行业准入条件

一、企业布局及规模和外部条件要求

新建或者改、扩建的铅锌矿山、冶炼、再生利用项目必须符合国家产业政策和规划要求，符合土地利用总体规划、土地供应政策和土地使用标准的规定。必须依法严格执行环境影响评价和"三同时"验收制度。

各地要按照生态功能区划的要求，对优化开发、重点开发的地区研究确定不同区域的铅锌冶炼生产规模总量，合理选择铅锌冶炼企业厂址。在国家法律、法规、行政规章及规划确定或县级以上人民政府批准的自然保护区、生态功能保护区、风景名胜区、饮用水水源保护区等需要特殊保护的地区，大中城市及其近郊、居民集中区、疗养地、医院和食品、药品等对环境条件要求高的企业周边 1 公里内，不得新建铅锌冶炼项目，也不得扩建除环保改造外的铅锌冶炼项目。再生铅锌企业厂址选择还要按《危险废物焚烧污染控制标准》（GB 18484—2001）中焚烧厂选址原则要求进行。

新建铅、锌冶炼项目，单系列铅冶炼能力必须达到 5 万吨/年（不含 5 万吨）以上；单系列锌冶炼规模必须达到 10 万吨/年及以上，落实铅锌精矿、交通运输等外部生产条件，新建铅锌冶炼项目企业自有矿山原料比例达到 30%以上。允许符合有关政策规定企业的现有生产能力通过升级改造淘汰落后工艺改建为单系列铅熔炼能力达到 5 万吨/年（不含 5 万吨）以上、单系列锌冶炼规模达到 10 万吨/年及以上。

现有再生铅企业的生产准入规模应大于 10000 吨/年；改造、扩建再生铅项目，规模必须在 2 万吨/年以上；新建再生铅项目，规模必须大于 5 万吨/年。鼓励大中型优势铅冶炼企业并购小型再生铅厂与铅熔炼炉合并处理或者附带回收处理再生铅。

开采铅锌矿资源，应遵守《矿产资源法》及相关管理规定，依法申请采矿许可证。采矿权人应严格按照批准的开发利用方案进行开采，严禁无证勘查开采、乱采滥挖和破坏浪费资源。国土资源管理部门要严格规范铅锌矿勘查采矿审批制度。按照法律法规和有关规定，严格探矿权、采矿权的出让方式和审批权限，严禁越权审批，严禁将整装矿床分割出让。

新建铅锌矿山最低生产建设规模不得低于单体矿 3 万吨/年（100 吨/日），服务年限必须在 15 年以上，中型矿山单体矿生产建设规模应大于 30 万吨/年（1000 吨/日）。采用浮选法选矿工艺的选矿企业处理矿量必须在 1000 吨/日以上。

矿山投资项目，必须按照《国务院关于投资体制改革的决定》中公布的政府核准投资项目目录要求办理，总投资 5 亿元及以上的矿山开发项目由国务院投资主管部门核准，其他矿山开发项目由省级政府投资主管部门核准。铅锌矿山、冶炼、再生利用项目资本金比例要达到 35%及以上。

二、工艺和装备

新建铅冶炼项目，粗铅冶炼须采用先进的具有自主知识产权的富氧底吹强化熔炼或者富氧顶吹强化熔炼等生产效率高、能耗低、环保达标、资源综合利用效果好的先进炼铅工艺和双转双吸或其他双吸附制酸系统。新建锌冶炼项目，硫化锌精矿焙烧必须采用硫利用率高、尾气达标的沸腾焙烧工艺；单台沸腾焙烧炉炉床面积必须达到 109 平方米及以上，必须配备双转双吸等制酸系统。

必须有资源综合利用、余热回收等节能设施。烟气制酸严禁采用热浓酸洗工艺。冶炼尾气余热回收、收尘或尾气低二氧化硫浓度治理工艺及设备必须满足国家《节约能源法》《清洁生产促进法》《环境保护法》等法律法规的要求。利用火法冶金工艺进行冶炼的，必须在密闭条件下进行，防止有害气体和粉尘逸出，实现有组织排放；必须设置尾气净化系统、报警系统和应急处理装置。利用湿法冶金工艺进行冶炼，必须有排放气体除湿净化装置。

发展循环经济，支持铅锌再生资源的回收利用，提高铅再生回收企业的技术和环保水平，走规模化、环境友好型的发展之路。新建及现有再生铅锌项目，废杂铅锌的回收、处理必须采用先进的工艺和设备。再生铅企业必须整只回收废铅酸蓄电池，按照《危险废物贮存污染控制标准》（GB 18597—2001）中的有关要求贮存，并使用机械化破碎分选，将塑料、铅极板、含铅物料、废酸液分别回收、处理，破碎过程中采用水力分选的，必须做到水闭路循环使用不外泄。

对分选出的铅膏必须进行脱硫预处理（或送硫化铅精矿冶炼厂合并处理），脱硫母液必须进行处理并回收副产品。不得带壳直接熔炼废铅酸蓄电池。熔炼、精炼必须采用国际先进的短窑设备或等同设备，熔炼过程中加料、放料、精炼铸锭必须采用机械化操作。禁止对废铅酸蓄电池进行人工破碎和露天环境下进行破碎作业。禁止利用直接燃煤的反射炉建设再生铅、再生锌项目。

强化再生锌资源的回收管理工作，集中处理回收的镀锌铁皮及其他镀锌钢材，有效回收其中的锌、铅、锑等二次金属。鼓励针对回收干电池中二次金属的研发、建厂工作，工厂生产规模暂不设限。

新建大中型铅锌矿山要采用适合矿床开采技术条件的先进采矿方法，尽量采用大型设备，适当提高自动化水平。选矿须采用浮选工艺。

按照《产业结构调整指导目录（2005 年本）》等产业政策规定，立即淘汰土烧结盘、简易高炉、烧结锅、烧结盘等落后方式炼铅工艺及设备，以及用坩埚炉熔炼再生铅工艺，用土制马弗炉、马槽炉、横罐、小竖罐等进行还原熔炼再以简易冷凝设施回收锌等落后方式炼锌或氧化锌的工艺。禁止新建烧结机—鼓风炉炼铅企业，在 2008 年底前淘汰经改造后虽然已配备制酸系统但尾气及铅尘污染仍达不到环保标准的烧结机炼铅工艺。

三、能源消耗

新建铅冶炼综合能耗低于 600 千克标准煤/吨；粗铅冶炼综合能耗低于 450 千克标准煤/吨，粗铅冶炼焦耗低于 350 千克/吨，电铅直流电耗降低到 120 千瓦时/吨。新建锌冶炼电锌工艺综合能耗低于 1700 千克标准煤/吨，电锌生产析出锌电解直流电耗低于 2900 千瓦时/吨，锌电解电流效率大于 88%；蒸馏锌标准煤耗低于 1600 千克/吨。

现有铅冶炼企业：综合能耗低于 650 千克标准煤/吨；粗铅冶炼综合能耗低于 460 千克标准煤/吨，粗铅冶炼焦耗低于 360 千克/吨，电铅直流电耗降低到 121 千瓦时/吨，铅电解电流效率大于 95%。现有锌冶炼企业：精馏锌工艺综合能耗低于 2200 千克标准煤/吨，电锌工艺综合能耗低于 1850 千克标准煤/吨，蒸馏锌工艺标准煤耗低于 1650 千克/吨，电锌直流电耗降低到 3100 千瓦时/吨以下，电解电流效率大于87%。现有冶炼企业要通过技术改造节能降耗，在"十一五"末达到新建企业能耗水平。

新建及现有再生铅锌项目，必须有节能措施，采用先进的工艺和设备，确保符合国家能耗标准。再生铅冶炼能耗应低于130千克标准煤/吨铅，电耗低于100千瓦时/吨铅。

铅锌坑采矿山原矿综合能耗要低于7.1千克标准煤/吨矿、露采矿山铅锌矿综合能耗要低于1.3千克标准煤/吨矿。铅锌选矿综合能耗要低于14千克标准煤/吨矿。矿石耗用电量低于45千瓦时/吨。

四、资源综合利用

新建铅冶炼项目：总回收率达到96.5%，粗铅熔炼回收率大于97%、铅精炼回收率大于99%；总硫利用率大于95%，硫捕集率大于99%；水循环利用率达到95%以上。新建锌冶炼项目：冶炼总回收率达到95%；蒸馏锌冶炼回收率达到98%，电锌回收率（湿法）达到95%；总硫利用率大于96%，硫捕集率大于99%；水的循环利用率达到95%以上。

所有铅锌冶炼投资项目必须设计有价金属综合利用建设内容。回收有价伴生金属的覆盖率达到95%。

现有铅锌冶炼企业：铅冶炼总回收率达到95%以上，粗铅冶炼回收率96%以上；总硫利用率达到94%以上，硫捕集率达96%以上；水循环利用率90%以上。锌冶炼蒸馏锌总回收率达到96%，精馏锌总回收率达到94%，电锌总回收率达到93%以上；硫的利用率达到96%（ISP法达到94%）以上，硫的总捕集率达99%以上；水循环利用率90%以上。现有铅锌冶炼企业通过技术改造降低资源消耗，在"十一五"末达到新建企业标准。

新建再生铅企业铅的总回收率大于97%，现有再生铅企业铅的总回收率大于95%，冶炼弃渣中铅含量小于2%，废水循环利用率大于90%。

铅锌采矿损失率坑采（地下矿）不超过10%、露采（露天矿）不超过5%，采矿贫化率坑采（地下矿）不超过10%、露采（露天矿）不超过4.5%。硫化矿选矿铅金属实际回收率达到87%、选矿锌金属实际回收率达到90%以上，混合（难选）矿铅、锌金属回收率均在85%以上，平均每吨矿石耗用电量低于35千瓦时，耗用水量低于4吨/吨矿，废水循环利用率大于75%。禁止建设资源利用率低的铅锌矿山及选矿厂。国土资源管理部门在审批采矿权申请时，应严格审查矿产资源开发利用方案，铅锌矿的实际采矿损失率、贫化率和选矿回收率不得低于批准的设计标准。

五、环境保护

铅锌冶炼及矿山采选污染物排放要符合国家《工业炉窑大气污染物排放标

准》（GB 9078—1996）、《大气污染物综合排放标准》（GB 16297—1996）、《污水综合排放标准》（GB 8978—1996）、固体废物污染防治法律法规、危险废物处理处置的有关要求和有关地方标准的规定。防止铅冶炼二氧化硫及含铅粉尘污染以及锌冶炼热酸浸出锌渣中汞、镉、砷等有害重金属离子随意堆放造成的污染。确保二氧化硫、粉尘达标排放。严禁铅锌冶炼厂废水中重金属离子、苯和酚等有害物质超标排放。待《有色金属工业污染物排放标准——铅锌工业》发布后按新标准执行。

铅锌冶炼项目的原料处理、中间物料破碎、熔炼、装卸等所有产生粉尘部位，均要配备除尘及回收处理装置进行处理，并安装经国家环保总局指定的环境监测仪器检测机构适用性检测合格的自动监控系统进行监测。

新建及现有再生铅锌项目，废杂铅锌的回收、处理必须采用先进的工艺和设备确保符合国家环保标准和有关地方标准的规定，严禁将蓄电池破碎的废酸液不经处理直接排入环境中。排放废水应符合《污水综合排放标准》（GB 8978—1996）；熔炼、精炼工序产生的废气必须有组织排放，送入除尘系统；废气排放应符合《危险废物焚烧污染控制标准》（GB 18484—2001）。

熔炼工序的废弃渣，废水处理系统产生的泥渣，除尘系统净化回收的含铅烟尘（灰），防尘系统中废弃的吸附材料，燃煤炉渣等必须进行无害化处理；含铅量较高的水处理泥渣，铅烟尘（灰）必须返回熔炼炉熔炼；作业环境必须满足《工业企业设计卫生标准》（GBZ 1—2002）和《工作场所有害因素职业接触限值》（GBZ 2—2002）的要求；所有的员工都必须定期进行身体检查，并保存记录。企业必须有完善的突发环境事故的应急预案及相应的应急设施和装备；企业应配置完整的废水、废气净化设施，并安装自动监控设备。再生铅生产企业，以及从事收集、利用、处置含铅危险废物企业，均应依法取得危险废物经营许可证。

根据《中华人民共和国环境保护法》等有关法律法规，所有新、改、扩建项目必须严格执行环境影响评价制度，持证排污（尚未实行排污许可证制度的地区除外），达标排放。现有铅锌采选、冶炼企业必须依法实施强制性清洁生产审核。环保部门对现有铅锌冶炼企业执行环保标准情况进行监督检查，定期发布环保达标生产企业名单，对达不到排放标准或超过排污总量的企业决定限期治理，治理不合格的，应由地方人民政府依法决定给予停产或关闭处理。

严禁矿山企业破坏及污染环境。要认真履行环境影响评价文件审批和环保设施"三同时"验收程序。必须严格执行土地复垦规定，履行土地复垦义务。按照财政部、国土资源部、环保总局《关于逐步建立矿山环境治理和生态恢复责任机制的指导意见》要求，逐步建立环境治理恢复保证金制度，专项用于矿山环境治理和生态恢复。矿山投资项目的环保设计，必须按照国家环保总局的有关规定和《国务院关于投资体制改革的决定》中公布的政府核准投资项目目录要求由有权限环保部门组织审查批准。

露采区必须按照环保和水土资源保持要求完成矿区环境恢复。对废渣、废水要进行再利用，弃渣应进行固化、无害化处理，污水全部回收利用。地下开采采用充填采矿法，将采矿废石等固体废弃物、选矿尾砂回填采空区，控制地表塌陷，保护地表环境。采用充填采矿法的矿山不允许有地表位移现象；采用其他采矿法的矿山，地表位移程度不得破坏地表植被、自然景观、建（构）筑物等。

六、安全生产与职业危害

铅锌建设项目必须符合《安全生产法》《矿山安全法》《职业病防治法》等法律法规规定，具备相应的安全生产和职业危害防治条件，并建立、健全安全生产责任制；新、改、扩建项目安全设施和职业危害防治设施必须与主体工程同时设计、同时施工、同时投入生产和使用，铅锌矿山、铅锌冶炼制酸、制氧系统项目及安全设施设计、投入生产和使用前，要依法经过安全生产管理部门审查、验收。必须建立职业危害防治设施，配备符合国家有关标准的个人劳动防护用品，配备火灾、雷击、设备故障、机械伤害、人体坠落等事故防范设施，以及安全供电、供水装置和消除有毒有害物质设施，建立健全相关制度，必须通过地方行政主管部门组织的专项验收。

铅锌矿山企业要依照《安全生产许可证条例》（国务院令第397号）等有关规定，依法取得安全生产许可证后方可从事生产活动。

七、监督管理

新建和改造铅锌矿山、冶炼项目必须符合上述准入条件。铅锌矿山、冶炼项目的投资管理、土地供应、环境影响评价等手续必须按照准入条件的规定办理，融资手续应当符合产业政策和准入条件的规定。建设单位必须按照国家环保总局有关分级审批的规定报批环境影响报告书。符合产业政策的现有铅锌冶炼企业要通过技术改造达到新建企业在资源综合利用、能耗、环保等方面的准入条件。

新建或改建铅锌矿山、冶炼、再生利用项目投产前，要经省级及以上投资、土地、环保、安全生产、劳动卫生、质检等行政主管部门和有关专家组成的联合检查组监督检查，检查工作要按照准入条件相关要求进行。经检查认为未达到准入条件的，投资主管部门应责令建设单位根据设计要求限期完善有关建设内容。对未依法取得土地或者未按规定的条件和土地使用合同约定使用土地，未按规定履行土地复垦义务或土地复垦措施不落实的，国土资源部门要按照土地管理法规和土地使用合同的约定予以纠正和处罚，责令限期纠正，且不得发放土地使用权证书；依法打击矿山开采中的各种违法行为，构成刑事犯罪的移交司法机关追究刑事责任；对不符合环保要求的，环境保护主管部门要根据有关法律、法规进行处罚，并限期整改。

新建铅锌矿山、冶炼、再生利用的生产能力，须经过有关部门验收合格后，按照有关规定办理《排污许可证》（尚未实行排污许可证的地区除外）后，企业方可进行生产和销售等经营活动。涉及制酸、制氧系统的，应按照有关规定办理《危险化学品生产企业安全生产许可证》。现有生产企业改扩建的生产能力经省级有关部门验收合格后，也要按照规定办理《排污许可证》和《危险化学品生产企业安全生产许可证》等相关手续。

各地区发展改革委、经委（经贸委）、工业办和环保、工商、安全生产、劳动卫生等有关管理和执法部门要定期对本地区铅锌企业执行准入条件的情况进行督查。中国有色金属工业协会协助有关部门做好跟踪监督工作。

对不符合产业政策和准入条件的铅锌矿山、冶炼、再生回收新建和改造项目，投资管理部门不得备案，国土资源部门不得办理用地手续，环保部门不得批准环境影响评价报告，金融机构不得提供授信，电力部门依法停止供电。被依法撤销有关许可证件或责令关闭的企业，要及时到工商行政管理部门依法办理变更登记或注销登记。

国家发展改革委定期公告符合准入条件的铅锌矿山、冶炼、再生铅锌回收生产企业名单。实行社会监督并进行动态管理。

（中华人民共和国国家发展和改革委员会公告 2007 年第 13 号）

附录 4　再生铅行业准入条件

一、项目建设条件和企业生产布局

（一）新建或者改、扩建再生铅项目必须符合国家产业政策和规划要求，符合本地区城乡建设规划、生态环境规划、土壤环境保护规划、土地利用总体规划和主体功能区规划等要求。各省（自治区、直辖市）根据资源、能源状况和市场需求情况，要依据产业布局和国家相关规划严格审批再生铅项目，抑制盲目扩张。

（二）在国家法律、法规、规章及规划确定或县级以上人民政府批准的自然保护区、生态功能保护区、风景名胜区、饮用水水源保护区等需要特殊保护的地区，大中城市及其近郊，居民集中区、疗养地、医院，以及食品、药品等对环境条件要求高的企业周边 1 公里内，在《重金属污染综合防治"十二五"规划》划定的重点区域和因铅污染导致环境质量不能稳定达标区域内不得新建再生铅项目。已在上述区域内生产运营的再生铅企业要根据该区域有关规划，依法通过搬迁、转停产等方式逐步退出。

（三）再生铅企业厂址选择应符合本地区大气污染防治、水资源保护、自然生态保护的要求。

二、生产规模、工艺和装备

（一）新建再生铅项目必须在5万吨/年以上（单系列生产能力，下同）。淘汰1万吨/年以下再生铅生产能力，以及坩埚熔炼、直接燃煤的反射炉等工艺及设备。鼓励企业实施5万吨/年以上改扩建再生铅项目，到2013年底以前淘汰3万吨/年以下的再生铅生产能力。

（二）再生铅企业必须整只回收废铅蓄电池，执行《危险废物贮存污染控制标准》（GB 18597）中的有关要求，禁止对废铅蓄电池进行人工破碎和露天环境下破碎作业，严禁直接排放铅蓄电池破碎产生的废酸液。企业应采用机械化破碎分选处置废铅蓄电池的工艺、技术和设备，预处理过程中采用水力分选的，必须做到水闭路循环使用不外泄。对分选出的铅膏必须进行脱硫预处理或送硫化铅精矿冶炼厂合并处理，脱硫母液必须进行处理并回收副产品。

（三）再生铅企业不得直接熔炼带壳废铅蓄电池，不得利用坩埚炉熔炼再生铅，应采用密闭熔炼、低温连续熔炼、新型节能环保熔炼炉等先进工艺及设备，并在负压条件下生产，防止废气逸出。同时应具备完整的废水、废气净化设施、报警系统和应急处理等装置。企业应严格执行《废铅酸蓄电池处理污染控制技术规范》（HJ 519），确保废水、废气等排放符合国家相关环保标准。

三、能源消耗及资源综合利用

（一）利用原生矿合并处理含铅废料的企业能源消耗及资源综合利用指标，应参照《铅锌行业准入条件》（2007年第13号公告）有关要求执行。

（二）单独处理含铅废料的新建、改建、扩建再生铅项目综合能耗应低于130千克标准煤/吨铅，铅的总回收率大于98%，废水实现全部循环利用。

（三）现有再生铅企业综合能耗应低于185千克标准煤/吨铅，铅的总回收率大于96%，冶炼弃渣中铅含量小于2%，废水循环利用率应大于98%。现有再生铅企业综合能耗指标应在2013年底前达到新建项目标准。

四、环境保护

（一）新建和改扩建项目应严格执行《环境影响评价法》，未通过环境影响评价审批的项目一律不准开工建设。按照环境保护"三同时"的要求，建设项目配套环境保护设施并依法申请项目竣工环境保护验收，验收合格后方可投入生产运行。现有企业应按照《清洁生产促进法》定期开展强制性清洁生产审核，并通过评估验收，两次审核的时间间隔不得超过两年，位于《重金属污染综合防治"十二五"规划》中重点区域的重点企业及环境风险较大的再生铅企业应当购买环境污染责任保险。现有熔炼设施的生产过程中，应采取有效措施去除原料中含氯物质及切削油等有机物。鼓励企业封闭化生产。

（二）从事涉铅危险废物收集、贮存、利用和处置废铅蓄电池的经营单位应按照《危险废物经营许可证管理办法》的有关规定向省级环保部门申请领取危险废物经营许可证，并符合《废铅酸蓄电池处理污染控制技术规范》（HJ 519）的相关要求。禁止无经营许可证或者不按照经营许可证规定从事废铅蓄电池收集、贮存、利用和处置的经营活动。废铅蓄电池外壳应经过彻底清洗后，满足环保标准《废塑料回收与再生利用污染控制技术规范》（HJ/T 364）的要求后方可再生使用。

（三）再生铅企业要制定完善的环保规章制度和重金属环境污染应急预案，具备相应的应急设施和装备，定期开展环境应急培训和演练。生产废水、废气排放符合国家规定的环保标准要求，工人洗衣、洗浴、车间冲洗废水等应单独收集处理。再生铅企业生产的废渣、燃煤炉渣等必须进行无害化处理。要规范物料堆放场、废渣场、排污口的管理，新建、改扩建再生铅项目要同步建设配套在线监测设施并与当地环保部门联网，现有再生铅企业应在 2013 年底前完成。再生铅企业必须具有完善的自行监测能力，要建立自行监测制度，按照要求制定方案，对所有排放的污染物定期开展监测，特别是要建立铅污染物的日监测制度，每日向公众发布自行监测结果，每月向当地环境保护行政主管部门报告。排放二噁英的企业和单位应至少每年开展一次二噁英排放监测，并将数据上报地方环保部门备案。

（四）废气中铅尘应采用自动清灰的布袋除尘技术、静电除尘技术、湿法除尘技术等进行处理，生产车间必须有良好的排风系统，应建有通风除尘系统对车间内含铅烟气进行收集处理，鼓励企业将收尘灰返回熔炼系统处理。废水、废气等排放要符合国家规定的环保标准要求。再生铅企业产生的废弃渣，废水处理系统产生的泥渣，除尘系统净化回收的含铅烟尘（灰），防尘系统中废弃的吸附材料、燃煤炉渣等必须进行无害化处理。鼓励企业将沉淀泥进行无害化处理。对于没有处置能力的再生铅企业，要求其产生的废渣及污泥等危险废物必须委托持有危险废物经营许可证的单位进行安全处置，严格执行危险废物转移联单制度。含铅量大于 2% 的水处理泥渣、铅烟尘（灰）必须要经过二次处理。生产过程中的废弃劳动保护用品应按照危险废物进行管理。

（五）厂界噪声符合《工业企业厂界环境噪声排放标准》（GB 12348）。

五、安全、卫生与职业病防治

（一）新建、改建、扩建项目安全设施和职业危害防治设施必须与主体工程同时设计、同时施工、同时投入生产和使用；企业应当遵守《安全生产法》《职业病防治法》等法律法规，执行保障安全生产的国家标准或行业标准。再生铅企业的作业环境必须满足《工业企业设计卫生标准》（GBZ 1）和《工作场所有害因素职业接触限值》（GBZ 2.1）的要求。

（二）企业应当有健全的安全生产和职业卫生组织管理体系，建立完善职业病危害检测与评价、职业健康监护、职业病危害警示与告知、培训、检查等职业卫生管理制度。

（三）企业应当有职业病危害防治措施，对重大危险源有检测、评估、监控措施和应急预案，并配备必要的器材和设备。铅冶炼作业场所达到国家卫生标准。

（四）对再生铅企业关键生产环节推行岗位技能培训，实行持证上岗制度，主要包括废酸水处理、含铅废弃物处理、废弃物清除、空气污染防治、职业灾害急救、铅作业技术等关键岗位。要求 2013 年底前，再生铅企业关键岗位技术人员经过培训并取得人力资源和社会保障部颁发的相关工种职业技能鉴定等级证书资质的比例不低于企业总人数的 10%。

（五）企业用工制度要符合《劳动合同法》规定。

六、监督与管理

（一）工业和信息化部、环境保护部按照本准入条件，组织对再生铅生产企业进行核查。未列入环境保护部环保核查公告名单的企业，不予通过准入条件审查。对符合准入条件的生产企业以联合公告的形式定期向社会发布。

（二）对不符合规划布局、生产规模、工艺装备、资源利用、环境保护、安全卫生等要求的再生铅项目，有关部门不予核准或备案，国土资源管理、环境保护、质检、安监等部门不得办理有关手续，金融机构不得提供贷款和其他形式的授信支持。

（三）各省（自治区、直辖市）工业主管部门负责对本地再生铅生产企业执行准入条件情况进行监督检查。有关行业协会等中介机构要协助做好本准入条件的实施工作，加强行业协调和自律管理。

七、附则

（一）再生铅是指以含铅废料为原料，主要是废铅蓄电池金属态铅废料等经过冶炼加工工艺而生产出再生铅产品的生产经营活动。再生铅行业包括废铅蓄电池等含铅废料的回收利用。

（二）本准入条件适用于中华人民共和国境内（台湾、香港、澳门地区除外）所有类型的再生铅企业和项目。

（三）本准入条件涉及的法律法规、国家标准和行业政策若进行修订，按修订后的规定执行。

（四）本准入条件自发布之日起实施，并根据行业发展情况和宏观调控要求适时进行修订。

（中华人民共和国工业和信息化部公告 2012 年第 38 号）

附录 5 铅锌行业规范条件

一、总体要求

（一）铅锌矿山、冶炼企业须符合国家及地方产业政策、矿产资源规划、环保及节能法律法规和政策、矿业法律法规和政策、安全生产法律法规和政策、行业发展规划等要求。其中，铅锌矿山企业须依法取得采矿许可证和安全生产许可证。采矿权人应按照批准的矿产资源开发利用方案、初步设计和安全设施设计进行矿山建设和开发，严禁无证开采、乱采滥挖和破坏环境、浪费资源。

二、质量、工艺和装备

（二）铅锌矿山、冶炼企业应建立、实施并保持满足 GB/T 19001 要求的质量管理体系，并鼓励通过质量管理体系第三方认证。铅锌精矿产品质量应符合《重金属精矿产品中有害元素的限量规范》（GB 20424），铅锭产品质量应符合《铅锭》（GB/T 469），锌锭产品质量应符合《锌锭》（GB/T 470），其他附属产品质量应符合国家或行业标准。

（三）铅锌矿山企业，须采用适合矿床开采技术条件的先进采矿方法，优先采用充填采矿法，尽量采用大型先进设备，提高自动化水平。选矿矿石处理能力应不小于矿山开采能力。根据矿石种类和成分，采用先进适用的选矿工艺，提高选矿回收率和资源综合利用水平。

（四）铅冶炼企业，粗铅冶炼须采用先进的富氧熔池熔炼-液态高铅渣直接还原或富氧闪速熔炼等炼铅工艺，以及其他生产效率高、能耗低、环保达标、资源综合利用效果好、安全可靠的先进炼铅工艺，并需配套烟气综合处理设施。不得采用国家明令禁止或淘汰的设备、工艺。鼓励矿铅冶炼企业利用富氧熔池熔炼炉、富氧闪速熔炼炉等先进装备处理铅膏、冶炼渣等含铅二次资源。

（五）锌冶炼企业，硫化锌精矿焙烧工艺单台流态化焙烧炉炉床面积须达到 100 平方米及以上，并需配套完整的锌冶炼生产系统及烟气综合处理设施。锌湿法冶炼工艺须配套浸出渣无害化处理系统及硫渣处理设施。鼓励锌冶炼企业搭配处理锌氧化矿及含锌二次资源，实现资源综合利用。

（六）含锌二次资源企业，须采用先进的工艺和设备，须配套建设冶炼渣无害化处理设施，采用火法工艺须配套余热回收利用系统、烟气综合处理设施。处理含氟、氯的含锌二次资源项目应建有完善的除氟、氯设施。

（七）铅锌冶炼企业，应配套建设有价金属综合利用系统。采用火法工艺的冶炼企业，工业炉窑产生的烟气应配套建设烟气制酸或烟气除尘脱硫净化装置，设置高效环集烟气收集处理系统，防止有害气体和粉尘无组织排放，设置监测报警系统和应急处理系统，冶炼烟气不得设置烟气旁路直接排空。

（八）鼓励有条件的企业开展智能矿山、智能工厂建设。鼓励矿山企业按照《智慧矿山信息系统通用技术规范》（GB/T 34679）要求，开展智慧矿山建设。鼓励建立铅锌冶炼大数据平台，广泛应用自动化智能装备，逐步建立企业资源计划系统（ERP）、数据采集与监视控制系统（SCADA）、制造执行系统（MES）、能源管理系统（EMS）、产品数据管理系统（PDM）、试验数据管理系统（TDM），实现智能化管理、智能化调度、数字化点检和设备在线智能诊断，最终实现智能分析决策。

三、能源消耗

（九）铅锌矿山、冶炼企业应建立、实施并保持满足 GB/T 23331 要求的能源管理体系，并鼓励通过能源管理体系第三方认证。能源计量器具应符合《用能单位能源计量器具配备和管理通则》（GB 17167）的有关要求，鼓励企业建立能源管控中心，所有企业能耗须符合国家相关标准的规定。

（十）铅锌矿山地下开采原矿综合能耗须低于 4.4 千克标准煤/吨矿、露采矿山采出矿综合能耗低于 0.6 千克标准煤/吨矿。铅锌选矿综合能耗须低于 6.1 千克标准煤/吨矿。

（十一）铅冶炼企业，粗铅工艺综合能耗须低于 250 千克标准煤/吨。

锌冶炼企业，含浸出渣火法处理的电锌锌锭工艺综合能耗须低于 920 千克标准煤/吨，阴极板面积为 $1.6m^2$ 及以下的电锌直流电耗应低于 3000 千瓦时/吨，阴极板面积为 $1.6m^2$ 以上的电锌直流电耗应低于 3080 千瓦时/吨。含锌二次资源企业，火法富集工序综合能耗须低于 1200 千克标准煤/吨金属锌，湿法锌冶炼工序电锌锌锭工艺综合能耗须低于 900 千克标准煤/吨。

四、资源消耗及综合利用

（十二）铅锌矿山企业的开采回采率、选矿回收率和综合利用率等三项指标应符合原国土资源部颁布的《关于铁、铜、铅、锌、稀土、钾盐和萤石等矿产资源合理开发利用"三率"最低指标要求（试行）的公告》（2013 年第 21 号）中的相关要求。选矿废水循环利用率应达到 85% 及以上，选矿用新水单耗不高于 1.5 立方米/吨。

（十三）铅冶炼企业，总回收率应达到 97% 及以上，粗铅熔炼回收率应达到

97.5%以上，尾渣含铅小于2%，铅精炼回收率应达到99%以上；总硫利用率须达到96%以上，硫捕集率须达到99.5%以上；水循环利用率须达到98%以上。

（十四）锌冶炼企业，电锌冶炼总回收率应达到96%及以上；总硫利用率须达到96%以上，硫捕集率须达到99.5%以上；水的循环利用率须达到95%以上。

（十五）含锌二次资源企业，锌总回收率应达到88%及以上，水的循环利用率须达到95%以上。

（十六）鼓励现有原生铅冶炼企业与再生铅冶炼企业、蓄电池生产企业开展技术、生产、经营等多层次全方位业务合作，实现产能的合理配置，充分发挥各方优势，保障铅冶炼产业平稳发展；鼓励企业开展铜、铅、锌冶炼系统协同生产，实现资源综合利用。

五、环境保护

（十七）铅锌矿山、冶炼企业须遵守环境保护相关法律、法规和政策，应建立、实施并保持满足GB/T 24001要求的环境管理体系，并鼓励通过环境管理体系第三方认证。企业须依法领取排污许可证后，方可排放污染物，并在生产经营中严格落实排污许可证规定的环境管理要求。企业应有健全的企业环境管理机构，制定有效的企业环境管理制度。

（十八）铅锌矿山企业应按照《有色金属行业绿色矿山建设规范》（DZ/T 0320）要求，开展绿色矿山建设，最大限度减少对自然环境的扰动和破坏，贯彻"边开采、边治理"的原则，编制矿山地质环境保护与土地复垦方案、矿山生态环境保护与恢复治理方案，切实履行矿山地质环境保护与土地复垦等责任义务，及时开展矿山生态环境治理和地质环境恢复，复垦矿山占用土地和损毁土地。

（十九）铅锌矿山、冶炼企业应做到污染物处理工艺技术可行，治理设施齐备，运行维护记录齐全，与主体生产设施同步运行。各项污染物排放须符合国家《铅、锌工业污染物排放标准》（GB 25466）中相关要求。企业污染物排放总量不超过生态环境主管部门核定的总量控制指标。物料储存、转移输送、装卸和工艺过程等环节的无组织排放须加强控制管理，制定相应的环境管理措施，满足有关环保标准要求。尾矿渣、冶炼渣、冶炼飞灰等固体废弃物须按照国家固体废物和危险废物管理的要求进行无害化处理处置或交有资质的单位处理。加强对土壤污染的预防和保护，列入土壤污染重点监管单位名录的企业应严格控制有毒有害物质排放，并按年度向生态环境主管部门报告排放情况；建立土壤污染隐患排查制度，保证持续有效防止有毒有害物质渗漏、流失、扬散；制定、实施自行监测方案，并将监测数据报生态环境主管部门。处理含锌二次资源的企业，须符合《再生铜、铝、铅、锌工业污染物排放标准》（GB 31574）中的相关要求，其原料属于固体废物或危险废物的，应按照国家固体废物和危险废物管理要求进行贮存、处理和处置。

（二十）铅锌矿山、冶炼企业依法实施强制性清洁生产审核。应安装、使用自动监测设备的，须依法安装配套的污染物在线监测设施，与生态环境主管部门的监控设备联网，保障监测设备正常运行。铅锌冶炼企业应按照《排污单位自行监测技术指南　有色金属工业》（HJ 989）等相关标准规范开展自行监测。

（二十一）铅锌矿山、冶炼企业两年内未发生重大或者特别重大环境污染事件和生态破坏事件。

六、安全生产与职业病防治

（二十二）铅锌矿山、冶炼企业须遵守《安全生产法》《矿山安全法》《职业病防治法》《社会保险法》等法律法规，应建立、实施并保持满足 GB/T 28001 要求的职业健康安全管理体系，并鼓励通过职业健康安全管理体系第三方认证。

（二十三）铅锌矿山、冶炼企业须执行保障安全生产和职业病危害防护的《冶金企业和有色金属企业安全生产规定》《企业安全生产标准化基本规范》（GB/T 33000）等法律法规和标准规范。铅冶炼企业的作业环境须满足《工业企业设计卫生标准》（GBZ 1）和《工作场所有害因素职业接触限值》（GBZ 2.1）的要求，应建立企业安全风险分级管控与隐患排查治理双重预防机制。积极推进安全生产标准化工作，强化安全生产基础建设，履行企业安全生产主体责任。企业尾矿库设计和建设应符合《尾矿设施设计规范》（GB 50683）、《尾矿库安全技术规程》（AQ 2006）等相关法律法规和标准的要求。企业排土场设计和建设应符合《有色金属矿山排土场设计标准》（GB 50421）等相关法律法规和标准的要求。

（二十四）铅锌矿山、冶炼企业须依法纳税，合法经营，依法参加养老、失业、医疗、工伤等各类保险，按国家规定投保安全生产责任险，并为从业人员足额缴纳相关保险费用。

（二十五）铅锌矿山、冶炼企业两年内未发生较大、重大和特别重大生产安全事故。

七、规范管理

（二十六）铅锌行业企业规范条件的申请、审核及公告。

1. 工业和信息化部负责铅锌行业企业规范管理。

2. 凡已建成投产 1 年以上（含 1 年）的铅锌矿山、冶炼企业，均可依据《铅锌行业规范条件》自愿申请公告。申请公告企业须编制《铅锌行业企业规范公告申请报告》，并按要求提供相关材料，企业法定代表人、填报人和审核人须对申请材料的完整真实性负责并承担相应责任。

3. 省级工业和信息化主管部门负责接收本地区相关企业规范条件申请和初

审，中央企业自审。初审或自审单位须按规范条件要求对申报企业进行核实，提出初审或自审意见，附企业申请材料一并报送工业和信息化部。

4. 工业和信息化部集中接收相关部门或单位报送的申请材料，并委托行业协会等机构组织有关专家对申请企业报告进行复审，必要时组织现场核查。

5. 工业和信息化部对通过复审的企业进行审查，必要时征求生态环境部等部门意见，对符合规范条件的企业进行公示，无异议的予以公告，并抄送有关部门。

（二十七）公告企业实行动态管理。

工业和信息化部对公告企业名单进行动态管理。每年3月底前，规范企业应向所在地省级工业和信息化主管部门提交上年度的自查报告，省级工业和信息化主管部门负责审查，并将审查结果报工业和信息化部；中央企业自查，并将自查结果报工业和信息化部。工业和信息化部组织协会对公告企业进行抽查。鼓励社会各界对公告企业规范情况进行监督。公告企业有下列情况之一的，将撤销其公告：

1. 填报相关资料有弄虚作假行为的；

2. 拒绝开展年度自查、接受监督检查和不定期现场核查的；

3. 不能保持规范条件要求的；

4. 主体生产设备关停退出或者停产1年及以上的；

5. 发生重大产品质量问题、重大环境污染事件或生态破坏事件、较大及以上生产安全事故、重大社会不稳定事件，造成严重社会影响的；

6. 存有国家明令淘汰的落后产能的。

拟撤销公告的，工业和信息化部将提前告知有关企业、听取企业的陈述和申辩。被撤销公告的企业，原则上自整改完成之日起，12个月后方可重新提出申请。

已公告的规范企业如发生重大变化（异地改造，原地改造且主体工艺发生变化）须提出变更申请，重新填报《铅锌行业企业规范公告申请报告》，经省级工业和信息化主管部门核实后，报工业和信息化部；中央企业直接报工业和信息化部。工业和信息化部将进行变更公告。

八、附则

（二十八）本规范条件中涉及的标准规范和相关政策按其最新版本执行。

（二十九）本规范条件自2020年3月30日起施行。2015年3月16日公布的《铅锌行业规范条件》（中华人民共和国工业和信息化部公告2015年第20号）同时废止。本规范条件发布前已公告的企业，如需继续列入公告名单应提出申请，按照本规范条件新修订的内容进行复验。

（三十）本规范条件由工业和信息化部负责解释，并根据行业发展情况进行修订。

（中华人民共和国工业和信息化部公告2020年第7号）

附录 6 国家危险废物名录 (2021 年版)

第一条 根据《中华人民共和国固体废物污染环境防治法》的有关规定，制定本名录。

第二条 具有下列情形之一的固体废物 (包括液态废物)，列入本名录：

(一) 具有毒性、腐蚀性、易燃性、反应性或者感染性一种或者几种危险特性的；

(二) 不排除具有危险特性，可能对生态环境或者人体健康造成有害影响，需要按照危险废物进行管理的。

第三条 列入本名录附录《危险废物豁免管理清单》中的危险废物，在所列的豁免环节，且满足相应的豁免条件时，可以按照豁免内容的规定实行豁免管理。

第四条 危险废物与其他物质混合后的固体废物，以及危险废物利用处置后的固体废物的属性判定，按照国家规定的危险废物鉴别标准执行。

第五条 本名录中有关术语的含义如下：

(一) 废物类别，是在《控制危险废物越境转移及其处置巴塞尔公约》划定的类别基础上，结合我国实际情况对危险废物进行的分类。

(二) 行业来源，是指危险废物的产生行业。

(三) 废物代码，是指危险废物的唯一代码，为 8 位数字。其中，第 1~3 位为危险废物产生行业代码 (依据《国民经济行业分类 (GB/T 4754—2017)》确定)，第 4~6 位为危险废物顺序代码，第 7~8 位为危险废物类别代码。

(四) 危险特性，是指对生态环境和人体健康具有有害影响的毒性 (Toxicity, T)、腐蚀性 (Corrosivity, C)、易燃性 (Ignitability, I)、反应性 (Reactivity, R) 和感染性 (Infectivity, In)。

第六条 对不明确是否具有危险特性的固体废物，应当按照国家规定的危险废物鉴别标准和鉴别方法予以认定。

经鉴别具有危险特性的，属于危险废物，应当根据其主要有害成分和危险特性确定所属废物类别，并按代码 "900-000-××" (××为危险废物类别代码) 进行归类管理。

经鉴别不具有危险特性的，不属于危险废物。

第七条 本名录根据实际情况实行动态调整。

第八条 本名录自 2021 年 1 月 1 日起施行。原环境保护部、国家发展和改革委员会、公安部发布的《国家危险废物名录》(环境保护部令第 39 号) 同时废止。

国家危险废物名录

废物类别	行业来源	废物代码	危险废物	危险特性[①]
HW01 医疗废物[②]	卫生	841-001-01	感染性废物	In
		841-002-01	损伤性废物	In
		841-003-01	病理性废物	In
		841-004-01	化学性废物	T/C/I/R
		841-005-01	药物性废物	T
HW02 医药废物	化学药品 原料药制造	271-001-02	化学合成原料药生产过程中产生的蒸馏及反应残余物	T
		271-002-02	化学合成原料药生产过程中产生的废母液及反应基废物	T
		271-003-02	化学合成原料药生产过程中产生的废脱色过滤介质	T
		271-004-02	化学合成原料药生产过程中产生的废吸附剂	T
		271-005-02	化学合成原料药生产过程中的废弃产品及中间体	T
	化学药品 制剂制造	272-001-02	化学药品制剂生产过程中原料药提纯精制、再加工产生的蒸馏及反应残余物	T
		272-003-02	化学药品制剂生产过程中产生的废脱色过滤介质及吸附剂	T
		272-005-02	化学药品制剂生产过程中产生的废弃产品及原料药	T
	兽用药品制造	275-001-02	使用砷或有机砷化合物生产兽药过程中产生的废水处理污泥	T
		275-002-02	使用砷或有机砷化合物生产兽药过程中产生的蒸馏残余物	T
		275-003-02	使用砷或有机砷化合物生产兽药过程中产生的废脱色过滤介质及吸附剂	T
		275-004-02	其他兽药生产过程中产生的蒸馏及反应残余物	T
		275-005-02	其他兽药生产过程中产生的废脱色过滤介质及吸附剂	T
		275-006-02	兽药生产过程中产生的废母液、反应基和培养基废物	T
		275-008-02	兽药生产过程中产生的废弃产品及原料药	T

续表

废物类别	行业来源	废物代码	危险废物	危险特性①
HW02 医药废物	生物药品 制品制造	276-001-02	利用生物技术生产生物化学药品、基因工程药物过程中产生的蒸馏及反应残余物	T
		276-002-02	利用生物技术生产生物化学药品、基因工程药物（不包括利用生物技术合成氨基酸、维生素、他汀类降脂药物、降糖类药物）过程中产生的废母液、反应基和培养基废物	T
		276-003-02	利用生物技术生产生物化学药品、基因工程药物（不包括利用生物技术合成氨基酸、维生素、他汀类降脂药物、降糖类药物）过程中产生的废脱色过滤介质	T
		276-004-02	利用生物技术生产生物化学药品、基因工程药物过程中产生的废吸附剂	T
		276-005-02	利用生物技术生产生物化学药品、基因工程药物过程中产生的废弃产品、原料药和中间体	T
HW03 废药物、药品	非特定行业	900-002-03	销售及使用过程中产生的失效、变质、不合格、淘汰、伪劣的化学药品和生物制品（不包括列入《国家基本药物目录》中的维生素、矿物质类药，调节水、电解质及酸碱平衡药），以及《医疗用毒性药品管理办法》中所列的毒性中药	T
HW04 农药废物	农药制造	263-001-04	氯丹生产过程中六氯环戊二烯过滤产生的残余物，及氯化反应器真空汽提产生的废物	T
		263-002-04	乙拌磷生产过程中甲苯回收工艺产生的蒸馏残渣	T
		263-003-04	甲拌磷生产过程中二乙基二硫代磷酸过滤产生的残余物	T
		263-004-04	2,4,5-三氯苯氧乙酸生产过程中四氯苯蒸馏产生的重馏分及蒸馏残余物	T
		263-005-04	2,4-二氯苯氧乙酸生产过程中苯酚氯化工段产生的含2,6-二氯苯酚精馏残渣	T

续表

废物类别	行业来源	废物代码	危险废物	危险特性[①]
HW04 农药废物	农药制造	263-006-04	乙烯基双二硫代氨基甲酸及其盐类生产过程中产生的过滤、蒸发和离心分离残余物及废水处理污泥，产品研磨和包装工序集（除）尘装置收集的粉尘和地面清扫废物	T
		263-007-04	溴甲烷生产过程中产生的废吸附剂、反应器产生的蒸馏残液和废水分离器产生的废物	T
		263-008-04	其他农药生产过程中产生的蒸馏及反应残余物（不包括赤霉酸发酵滤渣）	T
		263-009-04	农药生产过程中产生的废母液、反应罐及容器清洗废液	T
		263-010-04	农药生产过程中产生的废滤料及吸附剂	T
		263-011-04	农药生产过程中产生的废水处理污泥	T
		263-012-04	农药生产、配制过程中产生的过期原料和废弃产品	T
HW04 农药废物	非特定行业	900-003-04	销售及使用过程中产生的失效、变质、不合格、淘汰、伪劣的农药产品，以及废弃的与农药直接接触或含有农药残余物的包装物	T
HW05 木材防腐剂废物	木材加工	201-001-05	使用五氯酚进行木材防腐过程中产生的废水处理污泥，以及木材防腐处理过程中产生的沾染该防腐剂的废弃木材残片	T
		201-002-05	使用杂酚油进行木材防腐过程中产生的废水处理污泥，以及木材防腐处理过程中产生的沾染该防腐剂的废弃木材残片	T
		201-003-05	使用含砷、铬等无机防腐剂进行木材防腐过程中产生的废水处理污泥，以及木材防腐处理过程中产生的沾染该防腐剂的废弃木材残片	T
	专用化学产品制造	266-001-05	木材防腐化学品生产过程中产生的反应残余物、废过滤介质及吸附剂	T
		266-002-05	木材防腐化学品生产过程中产生的废水处理污泥	T
		266-003-05	木材防腐化学品生产、配制过程中产生的过期原料和废弃产品	T
	非特定行业	900-004-05	销售及使用过程中产生的失效、变质、不合格、淘汰、伪劣的木材防腐化学药品	T

续表

废物类别	行业来源	废物代码	危险废物	危险特性①
HW06 废有机溶剂与 含有机溶 剂废物	非特定行业	900-401-06	工业生产中作为清洗剂、萃取剂、溶剂或反应介质使用后废弃的四氯化碳、二氯甲烷、1,1-二氯乙烷、1,2-二氯乙烷、1,1,1-三氯乙烷、1,1,2-三氯乙烷、三氯乙烯、四氯乙烯，以及在使用前混合的含有一种或多种上述卤化溶剂的混合/调和溶剂	T, I
		900-402-06	工业生产中作为清洗剂、萃取剂、溶剂或反应介质使用后废弃的有机溶剂，包括苯、苯乙烯、丁醇、丙酮、正己烷、甲苯、邻二甲苯、间二甲苯、对二甲苯、1,2,4-三甲苯、乙苯、乙醇、异丙醇、乙醚、丙醚、乙酸甲酯、乙酸乙酯、乙酸丁酯、丙酸丁酯、苯酚，以及在使用前混合的含有一种或多种上述溶剂的混合/调和溶剂	T, I, R
		900-404-06	工业生产中作为清洗剂、萃取剂、溶剂或反应介质使用后废弃的其他列入《危险化学品目录》的有机溶剂，以及在使用前混合的含有一种或多种上述溶剂的混合/调和溶剂	T, I, R
		900-405-06	900-401-06、900-402-06、900-404-06中所列废有机溶剂再生处理过程中产生的废活性炭及其他过滤吸附介质	T, I, R
		900-407-06	900-401-06、900-402-06、900-404-06中所列废有机溶剂分馏再生过程中产生的高沸物和釜底残渣	T, I, R
		900-409-06	900-401-06、900-402-06、900-404-06中所列废有机溶剂再生处理过程中产生的废水处理浮渣和污泥（不包括废水生化处理污泥）	T

续表

废物类别	行业来源	废物代码	危 险 废 物	危险特性①
HW07 热处理含 氰废物	金属表面 处理及热 处理加工	336-001-07	使用氰化物进行金属热处理产生的淬火池 残渣	T, R
		336-002-07	使用氰化物进行金属热处理产生的淬火废 水处理污泥	T, R
		336-003-07	含氰热处理炉维修过程中产生的废内衬	T, R
		336-004-07	热处理渗碳炉产生的热处理渗碳氰渣	T, R
		336-005-07	金属热处理工艺盐浴槽（釜）清洗产生的 含氰残渣和含氰废液	T, R
		336-049-07	氰化物热处理和退火作业过程中产生的 残渣	T, R
HW08 废矿物油与 含矿物油废物	石油开采	071-001-08	石油开采和联合站贮存产生的油泥和油脚	T, I
		071-002-08	以矿物油为连续相配制钻井泥浆用于石油 开采所产生的钻井岩屑和废弃钻井泥浆	T
	天然气开采	072-001-08	以矿物油为连续相配制钻井泥浆用于天然 气开采所产生的钻井岩屑和废弃钻井泥浆	T
	精炼石油 产品制造	251-001-08	清洗矿物油储存、输送设施过程中产生的 油/水和烃/水混合物	T
		251-002-08	石油初炼过程中储存设施、油-水-固态物 质分离器、积水槽、沟渠及其他输送管道、 污水池、雨水收集管道产生的含油污泥	T, I
		251-003-08	石油炼制过程中含油废水隔油、气浮、沉 淀等处理过程中产生的浮油、浮渣和污泥 （不包括废水生化处理污泥）	T
		251-004-08	石油炼制过程中溶气浮选工艺产生的浮渣	T, I
		251-005-08	石油炼制过程中产生的溢出废油或乳剂	T, I
		251-006-08	石油炼制换热器管束清洗过程中产生的含 油污泥	T
		251-010-08	石油炼制过程中澄清油浆槽底沉积物	T, I
		251-011-08	石油炼制过程中进油管路过滤或分离装置 产生的残渣	T, I
		251-012-08	石油炼制过程中产生的废过滤介质	T
	电子元件及 专用材料制造	398-001-08	锂电池隔膜生产过程中产生的废白油	T

续表

废物类别	行业来源	废物代码	危险废物	危险特性①
HW08 废矿物油与 含矿物油废物	橡胶制品业	291-001-08	橡胶生产过程中产生的废溶剂油	T, I
	非特定行业	900-199-08	内燃机、汽车、轮船等集中拆解过程产生的废矿物油及油泥	T, I
		900-200-08	珩磨、研磨、打磨过程产生的废矿物油及油泥	T, I
		900-201-08	清洗金属零部件过程中产生的废弃煤油、柴油、汽油及其他由石油和煤炼制生产的溶剂油	T, I
		900-203-08	使用淬火油进行表面硬化处理产生的废矿物油	T
		900-204-08	使用轧制油、冷却剂及酸进行金属轧制产生的废矿物油	T
		900-205-08	镀锡及焊锡回收工艺产生的废矿物油	T
		900-209-08	金属、塑料的定型和物理机械表面处理过程中产生的废石蜡和润滑油	T, I
		900-210-08	含油废水处理中隔油、气浮、沉淀等处理过程中产生的浮油、浮渣和污泥（不包括废水生化处理污泥）	T, I
		900-213-08	废矿物油再生净化过程中产生的沉淀残渣、过滤残渣、废过滤吸附介质	T, I
		900-214-08	车辆、轮船及其他机械维修过程中产生的废发动机油、制动器油、自动变速器油、齿轮油等废润滑油	T, I
		900-215-08	废矿物油裂解再生过程中产生的裂解残渣	T, I
		900-216-08	使用防锈油进行铸件表面防锈处理过程中产生的废防锈油	T, I
		900-217-08	使用工业齿轮油进行机械设备润滑过程中产生的废润滑油	T, I
		900-218-08	液压设备维护、更换和拆解过程中产生的废液压油	T, I
		900-219-08	冷冻压缩设备维护、更换和拆解过程中产生的废冷冻机油	T, I
		900-220-08	变压器维护、更换和拆解过程中产生的废变压器油	T, I
		900-221-08	废燃料油及燃料油储存过程中产生的油泥	T, I
		900-249-08	其他生产、销售、使用过程中产生的废矿物油及沾染矿物油的废弃包装物	T, I

续表

废物类别	行业来源	废物代码	危险废物	危险特性[①]
HW09 油/水、烃/水 混合物或 乳化液	非特定行业	900-005-09	水压机维护、更换和拆解过程中产生的油/水、烃/水混合物或乳化液	T
		900-006-09	使用切削油或切削液进行机械加工过程中产生的油/水、烃/水混合物或乳化液	T
		900-007-09	其他工艺过程中产生的油/水、烃/水混合物或乳化液	T
HW10 多氯（溴） 联苯类废物	非特定行业	900-008-10	含有多氯联苯（PCBs）、多氯三联苯（PCTs）和多溴联苯（PBBs）的废弃电容器、变压器	T
		900-009-10	含有 PCBs、PCTs 和 PBBs 的电力设备的清洗液	T
		900-010-10	含有 PCBs、PCTs 和 PBBs 的电力设备中废弃的介质油、绝缘油、冷却油及导热油	T
		900-011-10	含有或沾染 PCBs、PCTs 和 PBBs 的废弃包装物及容器	T
HW11 精（蒸） 馏残渣	精炼石油 产品制造	251-013-11	石油精炼过程中产生的酸焦油和其他焦油	T
	煤炭加工	252-001-11	炼焦过程中蒸氨塔残渣和洗油再生残渣	T
		252-002-11	煤气净化过程氨水分离设施底部的焦油和焦油渣	T
		252-003-11	炼焦副产品回收过程中萘精制产生的残渣	T
		252-004-11	炼焦过程中焦油储存设施中的焦油渣	T
		252-005-11	煤焦油加工过程中焦油储存设施中的焦油渣	T
		252-007-11	炼焦及煤焦油加工过程中的废水池残渣	T
		252-009-11	轻油回收过程中的废水池残渣	T
		252-010-11	炼焦、煤焦油加工和苯精制过程中产生的废水处理污泥（不包括废水生化处理污泥）	T
		252-011-11	焦炭生产过程中硫铵工段煤气除酸净化产生的酸焦油	T
		252-012-11	焦化粗苯酸洗法精制过程产生的酸焦油及其他精制过程产生的蒸馏残渣	T
		252-013-11	焦炭生产过程中产生的脱硫废液	T
		252-016-11	煤沥青改质过程中产生的闪蒸油	T
		252-017-11	固定床气化技术生产化工合成原料气、燃料油合成原料气过程中粗煤气冷凝产生的焦油和焦油渣	T

续表

废物类别	行业来源	废物代码	危险废物	危险特性①
HW11 精（蒸）馏残渣	燃气生产和供应业	451-001-11	煤气生产行业煤气净化过程中产生的煤焦油渣	T
		451-002-11	煤气生产过程中产生的废水处理污泥（不包括废水生化处理污泥）	T
		451-003-11	煤气生产过程中煤气冷凝产生的煤焦油	T
	基础化学原料制造	261-007-11	乙烯法制乙醛生产过程中产生的蒸馏残渣	T
		261-008-11	乙烯法制乙醛生产过程中产生的蒸馏次要馏分	T
		261-009-11	苄基氯生产过程中苄基氯蒸馏产生的蒸馏残渣	T
		261-010-11	四氯化碳生产过程中产生的蒸馏残渣和重馏分	T
		261-011-11	表氯醇生产过程中精制塔产生的蒸馏残渣	T
		261-012-11	异丙苯生产过程中精馏塔产生的重馏分	T
		261-013-11	萘法生产邻苯二甲酸酐过程中产生的蒸馏残渣和轻馏分	T
		261-014-11	邻二甲苯法生产邻苯二甲酸酐过程中产生的蒸馏残渣和轻馏分	T
		261-015-11	苯硝化法生产硝基苯过程中产生的蒸馏残渣	T
		261-016-11	甲苯二异氰酸酯生产过程中产生的蒸馏残渣和离心分离残渣	T
		261-017-11	1,1,1-三氯乙烷生产过程中产生的蒸馏残渣	T
		261-018-11	三氯乙烯和四氯乙烯联合生产过程中产生的蒸馏残渣	T
		261-019-11	苯胺生产过程中产生的蒸馏残渣	T
		261-020-11	苯胺生产过程中苯胺萃取工序产生的蒸馏残渣	T
		261-021-11	二硝基甲苯加氢法生产甲苯二胺过程中干燥塔产生的反应残余物	T
		261-022-11	二硝基甲苯加氢法生产甲苯二胺过程中产品精制产生的轻馏分	T

续表

废物类别	行业来源	废物代码	危险废物	危险特性^①
HW11 精（蒸） 馏残渣	基础化学 原料制造	261-023-11	二硝基甲苯加氢法生产甲苯二胺过程中产品精制产生的废液	T
		261-024-11	二硝基甲苯加氢法生产甲苯二胺过程中产品精制产生的重馏分	T
		261-025-11	甲苯二胺光气化法生产甲苯二异氰酸酯过程中溶剂回收塔产生的有机冷凝物	T
		261-026-11	氯苯、二氯苯生产过程中的蒸馏及分馏残渣	T
		261-027-11	使用羧酸肼生产1,1-二甲基肼过程中产品分离产生的残渣	T
		261-028-11	乙烯溴化法生产二溴乙烯过程中产品精制产生的蒸馏残渣	T
		261-029-11	α-氯甲苯、苯甲酰氯和含此类官能团的化学品生产过程中产生的蒸馏残渣	T
		261-030-11	四氯化碳生产过程中的重馏分	T
		261-031-11	二氯乙烯单体生产过程中蒸馏产生的重馏分	T
		261-032-11	氯乙烯单体生产过程中蒸馏产生的重馏分	T
		261-033-11	1,1,1-三氯乙烷生产过程中蒸汽汽提塔产生的残余物	T
		261-034-11	1,1,1-三氯乙烷生产过程中蒸馏产生的重馏分	T
		261-035-11	三氯乙烯和四氯乙烯联合生产过程中产生的重馏分	T
		261-100-11	苯和丙烯生产苯酚和丙酮过程中产生的重馏分	T
		261-101-11	苯泵式硝化生产硝基苯过程中产生的重馏分	T, R
		261-102-11	铁粉还原硝基苯生产苯胺过程中产生的重馏分	T
		261-103-11	以苯胺、乙酸酐或乙酰苯胺为原料生产对硝基苯胺过程中产生的重馏分	T
		261-104-11	对硝基氯苯胺氨解生产对硝基苯胺过程中产生的重馏分	T, R

续表

废物类别	行业来源	废物代码	危险废物	危险特性①
HW11 精（蒸）馏残渣	基础化学原料制造	261-105-11	氨化法、还原法生产邻苯二胺过程中产生的重馏分	T
		261-106-11	苯和乙烯直接催化、乙苯和丙烯共氧化、乙苯催化脱氢生产苯乙烯过程中产生的重馏分	T
		261-107-11	二硝基甲苯还原催化生产甲苯二胺过程中产生的重馏分	T
		261-108-11	对苯二酚氧化生产二甲氧基苯胺过程中产生的重馏分	T
		261-109-11	萘磺化生产萘酚过程中产生的重馏分	T
		261-110-11	苯酚、三甲苯水解生产 4,4′-二羟基二苯砜过程中产生的重馏分	T
		261-111-11	甲苯硝基化合物羰基化法、甲苯碳酸二甲酯法生产甲苯二异氰酸酯过程中产生的重馏分	T
		261-113-11	乙烯直接氯化生产二氯乙烷过程中产生的重馏分	T
		261-114-11	甲烷氯化生产甲烷氯化物过程中产生的重馏分	T
		261-115-11	甲醇氯化生产甲烷氯化物过程中产生的釜底残液	T
		261-116-11	乙烯氯醇法、氧化法生产环氧乙烷过程中产生的重馏分	T
		261-117-11	乙炔气相合成、氧氯化生产氯乙烯过程中产生的重馏分	T
		261-118-11	乙烯直接氯化生产三氯乙烯、四氯乙烯过程中产生的重馏分	T
		261-119-11	乙烯氧氯化法生产三氯乙烯、四氯乙烯过程中产生的重馏分	T
		261-120-11	甲苯光气法生产苯甲酰氯产品精制过程中产生的重馏分	T
		261-121-11	甲苯苯甲酸法生产苯甲酰氯产品精制过程中产生的重馏分	T

续表

废物类别	行业来源	废物代码	危险废物	危险特性①
HW11 精（蒸） 馏残渣	基础化学 原料制造	261-122-11	甲苯连续光氯化法、无光热氯化法生产氯化苄过程中产生的重馏分	T
		261-123-11	偏二氯乙烯氢氯化法生产1,1,1-三氯乙烷过程中产生的重馏分	T
		261-124-11	醋酸丙烯酯法生产环氧氯丙烷过程中产生的重馏分	T
		261-125-11	异戊烷（异戊烯）脱氢法生产异戊二烯过程中产生的重馏分	T
		261-126-11	化学合成法生产异戊二烯过程中产生的重馏分	T
		261-127-11	碳五馏分分离生产异戊二烯过程中产生的重馏分	T
		261-128-11	合成气加压催化生产甲醇过程中产生的重馏分	T
		261-129-11	水合法、发酵法生产乙醇过程中产生的重馏分	T
		261-130-11	环氧乙烷直接水合生产乙二醇过程中产生的重馏分	T
		261-131-11	乙醛缩合加氢生产丁二醇过程中产生的重馏分	T
		261-132-11	乙醛氧化生产醋酸蒸馏过程中产生的重馏分	T
		261-133-11	丁烷液相氧化生产醋酸过程中产生的重馏分	T
		261-134-11	电石乙炔法生产醋酸乙烯酯过程中产生的重馏分	T
		261-135-11	氢氰酸法生产原甲酸三甲酯过程中产生的重馏分	T
		261-136-11	β-苯胺乙醇法生产靛蓝过程中产生的重馏分	T
	石墨及其他 非金属矿物 制品制造	309-001-11	电解铝及其他有色金属电解精炼过程中预焙阳极、碳块及其他碳素制品制造过程烟气处理所产生的含焦油废物	T

续表

废物类别	行业来源	废物代码	危险废物	危险特性[①]
HW11 精（蒸） 馏残渣	环境治理业	772-001-11	废矿物油再生过程中产生的酸焦油	T
	非特定行业	900-013-11	其他化工生产过程（不包括以生物质为主要原料的加工过程）中精馏、蒸馏和热解工艺产生的高沸点釜底残余物	T
HW12 染料、涂料 废物	涂料、油墨、颜料及类似产品制造	264-002-12	铬黄和铬橙颜料生产过程中产生的废水处理污泥	T
		264-003-12	钼酸橙颜料生产过程中产生的废水处理污泥	T
		264-004-12	锌黄颜料生产过程中产生的废水处理污泥	T
		264-005-12	铬绿颜料生产过程中产生的废水处理污泥	T
		264-006-12	氧化铬绿颜料生产过程中产生的废水处理污泥	T
		264-007-12	氧化铬绿颜料生产过程中烘干产生的残渣	T
		264-008-12	铁蓝颜料生产过程中产生的废水处理污泥	T
		264-009-12	使用含铬、铅的稳定剂配制油墨过程中，设备清洗产生的洗涤废液和废水处理污泥	T
		264-010-12	油墨生产、配制过程中产生的废蚀刻液	T
		264-011-12	染料、颜料生产过程中产生的废母液、残渣、废吸附剂和中间体废物	T
		264-012-12	其他油墨、染料、颜料、油漆（不包括水性漆）生产过程中产生的废水处理污泥	T
		264-013-12	油漆、油墨生产、配制和使用过程中产生的含颜料、油墨的废有机溶剂	T
	非特定行业	900-250-12	使用有机溶剂、光漆进行光漆涂布、喷漆工艺过程中产生的废物	T, I
		900-251-12	使用油漆（不包括水性漆）、有机溶剂进行阻挡层涂敷过程中产生的废物	T, I
		900-252-12	使用油漆（不包括水性漆）、有机溶剂进行喷漆、上漆过程中产生的废物	T, I
		900-253-12	使用油墨和有机溶剂进行丝网印刷过程中产生的废物	T, I
		900-254-12	使用遮盖油、有机溶剂进行遮盖油的涂敷过程中产生的废物	T, I

续表

废物类别	行业来源	废物代码	危险废物	危险特性[①]
HW12 染料、涂料 废物	非特定行业	900-255-12	使用各种颜料进行着色过程中产生的废颜料	T
		900-256-12	使用酸、碱或有机溶剂清洗容器设备过程中剥离下的废油漆、废染料、废涂料	T, I, C
		900-299-12	生产、销售及使用过程中产生的失效、变质、不合格、淘汰、伪劣的油墨、染料、颜料、油漆（不包括水性漆）	T
HW13 有机树脂类 废物	合成材料制造	265-101-13	树脂、合成乳胶、增塑剂、胶水/胶合剂合成过程产生的不合格产品（不包括热塑型树脂生产过程中聚合物经脱除单体、低聚物、溶剂及其他助剂后产生的废料，以及热固型树脂固化后的固化体）	T
		265-102-13	树脂、合成乳胶、增塑剂、胶水/胶合剂生产过程中合成、酯化、缩合等工序产生的废母液	T
		265-103-13	树脂（不包括水性聚氨酯乳液、水性丙烯酸乳液、水性聚氨酯丙烯酸复合乳液）、合成乳胶、增塑剂、胶水/胶合剂生产过程中精馏、分离、精制等工序产生的釜底残液、废过滤介质和残渣	T
		265-104-13	树脂（不包括水性聚氨酯乳液、水性丙烯酸乳液、水性聚氨酯丙烯酸复合乳液）、合成乳胶、增塑剂、胶水/胶合剂合成过程中产生的废水处理污泥（不包括废水生化处理污泥）	T
	非特定行业	900-014-13	废弃的黏合剂和密封剂（不包括水基型和热熔型黏合剂和密封剂）	T
		900-015-13	湿法冶金、表面处理和制药行业重金属、抗生素提取、分离过程产生的废弃离子交换树脂，以及工业废水处理过程产生的废弃离子交换树脂	T
		900-016-13	使用酸、碱或有机溶剂清洗容器设备剥离下的树脂状、黏稠杂物	T
		900-451-13	废覆铜板、印刷线路板、电路板破碎分选回收金属后产生的废树脂粉	T

续表

废物类别	行业来源	废物代码	危险废物	危险特性^①
HW14 新化学物 质废物	非特定行业	900-017-14	研究、开发和教学活动中产生的对人类或环境影响不明的化学物质废物	T/C/I/R
HW15 爆炸性废物	炸药、火工及焰火产品制造	267-001-15	炸药生产和加工过程中产生的废水处理污泥	R, T
		267-002-15	含爆炸品废水处理过程中产生的废活性炭	R, T
		267-003-15	生产、配制和装填铅基起爆药剂过程中产生的废水处理污泥	R, T
		267-004-15	三硝基甲苯生产过程中产生的粉红水、红水，以及废水处理污泥	T, R
HW16 感光材料废物	专用化学产品制造	266-009-16	显（定）影剂、正负胶片、像纸、感光材料生产过程中产生的不合格产品和过期产品	T
		266-010-16	显（定）影剂、正负胶片、像纸、感光材料生产过程中产生的残渣和废水处理污泥	T
	印刷	231-001-16	使用显影剂进行胶卷显影，使用定影剂进行胶卷定影，以及使用铁氰化钾、硫代硫酸盐进行影像减薄（漂白）产生的废显（定）影剂、胶片和废像纸	T
		231-002-16	使用显影剂进行印刷显影、抗蚀图形显影，以及凸版印刷产生的废显（定）影剂、胶片和废像纸	T
	电子元件及电子专用材料制造	398-001-16	使用显影剂、氢氧化物、偏亚硫酸氢盐、醋酸进行胶卷显影产生的废显（定）影剂、胶片和废像纸	T
	影视节目制作	873-001-16	电影厂产生的废显（定）影剂、胶片及废像纸	T
	摄影扩印服务	806-001-16	摄影扩印服务行业产生的废显（定）影剂、胶片和废像纸	T
	非特定行业	900-019-16	其他行业产生的废显（定）影剂、胶片和废像纸	T

续表

废物类别	行业来源	废物代码	危 险 废 物	危险特性①
HW17 表面处理废物	金属表面处理及热处理加工	336-050-17	使用氯化亚锡进行敏化处理产生的废渣和废水处理污泥	T
		336-051-17	使用氯化锌、氯化铵进行敏化处理产生的废渣和废水处理污泥	T
		336-052-17	使用锌和电镀化学品进行镀锌产生的废槽液、槽渣和废水处理污泥	T
		336-053-17	使用镉和电镀化学品进行镀镉产生的废槽液、槽渣和废水处理污泥	T
		336-054-17	使用镍和电镀化学品进行镀镍产生的废槽液、槽渣和废水处理污泥	T
		336-055-17	使用镀镍液进行镀镍产生的废槽液、槽渣和废水处理污泥	T
		336-056-17	使用硝酸银、碱、甲醛进行敷金属法镀银产生的废槽液、槽渣和废水处理污泥	T
		336-057-17	使用金和电镀化学品进行镀金产生的废槽液、槽渣和废水处理污泥	T
		336-058-17	使用镀铜液进行化学镀铜产生的废槽液、槽渣和废水处理污泥	T
		336-059-17	使用钯和锡盐进行活化处理产生的废渣和废水处理污泥	T
		336-060-17	使用铬和电镀化学品进行镀黑铬产生的废槽液、槽渣和废水处理污泥	T
		336-061-17	使用高锰酸钾进行钻孔除胶处理产生的废渣和废水处理污泥	T
		336-062-17	使用铜和电镀化学品进行镀铜产生的废槽液、槽渣和废水处理污泥	T
		336-063-17	其他电镀工艺产生的废槽液、槽渣和废水处理污泥	T

续表

废物类别	行业来源	废物代码	危险废物	危险特性①
HW17 表面处理废物	金属表面处理及热处理加工	336-064-17	金属或塑料表面酸（碱）洗、除油、除锈、洗涤、磷化、出光、化抛工艺产生的废腐蚀液、废洗涤液、废槽液、槽渣和废水处理污泥〔不包括：铝、镁材（板）表面酸（碱）洗、粗化、硫酸阳极处理、磷酸化学抛光废水处理污泥，铝电解电容器用铝电极箔化学腐蚀、非硼酸系化成液化成废水处理污泥，铝材挤压加工模具碱洗（煲模）废水处理污泥，碳钢酸洗除锈废水处理污泥〕	T/C
		336-066-17	镀层剥除过程中产生的废槽液、槽渣和废水处理污泥	T
		336-067-17	使用含重铬酸盐的胶体、有机溶剂、黏合剂进行漩流式抗蚀涂布产生的废渣和废水处理污泥	T
		336-068-17	使用铬化合物进行抗蚀层化学硬化产生的废渣和废水处理污泥	T
		336-069-17	使用铬酸镀铬产生的废槽液、槽渣和废水处理污泥	T
		336-100-17	使用铬酸进行阳极氧化产生的废槽液、槽渣和废水处理污泥	T
		336-101-17	使用铬酸进行塑料表面粗化产生的废槽液、槽渣和废水处理污泥	T
HW18 焚烧处置残渣	环境治理业	772-002-18	生活垃圾焚烧飞灰	T
		772-003-18	危险废物焚烧、热解等处置过程产生的底渣、飞灰和废水处理污泥	T
		772-004-18	危险废物等离子体、高温熔融等处置过程产生的非玻璃态物质和飞灰	T
		772-005-18	固体废物焚烧处置过程中废气处理产生的废活性炭	T
HW19 含金属羰基化合物废物	非特定行业	900-020-19	金属羰基化合物生产、使用过程中产生的含有羰基化合物成分的废物	T

续表

废物类别	行业来源	废物代码	危险废物	危险特性[①]
HW20 含铍废物	基础化学原料制造	261-040-20	铍及其化合物生产过程中产生的熔渣、集（除）尘装置收集的粉尘和废水处理污泥	T
HW21 含铬废物	毛皮鞣制及制品加工	193-001-21	使用铬鞣剂进行铬鞣、复鞣工艺产生的废水处理污泥和残渣	T
		193-002-21	皮革、毛皮鞣制及切削过程产生的含铬废碎料	T
	基础化学原料制造	261-041-21	铬铁矿生产铬盐过程中产生的铬渣	T
		261-042-21	铬铁矿生产铬盐过程中产生的铝泥	T
		261-043-21	铬铁矿生产铬盐过程中产生的芒硝	T
		261-044-21	铬铁矿生产铬盐过程中产生的废水处理污泥	T
		261-137-21	铬铁矿生产铬盐过程中产生的其他废物	T
		261-138-21	以重铬酸钠和浓硫酸为原料生产铬酸酐过程中产生的含铬废液	T
	铁合金冶炼	314-001-21	铬铁硅合金生产过程中集（除）尘装置收集的粉尘	T
		314-002-21	铁铬合金生产过程中集（除）尘装置收集的粉尘	T
		314-003-21	铁铬合金生产过程中金属铬冶炼产生的铬浸出渣	T
	金属表面处理及热处理加工	336-100-21	使用铬酸进行阳极氧化产生的废槽液、槽渣和废水处理污泥	T
	电子元件及电子专用材料制造	398-002-21	使用铬酸进行钻孔除胶处理产生的废渣和废水处理污泥	T
HW22 含铜废物	玻璃制造	304-001-22	使用硫酸铜进行敷金属法镀铜产生的废槽液、槽渣和废水处理污泥	T
	电子元件及电子专用材料制造	398-004-22	线路板生产过程中产生的废蚀铜液	T
		398-005-22	使用酸进行铜氧化处理产生的废液和废水处理污泥	T
		398-051-22	铜板蚀刻过程中产生的废蚀刻液和废水处理污泥	T

续表

废物类别	行业来源	废物代码	危险废物	危险特性[①]
HW23 含锌废物	金属表面处理及热处理加工	336-103-23	热镀锌过程中产生的废助镀熔（溶）剂和集（除）尘装置收集的粉尘	T
	电池制造	384-001-23	碱性锌锰电池、锌氧化银电池、锌空气电池生产过程中产生的废锌浆	T
	炼钢	312-001-23	废钢电炉炼钢过程中集（除）尘装置收集的粉尘和废水处理污泥	T
	非特定行业	900-021-23	使用氢氧化钠、锌粉进行贵金属沉淀过程中产生的废液和废水处理污泥	T
HW24 含砷废物	基础化学原料制造	261-139-24	硫铁矿制酸过程中烟气净化产生的酸泥	T
HW25 含硒废物	基础化学原料制造	261-045-25	硒及其化合物生产过程中产生的熔渣、集（除）尘装置收集的粉尘和废水处理污泥	T
HW26 含镉废物	电池制造	384-002-26	镍镉电池生产过程中产生的废渣和废水处理污泥	T
HW27 含锑废物	基础化学原料制造	261-046-27	锑金属及粗氧化锑生产过程中产生的熔渣和集（除）尘装置收集的粉尘	T
		261-048-27	氧化锑生产过程中产生的熔渣	T
HW28 含碲废物	基础化学原料制造	261-050-28	碲及其化合物生产过程中产生的熔渣、集（除）尘装置收集的粉尘和废水处理污泥	T
HW29 含汞废物	天然气开采	072-002-29	天然气除汞净化过程中产生的含汞废物	T
	常用有色金属矿采选	091-003-29	汞矿采选过程中产生的尾砂和集（除）尘装置收集的粉尘	T
	贵金属冶炼	322-002-29	混汞法提金工艺产生的含汞粉尘、残渣	T
	印刷	231-007-29	使用显影剂、汞化合物进行影像加厚（物理沉淀）以及使用显影剂、氨氯化汞进行影像加厚（氧化）产生的废液和残渣	T
	基础化学原料制造	261-051-29	水银电解槽法生产氯气过程中盐水精制产生的盐水提纯污泥	T
		261-052-29	水银电解槽法生产氯气过程中产生的废水处理污泥	T
		261-053-29	水银电解槽法生产氯气过程中产生的废活性炭	T
		261-054-29	卤素和卤素化学品生产过程中产生的含汞硫酸钡污泥	T

续表

废物类别	行业来源	废物代码	危险废物	危险特性①
HW29 含汞废物	合成材料制造	265-001-29	氯乙烯生产过程中含汞废水处理产生的废活性炭	T, C
		265-002-29	氯乙烯生产过程中吸附汞产生的废活性炭	T, C
		265-003-29	电石乙炔法生产氯乙烯单体过程中产生的废酸	T, C
		265-004-29	电石乙炔法生产氯乙烯单体过程中产生的废水处理污泥	T
	常用有色金属冶炼	321-030-29	汞再生过程中集（除）尘装置收集的粉尘，汞再生工艺产生的废水处理污泥	T
		321-033-29	铅锌冶炼烟气净化产生的酸泥	T
		321-103-29	铜、锌、铅冶炼过程中烟气氯化汞法脱汞工艺产生的废甘汞	T
	电池制造	384-003-29	含汞电池生产过程中产生的含汞废浆层纸、含汞废锌膏、含汞废活性炭和废水处理污泥	T
	照明器具制造	387-001-29	电光源用固汞及含汞电光源生产过程中产生的废活性炭和废水处理污泥	T
	通用仪器仪表制造	401-001-29	含汞温度计生产过程中产生的废渣	T
	非特定行业	900-022-29	废弃的含汞催化剂	T
		900-023-29	生产、销售及使用过程中产生的废含汞荧光灯管及其他废含汞电光源，及废弃含汞电光源处理处置过程中产生的废荧光粉、废活性炭和废水处理污泥	T
		900-024-29	生产、销售及使用过程中产生的废含汞温度计、废含汞血压计、废含汞真空表、废含汞压力计、废氧化汞电池和废汞开关	T
		900-452-29	含汞废水处理过程中产生的废树脂、废活性炭和污泥	T
HW30 含铊废物	基础化学原料制造	261-055-30	铊及其化合物生产过程中产生的熔渣、集（除）尘装置收集的粉尘和废水处理污泥	T

续表

废物类别	行业来源	废物代码	危险废物	危险特性①
HW31 含铅废物	玻璃制造	304-002-31	使用铅盐和铅氧化物进行显像管玻璃熔炼过程中产生的废渣	T
	电子元件及电子专用材料制造	398-052-31	线路板制造过程中电镀铅锡合金产生的废液	T
	电池制造	384-004-31	铅蓄电池生产过程中产生的废渣、集（除）尘装置收集的粉尘和废水处理污泥	T
	工艺美术及礼仪用品制造	243-001-31	使用铅箔进行烤钵试金法工艺产生的废烤钵	T
	非特定行业	900-052-31	废铅蓄电池及废铅蓄电池拆解过程中产生的废铅板、废铅膏和酸液	T，C
		900-025-31	使用硬脂酸铅进行抗黏涂层过程中产生的废物	T
HW32 无机氟化物废物	非特定行业	900-026-32	使用氢氟酸进行蚀刻产生的废蚀刻液	T，C
HW33 无机氰化物废物	贵金属矿采选	092-003-33	采用氰化物进行黄金选矿过程中产生的氰化尾渣和含氰废水处理污泥	T
	金属表面处理及热处理加工	336-104-33	使用氰化物进行浸洗过程中产生的废液	T，R
	非特定行业	900-027-33	使用氰化物进行表面硬化、碱性除油、电解除油产生的废物	T，R
		900-028-33	使用氰化物剥落金属镀层产生的废物	T，R
		900-029-33	使用氰化物和双氧水进行化学抛光产生的废物	T，R
HW34 废酸	精炼石油产品制造	251-014-34	石油炼制过程产生的废酸及酸泥	C，T
	涂料、油墨、颜料及类似产品制造	264-013-34	硫酸法生产钛白粉（二氧化钛）过程中产生的废酸	C，T
	基础化学原料制造	261-057-34	硫酸和亚硫酸、盐酸、氢氟酸、磷酸和亚磷酸、硝酸和亚硝酸等的生产、配制过程中产生的废酸及酸渣	C，T
		261-058-34	卤素和卤素化品生产过程中产生的废酸	C，T

废物类别	行业来源	废物代码	危险废物	危险特性[①]
HW34 废酸	钢压延加工	313-001-34	钢的精加工过程中产生的废酸性洗液	C，T
	金属表面处理及热处理加工	336-105-34	青铜生产过程中浸酸工序产生的废酸液	C，T
	电子元件及电子专用材料制造	398-005-34	使用酸进行电解除油、酸蚀、活化前表面敏化、催化、浸亮产生的废酸液	C，T
		398-006-34	使用硝酸进行钻孔蚀胶处理产生的废酸液	C，T
		398-007-34	液晶显示板或集成电路板的生产过程中使用酸浸蚀剂进行氧化物浸蚀产生的废酸液	C，T
	非特定行业	900-300-34	使用酸进行清洗产生的废酸液	C，T
		900-301-34	使用硫酸进行酸性碳化产生的废酸液	C，T
		900-302-34	使用硫酸进行酸蚀产生的废酸液	C，T
		900-303-34	使用磷酸进行磷化产生的废酸液	C，T
		900-304-34	使用酸进行电解除油、金属表面敏化产生的废酸液	C，T
		900-305-34	使用硝酸剥落不合格镀层及挂架金属镀层产生的废酸液	C，T
		900-306-34	使用硝酸进行钝化产生的废酸液	C，T
		900-307-34	使用酸进行电解抛光处理产生的废酸液	C，T
		900-308-34	使用酸进行催化（化学镀）产生的废酸液	C，T
		900-349-34	生产、销售及使用过程中产生的失效、变质、不合格、淘汰、伪劣的强酸性擦洗粉、清洁剂、污迹去除剂以及其他强酸性废酸液和酸渣	C，T
HW35 废碱	精炼石油产品制造	251-015-35	石油炼制过程产生的废碱液和碱渣	C，T
	基础化学原料制造	261-059-35	氢氧化钙、氨水、氢氧化钠、氢氧化钾等的生产、配制中产生的废碱液、固态碱和碱渣	C
	毛皮鞣制及制品加工	193-003-35	使用氢氧化钙、硫化钠进行浸灰产生的废碱液	C，R
	纸浆制造	221-002-35	碱法制浆过程中蒸煮制浆产生的废碱液	C，T

续表

废物类别	行业来源	废物代码	危险废物	危险特性①
HW35 废碱	非特定行业	900-350-35	使用氢氧化钠进行煮炼过程中产生的废碱液	C
		900-351-35	使用氢氧化钠进行丝光处理过程中产生的废碱液	C
		900-352-35	使用碱进行清洗产生的废碱液	C，T
		900-353-35	使用碱进行清洗除蜡、碱性除油、电解除油产生的废碱液	C，T
		900-354-35	使用碱进行电镀阻挡层或抗蚀层的脱除产生的废碱液	C，T
		900-355-35	使用碱进行氧化膜浸蚀产生的废碱液	C，T
		900-356-35	使用碱溶液进行碱性清洗、图形显影产生的废碱液	C，T
		900-399-35	生产、销售及使用过程中产生的失效、变质、不合格、淘汰、伪劣的强碱性擦洗粉、清洁剂、污迹去除剂以及其他强碱性废碱液、固态碱和碱渣	C，T
HW36 石棉废物	石棉及其他非金属矿采选	109-001-36	石棉矿选矿过程中产生的废渣	T
	基础化学原料制造	261-060-36	卤素和卤素化学品生产过程中电解装置拆换产生的含石棉废物	T
	石膏、水泥制品及类似制品制造	302-001-36	石棉建材生产过程中产生的石棉尘、废石棉	T
	耐火材料制品制造	308-001-36	石棉制品生产过程中产生的石棉尘、废石棉	T
	汽车零部件及配件制造	367-001-36	车辆制动器衬片生产过程中产生的石棉废物	T
	船舶及相关装置制造	373-002-36	拆船过程中产生的石棉废物	T
	非特定行业	900-030-36	其他生产过程中产生的石棉废物	T
		900-031-36	含有石棉的废绝缘材料、建筑废物	T
		900-032-36	含有隔膜、热绝缘体等石棉材料的设施保养拆换及车辆制动器衬片的更换产生的石棉废物	T

续表

废物类别	行业来源	废物代码	危险废物	危险特性①
HW37 有机磷化 合物废物	基础化学 原料制造	261-061-37	除农药以外其他有机磷化合物生产、配制过程中产生的反应残余物	T
		261-062-37	除农药以外其他有机磷化合物生产、配制过程中产生的废过滤吸附介质	T
		261-063-37	除农药以外其他有机磷化合物生产过程中产生的废水处理污泥	T
	非特定行业	900-033-37	生产、销售及使用过程中产生的废弃磷酸酯抗燃油	T
HW38 有机氰化 物废物	基础化学 原料制造	261-064-38	丙烯腈生产过程中废水汽提器塔底的残余物	T, R
		261-065-38	丙烯腈生产过程中乙腈蒸馏塔底的残余物	T, R
		261-066-38	丙烯腈生产过程中乙腈精制塔底的残余物	T
		261-067-38	有机氰化物生产过程中产生的废母液和反应残余物	T
		261-068-38	有机氰化物生产过程中催化、精馏和过滤工序产生的废催化剂、釜底残余物和过滤介质	T
		261-069-38	有机氰化物生产过程中产生的废水处理污泥	T
		261-140-38	废腈纶高温高压水解生产聚丙烯腈-铵盐过程中产生的过滤残渣	T
HW39 含酚废物	基础化学 原料制造	261-070-39	酚及酚类化合物生产过程中产生的废母液和反应残余物	T
		261-071-39	酚及酚类化合物生产过程中产生的废过滤吸附介质、废催化剂、精馏残余物	T
HW40 含醚废物	基础化学 原料制造	261-072-40	醚及醚类化合物生产过程中产生的醚类残液、反应残余物、废水处理污泥（不包括废水生化处理污泥）	T
HW45 含有机卤 化物废物	基础化学 原料制造	261-078-45	乙烯溴化法生产二溴乙烯过程中废气净化产生的废液	T
		261-079-45	乙烯溴化法生产二溴乙烯过程中产品精制产生的废吸附剂	T
		261-080-45	芳烃及其衍生物氯代反应过程中氯气和盐酸回收工艺产生的废液和废吸附剂	T

续表

废物类别	行业来源	废物代码	危 险 废 物	危险特性[①]
HW45 含有机卤 化物废物	基础化学 原料制造	261-081-45	芳烃及其衍生物氯代反应过程中产生的废水处理污泥	T
		261-082-45	氯乙烷生产过程中的塔底残余物	T
		261-084-45	其他有机卤化物的生产过程（不包括卤化前的生产工段）中产生的残液、废过滤吸附介质、反应残余物、废水处理污泥、废催化剂（不包括上述 HW04、HW06、HW11、HW12、HW13、HW39 类别的废物）	T
		261-085-45	其他有机卤化物的生产过程中产生的不合格、淘汰、废弃的产品（不包括上述 HW06、HW39 类别的废物）	T
		261-086-45	石墨作阳极隔膜法生产氯气和烧碱过程中产生的废水处理污泥	T
HW46 含镍废物	基础化学 原料制造	261-087-46	镍化合物生产过程中产生的反应残余物及不合格、淘汰、废弃的产品	T
	电池制造	384-005-46	镍氢电池生产过程中产生的废渣和废水处理污泥	T
	非特定行业	900-037-46	废弃的镍催化剂	T，I
HW47 含钡废物	基础化学 原料制造	261-088-47	钡化合物（不包括硫酸钡）生产过程中产生的熔渣、集（除）尘装置收集的粉尘、反应残余物、废水处理污泥	T
	金属表面 处理及热 处理加工	336-106-47	热处理工艺中产生的含钡盐浴渣	T
HW48 有色金属采选 和冶炼废物	常用有色金 属矿采选	091-001-48	硫化铜矿、氧化铜矿等铜矿物采选过程中集（除）尘装置收集的粉尘	T
		091-002-48	硫砷化合物（雌黄、雄黄及硫砷铁矿）或其他含砷化合物的金属矿石采选过程中集（除）尘装置收集的粉尘	T
	常用有色 金属冶炼	321-002-48	铜火法冶炼过程中烟气处理集（除）尘装置收集的粉尘	T
		321-031-48	铜火法冶炼烟气净化产生的酸泥（铅滤饼）	T

废物类别	行业来源	废物代码	危险废物	危险特性[①]
HW48 有色金属采选 和冶炼废物	常用有色 金属冶炼	321-032-48	铜火法冶炼烟气净化产生的污酸处理过程产生的砷渣	T
		321-003-48	粗锌精炼加工过程中湿法除尘产生的废水处理污泥	T
		321-004-48	铅锌冶炼过程中，锌焙烧矿、锌氧化矿常规浸出法产生的浸出渣	T
		321-005-48	铅锌冶炼过程中，锌焙烧矿热酸浸出黄钾铁矾法产生的铁矾渣	T
		321-006-48	硫化锌矿常压氧浸或加压氧浸产生的硫渣（浸出渣）	T
		321-007-48	铅锌冶炼过程中，锌焙烧矿热酸浸出针铁矿法产生的针铁矿渣	T
		321-008-48	铅锌冶炼过程中，锌浸出液净化产生的净化渣，包括锌粉-黄药法、砷盐法、反向锑盐法、铅锑合金锌粉法等工艺除铜、锑、镉、钴、镍等杂质过程中产生的废渣	T
		321-009-48	铅锌冶炼过程中，阴极锌熔铸产生的熔铸浮渣	T
		321-010-48	铅锌冶炼过程中，氧化锌浸出处理产生的氧化锌浸出渣	T
		321-011-48	铅锌冶炼过程中，鼓风炉炼锌锌蒸气冷凝分离系统产生的鼓风炉浮渣	T
		321-012-48	铅锌冶炼过程中，锌精馏炉产生的锌渣	T
		321-013-48	铅锌冶炼过程中，提取金、银、铋、镉、钴、铟、锗、铊、碲等金属过程中产生的废渣	T
		321-014-48	铅锌冶炼过程中，集（除）尘装置收集的粉尘	T
		321-016-48	粗铅精炼过程中产生的浮渣和底渣	T
		321-017-48	铅锌冶炼过程中，炼铅鼓风炉产生的黄渣	T
		321-018-48	铅锌冶炼过程中，粗铅火法精炼产生的精炼渣	T
		321-019-48	铅锌冶炼过程中，铅电解产生的阳极泥及阳极泥处理后产生的含铅废渣和废水处理污泥	T

续表

废物类别	行业来源	废物代码	危险废物	危险特性①
HW48 有色金属采选 和冶炼废物	常用有色 金属冶炼	321-020-48	铅锌冶炼过程中，阴极铅精炼产生的氧化铅渣及碱渣	T
		321-021-48	铅锌冶炼过程中，锌焙烧矿热酸浸出黄钾铁矾法、热酸浸出针铁矿法产生的铅银渣	T
		321-022-48	铅锌冶炼烟气净化产生的污酸除砷处理过程产生的砷渣	T
		321-023-48	电解铝生产过程电解槽阴极内衬维修、更换产生的废渣（大修渣）	T
		321-024-48	电解铝铝液转移、精炼、合金化、铸造过程熔体表面产生的铝灰渣，以及回收铝过程产生的盐渣和二次铝灰	R, T
		321-025-48	电解铝生产过程产生的炭渣	T
		321-026-48	再生铝和铝材加工过程中，废铝及铝锭重熔、精炼、合金化、铸造熔体表面产生的铝灰渣，及其回收铝过程产生的盐渣和二次铝灰	R
		321-034-48	铝灰热回收铝过程烟气处理集（除）尘装置收集的粉尘，铝冶炼和再生过程烟气（包括：再生铝熔炼烟气、铝液熔体净化、除杂、合金化、铸造烟气）处理集（除）尘装置收集的粉尘	T, R
		321-027-48	铜再生过程中集（除）尘装置收集的粉尘和湿法除尘产生的废水处理污泥	T
		321-028-48	锌再生过程中集（除）尘装置收集的粉尘和湿法除尘产生的废水处理污泥	T
		321-029-48	铅再生过程中集（除）尘装置收集的粉尘和湿法除尘产生的废水处理污泥	T
	稀有稀土 金属冶炼	323-001-48	仲钨酸铵生产过程中碱分解产生的碱煮渣（钨渣）、除钼过程中产生的除钼渣和废水处理污泥	T

废物类别	行业来源	废物代码	危险废物	危险特性①
HW49 其他废物	石墨及其他 非金属矿物 制品制造	309-001-49	多晶硅生产过程中废弃的三氯化硅及四氯化硅	R，C
	环境治理	772-006-49	采用物理、化学、物理化学或生物方法处理或处置毒性或感染性危险废物过程中产生的废水处理污泥、残渣（液）	T/In
	非特定行业	900-039-49	烟气、VOCs治理过程（不包括餐饮行业油烟治理过程）产生的废活性炭，化学原料和化学制品脱色（不包括有机合成食品添加剂脱色）、除杂、净化过程产生的废活性炭（不包括900-405-06、772-005-18、261-053-29、265-002-29、384-003-29、387-001-29类废物）	T
		900-041-49	含有或沾染毒性、感染性危险废物的废弃包装物、容器、过滤吸附介质	T/In
		900-042-49	环境事件及其处理过程中产生的沾染危险化学品、危险废物的废物	T/C/I/R/In
		900-044-49	废弃的镉镍电池、荧光粉和阴极射线管	T
		900-045-49	废电路板（包括已拆除或未拆除元器件的废弃电路板），及废电路板拆解过程产生的废弃CPU、显卡、声卡、内存、含电解液的电容器、含金等贵金属的连接件	T
		900-046-49	离子交换装置（不包括饮用水、工业纯水和锅炉软化水制备装置）再生过程中产生的废水处理污泥	T
		900-047-49	生产、研究、开发、教学、环境检测（监测）活动中，化学和生物实验室（不包含感染性医学实验室及医疗机构化验室）产生的含氰、氟、重金属无机废液及无机废液处理产生的残渣、残液，含矿物油、有机溶剂、甲醛有机废液，废酸、废碱，具有危险特性的残留样品，以及沾染上述物质的一次性实验用品（不包括按实验室管理要求进行清洗后的废弃的烧杯、量器、漏斗等实验室用品）、包装物（不包括按实验室管理要求进行清洗后的试剂包装物、容器）、过滤吸附介质等	T/C/I/R

续表

废物类别	行业来源	废物代码	危 险 废 物	危险特性[①]
HW49 其他废物	非特定行业	900-053-49	已禁止使用的《关于持久性有机污染物的斯德哥尔摩公约》受控化学物质；已禁止使用的《关于汞的水俣公约》中氯碱设施退役过程中产生的汞；所有者申报废弃的，以及有关部门依法收缴或接收且需要销毁的《关于持久性有机污染物的斯德哥尔摩公约》《关于汞的水俣公约》受控化学物质	T
		900-999-49	被所有者申报废弃的，或未申报废弃但被非法排放、倾倒、利用、处置的，以及有关部门依法收缴或接收且需要销毁的列入《危险化学品目录》的危险化学品（不含该目录中仅具有"加压气体"物理危险性的危险化学品）	T/C/I/R
HW50 废催化剂	精炼石油产品制造	251-016-50	石油产品加氢精制过程中产生的废催化剂	T
		251-017-50	石油炼制中采用钝镍剂进行催化裂化产生的废催化剂	T
		251-018-50	石油产品加氢裂化过程中产生的废催化剂	T
		251-019-50	石油产品催化重整过程中产生的废催化剂	T
	基础化学原料制造	261-151-50	树脂、乳胶、增塑剂、胶水/胶合剂生产过程中合成、酯化、缩合等工序产生的废催化剂	T
		261-152-50	有机溶剂生产过程中产生的废催化剂	T
		261-153-50	丙烯腈合成过程中产生的废催化剂	T
		261-154-50	聚乙烯合成过程中产生的废催化剂	T
		261-155-50	聚丙烯合成过程中产生的废催化剂	T
		261-156-50	烷烃脱氢过程中产生的废催化剂	T
		261-157-50	乙苯脱氢生产苯乙烯过程中产生的废催化剂	T
		261-158-50	采用烷基化反应（歧化）生产苯、二甲苯过程中产生的废催化剂	T
		261-159-50	二甲苯临氢异构化反应过程中产生的废催化剂	T
		261-160-50	乙烯氧化生产环氧乙烷过程中产生的废催化剂	T

续表

废物类别	行业来源	废物代码	危险废物	危险特性①
HW50 废催化剂	基础化学 原料制造	261-161-50	硝基苯催化加氢法制备苯胺过程中产生的废催化剂	T
		261-162-50	以乙烯和丙烯为原料，采用茂金属催化体系生产乙丙橡胶过程中产生的废催化剂	T
		261-163-50	乙炔法生产醋酸乙烯酯过程中产生的废催化剂	T
		261-164-50	甲醇和氨气催化合成、蒸馏制备甲胺过程中产生的废催化剂	T
		261-165-50	催化重整生产高辛烷值汽油和轻芳烃过程中产生的废催化剂	T
		261-166-50	采用碳酸二甲酯法生产甲苯二异氰酸酯过程中产生的废催化剂	T
		261-167-50	合成气合成、甲烷氧化和液化石油气氧化生产甲醇过程中产生的废催化剂	T
		261-168-50	甲苯氯化水解生产邻甲酚过程中产生的废催化剂	T
		261-169-50	异丙苯催化脱氢生产 α-甲基苯乙烯过程中产生的废催化剂	T
		261-170-50	异丁烯和甲醇催化生产甲基叔丁基醚过程中产生的废催化剂	T
		261-171-50	以甲醇为原料采用铁钼法生产甲醛过程中产生的废铁钼催化剂	T
		261-172-50	邻二甲苯氧化法生产邻苯二甲酸酐过程中产生的废催化剂	T
		261-173-50	二氧化硫氧化生产硫酸过程中产生的废催化剂	T
		261-174-50	四氯乙烷催化脱氯化氢生产三氯乙烯过程中产生的废催化剂	T
		261-175-50	苯氧化法生产顺丁烯二酸酐过程中产生的废催化剂	T
		261-176-50	甲苯空气氧化生产苯甲酸过程中产生的废催化剂	T

续表

废物类别	行业来源	废物代码	危险废物	危险特性[①]
HW50 废催化剂	基础化学 原料制造	261-177-50	羟丙腈氨化、加氢生产 3-氨基-1-丙醇过程中产生的废催化剂	T
		261-178-50	β-羟基丙腈催化加氢生产 3-氨基-1-丙醇过程中产生的废催化剂	T
		261-179-50	甲乙酮与氨催化加氢生产 2-氨基丁烷过程中产生的废催化剂	T
		261-180-50	苯酚和甲醇合成 2,6-二甲基苯酚过程中产生的废催化剂	T
		261-181-50	糠醛脱羰制备呋喃过程中产生的废催化剂	T
		261-182-50	过氧化法生产环氧丙烷过程中产生的废催化剂	T
		261-183-50	除农药以外其他有机磷化合物生产过程中产生的废催化剂	T
	农药制造	263-013-50	化学合成农药生产过程中产生的废催化剂	T
	化学药品原料药制造	271-006-50	化学合成原料药生产过程中产生的废催化剂	T
	兽用药品制造	275-009-50	兽药生产过程中产生的废催化剂	T
	生物药品制品制造	276-006-50	生物药品生产过程中产生的废催化剂	T
	环境治理业	772-007-50	烟气脱硝过程中产生的废钒钛系催化剂	T
	非特定行业	900-048-50	废液体催化剂	T
		900-049-50	机动车和非道路移动机械尾气净化废催化剂	T

①所列危险特性为该种危险废物的主要危险特性，不排除可能具有其他危险特性；","分隔的多个危险特性代码，表示该种废物具有列在第一位代码所代表的危险特性，且可能具有所列其他代码代表的危险特性；"/"分隔的多个危险特性代码，表示该种危险废物具有所列代码所代表的一种或多种危险特性。

②医疗废物分类按照《医疗废物分类目录》执行。

（中华人民共和国生态环境部等部令第 15 号）

附录 7　危险废物豁免管理清单

本清单各栏目说明：

（1）"序号"指列入本目录危险废物的顺序编号。

（2）"废物类别/代码"指列入本目录危险废物的类别或代码。

（3）"危险废物"指列入本目录危险废物的名称。

（4）"豁免环节"指可不按危险废物管理的环节。

（5）"豁免条件"指可不按危险废物管理应具备的条件。

（6）"豁免内容"指可不按危险废物管理的内容。

（7）《医疗废物分类目录》对医疗废物有其他豁免管理内容的，按照该目录有关规定执行。

（8）本清单引用文件中，凡是未注明日期的引用文件，其最新版本适用于本清单。

序号	废物类别/代码	危险废物	豁免环节	豁免条件	豁免内容
1	生活垃圾中的危险废物	家庭日常生活或者为日常生活提供服务的活动中产生的废药品、废杀虫剂和消毒剂及其包装物、废油漆和溶剂及其包装物、废矿物油及其包装物、废胶片及废像纸、废荧光灯管、废含汞温度计、废含汞血压计、废铅蓄电池、废镍镉电池和氧化汞电池以及电子类危险废物等	全部环节	未集中收集的家庭日常生活中产生的生活垃圾中的危险废物	全过程不按危险废物管理
			收集	按照各市、县生活垃圾分类要求，纳入生活垃圾分类收集体系进行分类收集，且运输工具和暂存场所满足分类收集体系要求	从分类投放点收集转移到所设定的集中贮存点的收集过程不按危险废物管理
2	HW01	床位总数在19张以下（含19张）的医疗机构产生的医疗废物（重大传染病疫情期间产生的医疗废物除外）	收集	按《医疗卫生机构医疗废物管理办法》等规定进行消毒和收集	收集过程不按危险废物管理
			运输	转运车辆符合《医疗废物转运车技术要求（试行）》（GB 19217）要求	不按危险废物进行运输
		重大传染病疫情期间产生的医疗废物	运输	按事发地的县级以上人民政府确定的处置方案进行运输	不按危险废物进行运输
		重大传染病疫情期间产生的医疗废物	处置	按事发地的县级以上人民政府确定的处置方案进行处置	处置过程不按危险废物管理

续表

序号	废物类别/代码	危险废物	豁免环节	豁免条件	豁免内容
3	841-001-01	感染性废物	运输	按照《医疗废物高温蒸汽集中处理工程技术规范（试行）》（HJ/T 276）或《医疗废物化学消毒集中处理工程技术规范（试行）》（HJ/T 228）或《医疗废物微波消毒集中处理工程技术规范（试行）》（HJ/T 229）进行处理后按生活垃圾运输	不按危险废物进行运输
			处置	按照《医疗废物高温蒸汽集中处理工程技术规范（试行）》（HJ/T 276）或《医疗废物化学消毒集中处理工程技术规范（试行）》（HJ/T 228）或《医疗废物微波消毒集中处理工程技术规范（试行）》（HJ/T 229）进行处理后进入生活垃圾填埋场填埋或进入生活垃圾焚烧厂焚烧	处置过程不按危险废物管理
4	841-002-01	损伤性废物	运输	按照《医疗废物高温蒸汽集中处理工程技术规范（试行）》（HJ/T 276）或《医疗废物化学消毒集中处理工程技术规范（试行）》（HJ/T 228）或《医疗废物微波消毒集中处理工程技术规范（试行）》（HJ/T 229）进行处理后按生活垃圾运输	不按危险废物进行运输

续表

序号	废物类别/代码	危险废物	豁免环节	豁免条件	豁免内容
4	841-002-01	损伤性废物	处置	按照《医疗废物高温蒸汽集中处理工程技术规范（试行）》（HJ/T 276）或《医疗废物化学消毒集中处理工程技术规范（试行）》（HJ/T 228）或《医疗废物微波消毒集中处理工程技术规范（试行）》（HJ/T 229）进行处理后进入生活垃圾填埋场填埋或进入生活垃圾焚烧厂焚烧	处置过程不按危险废物管理
5	841-003-01	病理性废物（人体器官除外）	运输	按照《医疗废物化学消毒集中处理工程技术规范（试行）》（HJ/T 228）或《医疗废物微波消毒集中处理工程技术规范（试行）》（HJ/T 229）进行处理后按生活垃圾运输	不按危险废物进行运输
			处置	按照《医疗废物化学消毒集中处理工程技术规范（试行）》（HJ/T 228）或《医疗废物微波消毒集中处理工程技术规范（试行）》（HJ/T 229）进行处理后进入生活垃圾焚烧厂焚烧	处置过程不按危险废物管理
6	900-003-04	农药使用后被废弃的与农药直接接触或含有农药残余物的包装物	收集	依据《农药包装废弃物回收处理管理办法》收集农药包装废弃物并转移到所设定的集中贮存点	收集过程不按危险废物管理
			运输	满足《农药包装废弃物回收处理管理办法》中的运输要求	不按危险废物进行运输
			利用	进入依据《农药包装废弃物回收处理管理办法》确定的资源化利用单位进行资源化利用	利用过程不按危险废物管理
			处置	进入生活垃圾填埋场填埋或进入生活垃圾焚烧厂焚烧	处置过程不按危险废物管理

续表

序号	废物类别/代码	危险废物	豁免环节	豁免条件	豁免内容
7	900-210-08	船舶含油污水及残油经船上或港口配套设施预处理后产生的需通过船舶转移的废矿物油与含矿物油废物	运输	按照水运污染危害性货物实施管理	不按危险废物进行运输
8	900-249-08	废铁质油桶（不包括900-041-49类）	利用	封口处于打开状态、静置无滴漏且经打包压块后用于金属冶炼	利用过程不按危险废物管理
9	900-200-08 900-006-09	金属制品机械加工行业珩磨、研磨、打磨过程，以及使用切削油或切削液进行机械加工过程中产生的属于危险废物的含油金属屑	利用	经压榨、压滤、过滤除油达到静置无滴漏后打包压块用于金属冶炼	利用过程不按危险废物管理
10	252-002-11 252-017-11 451-003-11	煤炭焦化、气化及生产燃气过程中产生的满足《煤焦油标准》（YB/T 5075）技术要求的高温煤焦油	利用	作为原料深加工制取萘、洗油、蒽油	利用过程不按危险废物管理
		煤炭焦化、气化及生产燃气过程中产生的高温煤焦油	利用	作为黏合剂生产煤质活性炭、活性焦、碳块衬层、自焙阴极、预焙阳极、石墨碳块、石墨电极、电极糊、冷捣糊	利用过程不按危险废物管理
		煤炭焦化、气化及生产燃气过程中产生的中低温煤焦油	利用	作为煤焦油加氢装置原料生产煤基氢化油，且生产的煤基氢化油符合《煤基氢化油》（HG/T 5146）技术要求	利用过程不按危险废物管理
		煤炭焦化、气化及生产燃气过程中产生的煤焦油	利用	作为原料生产炭黑	利用过程不按危险废物管理

序号	废物类别/代码	危险废物	豁免环节	豁免条件	豁免内容
11	900-451-13	采用破碎分选方式回收废覆铜板、线路板、电路板中金属后的废树脂粉	运输	运输工具满足防雨、防渗漏、防遗撒要求	不按危险废物进行运输
			处置	满足《生活垃圾填埋场污染控制标准》（GB 16889）要求进入生活垃圾填埋场填埋，或满足《一般工业固体废物贮存、处置场污染控制标准》（GB 18599）要求进入一般工业固体废物处置场处置	填埋处置过程不按危险废物管理
12	772-002-18	生活垃圾焚烧飞灰	运输	经处理后满足《生活垃圾填埋场污染控制标准》（GB 16889）要求，且运输工具满足防雨、防渗漏、防遗撒要求	不按危险废物进行运输
			处置	满足《生活垃圾填埋场污染控制标准》（GB 16889）要求进入生活垃圾填埋场填埋	填埋处置过程不按危险废物管理
				满足《水泥窑协同处置固体废物污染控制标准》（GB 30485）和《水泥窑协同处置固体废物环境保护技术规范》（HJ 662）要求进入水泥窑协同处置	水泥窑协同处置过程不按危险废物管理
13	772-003-18	医疗废物焚烧飞灰	处置	满足《生活垃圾填埋场污染控制标准》（GB 16889）要求进入生活垃圾填埋场填埋	填埋处置过程不按危险废物管理
		医疗废物焚烧处置产生的底渣	全部环节	满足《生活垃圾填埋场污染控制标准》（GB 16889）要求进入生活垃圾填埋场填埋	全过程不按危险废物管理
14	772-003-18	危险废物焚烧处置过程产生的废金属	利用	用于金属冶炼	利用过程不按危险废物管理

续表

序号	废物类别/代码	危险废物	豁免环节	豁免条件	豁免内容
15	772-003-18	生物制药产生的培养基废物经生活垃圾焚烧厂焚烧处置产生的焚烧炉底渣、经水煤浆气化炉协同处置产生的气化渣、经燃煤电厂燃煤锅炉和生物质发电厂焚烧炉协同处置以及培养基废物专用焚烧炉焚烧处置产生的炉渣和飞灰	全部环节	生物制药产生的培养基废物焚烧处置或协同处置过程不应混入其他危险废物	全过程不按危险废物管理
16	193-002-21	含铬皮革废碎料（不包括鞣制工段修边、削匀过程产生的革屑和边角料）	运输	运输工具满足防雨、防渗漏、防遗撒要求	不按危险废物进行运输
			处置	满足《生活垃圾填埋场污染控制标准》（GB 16889）要求进入生活垃圾填埋场填埋，或满足《一般工业固体废物贮存、处置场污染控制标准》（GB 18599）要求进入一般工业固体废物处置场处置	填埋处置过程不按危险废物管理
		含铬皮革废碎料	利用	用于生产皮件、再生革或静电植绒	利用过程不按危险废物管理
17	261-041-21	铬渣	利用	满足《铬渣污染治理环境保护技术规范（暂行）》（HJ/T 301）要求用于烧结炼铁	利用过程不按危险废物管理
18	900-052-31	未破损的废铅蓄电池	运输	运输工具满足防雨、防渗漏、防遗撒要求	不按危险废物进行运输
19	092-003-33	采用氰化物进行黄金选矿过程中产生的氰化尾渣	处置	满足《黄金行业氰渣污染控制技术规范》（HJ 943）要求进入尾矿库处置或进入水泥窑协同处置	处置过程不按危险废物管理

续表

序号	废物类别/代码	危险废物	豁免环节	豁免条件	豁免内容
20	HW34	仅具有腐蚀性危险特性的废酸	利用	作为生产原料综合利用	用过程不按危险废物管理
				作为工业污水处理厂污水处理中和剂利用，且满足以下条件：废酸中第一类污染物含量低于该污水处理厂排放标准，其他《危险废物鉴别标准　浸出毒性》（GB 5085.3）所列特征污染物含量低于 GB 5085.3 限值的 1/10	
21	HW35	仅具有腐蚀性危险特性的废碱	利用	作为生产原料综合利用	利用过程不按危险废物管理
				作为工业污水处理厂污水处理中和剂利用，且满足以下条件：液态碱或固态碱按 HJ/T 299 方法制取的浸出液中第一类污染物含量低于该污水处理厂排放标准，其他《危险废物鉴别标准　浸出毒性》（GB 5085.3）所列特征污染物低于 GB 5085.3 限值的 1/10	
22	321-024-48 321-026-48	铝灰渣和二次铝灰	利用	回收金属铝	利用过程不按危险废物管理
23	323-001-48	仲钨酸铵生产过程中碱分解产生的碱煮渣（钨渣）和废水处理污泥	处置	满足《水泥窑协同处置固体废物污染控制标准》（GB 30485）和《水泥窑协同处置固体废物环境保护技术规范》（HJ 662）要求进入水泥窑协同处置	处置过程不按危险废物管理
24	900-041-49	废弃的含油抹布、劳保用品	全部环节	未分类收集	全过程不按危险废物管理

续表

序号	废物类别/代码	危险废物	豁免环节	豁免条件	豁免内容
25	突发环境事件产生的危险废物	突发环境事件及其处理过程中产生的 HW 900-042-49 类危险废物和其他需要按危险废物进行处理处置的固体废物，以及事件现场遗留的其他危险废物和废弃危险化学品	运输	按事发地的县级以上人民政府确定的处置方案进行运输	不按危险废物进行运输
			利用、处置	按事发地的县级以上人民政府确定的处置方案进行利用或处置	利用或处置过程不按危险废物管理
26	历史遗留危险废物	历史填埋场地清理，以及水体环境治理过程产生的需要按危险废物进行处理处置的固体废物	运输	按事发地的设区市级以上生态环境部门同意的处置方案进行运输	不按危险废物进行运输
			利用、处置	按事发地的设区市级以上生态环境部门同意的处置方案进行利用或处置	利用或处置过程不按危险废物管理
		实施土壤污染风险管控、修复活动中，属于危险废物的污染土壤	运输	修复施工单位制定转运计划，依法提前报所在地和接收地的设区市级以上生态环境部门	不按危险废物进行运输
			处置	满足《水泥窑协同处置固体废物污染控制标准》（GB 30485）和《水泥窑处置固体废物环境保护技术规范》（HJ 662）要求进入水泥窑协同处置	处置过程不按危险废物管理
27	900-044-49	阴极射线管含铅玻璃	运输	运输工具满足防雨、防渗漏、防遗撒要求	不按危险废物进行运输
28	900-045-49	废弃电路板	运输	运输工具满足防雨、防渗漏、防遗撒要求	不按危险废物进行运输
29	772-007-50	烟气脱硝过程中产生的废钒钛系催化剂	运输	运输工具满足防雨、防渗漏、防遗撒要求	不按危险废物进行运输
30	251-017-50	催化裂化废催化剂	运输	采用密闭罐车运输	不按危险废物进行运输
31	900-049-50	机动车和非道路移动机械尾气净化废催化剂	运输	运输工具满足防雨、防渗漏、防遗撒要求	不按危险废物进行运输

序号	废物类别/代码	危险废物	豁免环节	豁免条件	豁免内容
32	—	未列入本《危险废物豁免管理清单》中的危险废物或利用过程不满足本《危险废物豁免管理清单》所列豁免条件的危险废物	利用	在环境风险可控的前提下，根据省级生态环境部门确定的方案，实行危险废物"点对点"定向利用，即：一家单位产生的一种危险废物，可作为另外一家单位环境治理或工业原料生产的替代原料进行使用	利用过程不按危险废物管理

（中华人民共和国环境保护部部令第 39 号）